最受养殖户欢迎的精品图书

U0370078

鸡场兽医

第三版

王志君 孙继国 主编

中国农业出版社

内 容 简 介

　　本书较为详细地介绍了鸡病诊疗技术、鸡场兽医卫生消毒、兽医用药、鸡群免疫接种和各种重要传染病、主要寄生虫病、中毒病及营养代谢性疾病的防治技术。内容系统、丰富，知识先进、实用，便于读者看得懂、学得会、用得上，可供养鸡场和基层兽医人员学习和参考。

第 三 版 编 者

主　编　王志君　孙继国
副主编　李庆锁　赵宝华　王　磊
编　者　王志君　王　磊　刘俊福
　　　　李庆锁　孙继国　郑世学
　　　　赵宝华　高维芳

第 一 版 编 者

主　编　王志君　孙继国

副主编　郑世学　安锡忠　苑铁华

编　者　（以姓氏笔画为序）

王双同　王志君　刘俊福

孙继国　安锡忠　苑铁华

郑世学　赵宝华

第 二 版 编 者

主　编　王志君　孙继国

副主编　郑世学　李庆锁　赵宝华

编　者　王志君　王　磊　刘俊福

　　　　李庆锁　孙继国　郑世学

　　　　赵宝华　高维芳

本书有关用药的声明

兽医科学是一门不断发展的学问。用药安全注意事项必须遵守，但随着最新研究及临床经验的发展，知识也在不断更新，因此治疗方法及用药也必须或有必要做相应的调整。建议读者在使用每一种药物之前，要参阅厂家提供的产品说明以确认推荐的药物用量、用药方法、所需用药的时间及禁忌等。医生有责任根据经验和对患病动物的了解决定用药量及选择最佳治疗方案，出版社和作者对任何在治疗中所发生的对患病动物和/或财产所造成的损害不承担任何责任。

中国农业出版社

第三版前言

实践是检验真理的标准，本书第二版发行后，经过几年的生产实践，证明了它对鸡场兽医工作的促进作用。祝贺鸡场饲养管理者和兽医师在应用本书过程中获取的效益。

随着养鸡生产的发展和国际、国内交流的扩大，鸡场兽医师的素质理当迅速提高，不仅要当好鸡场兽医师，做好鸡的疫病防控工作，更要提高执行国家政策、顺应经济发展的思想觉悟水平，在兽医公共卫生上肩负责任。因此，在本次修订中增添了与人类疾病有关的、人鸡共患的李氏杆菌病、衣原体病；对禽流感病作了补充，要求鸡场兽医师懂得疫情报告和疫情级别的区分，了解禽流感发病规律，以确保鸡群健康和相关人员的生物安全。

肝脏是鸡的重要器官，很多疫病都会损伤肝脏，引起相应的病理变化，产蛋鸡的卵泡、输卵管也是很多病因造成损伤最多最明显的器官，为了鸡场兽医师在生产实践中鉴别方便，特在传染病章节后增添了鉴别表。

第三版书仍注重理论与生产实践紧密结合，注重实用性与可操作性，便于广大养鸡户、养鸡小区与基层兽医阅读，尽管本书进行了部分修正与补充，仍难免有疏漏与不足之处，恳请读者指正。

王志君

2013 年 7 月

第 一 版 前 言

鸡的疾病是困扰养鸡者致富的难题之一，为了帮助养鸡者解决这个难题，编写了本书。

随着养鸡业的发展，各处都建立了兽药经营点和兽医门诊部，但都不如养鸡者自己掌握鸡病的发病规律、诊断方法和选择用药更有实际意义。

大规模养鸡场，设有专职兽医服务；但广大的中、小规模养鸡场，没有能力、也没有必要设置专职兽医。如果养鸡者懂得了鸡病发生、发展规律，掌握了诊断鸡病的知识和方法，学会了选择药物和使用药物的知识与技术，就能及时发现鸡群疾病，采取合理的措施，把疾病控制在发病初期，扑灭疫病，即可大大减少经济损失。本书的宗旨，就是为中、小规模养殖者服务的，其内容丰富，符合实际，浅显易懂，描述细致，易看懂、掌握；本书还为大型养鸡场的兽医师提供了监测与化验的诊断方法和治疗、扑灭疫病的先进技术，是鸡场兽医工作者的重要指导书。

有人认为"养鸡容易，治病难"，实际上，养、防、治是一个整体，三者是密切联系的。养鸡者在自己的实践中积累了丰富的饲养管理经验，再利用本书的兽医知识与技术，肯定会使养鸡顺利发展，经济效益大大提高。

由于本书作者水平所限，错误之处难免，敬请广大读者批评指正。

王志君

2000 年 1 月

第二版前言

自本书出版以来五年间，为养鸡者、基层兽医及相关人员的工作起到了某种程度的促进作用，同时，也是我在鸡场继续工作的五年。

随着时间的推移，很多情况在发展、在变化。国家颁布了一系列法规、条例，政策不断完善，养鸡环境在变，变得比原来更复杂、多样；鸡的疾病越来越多，非典型性疾病经常发生；药物的品种越来越多，复方药物经常应用；更重要的变化是养鸡者的思想意识在变，提高了对科学技术重要性的认识，他们变得更热爱学习，更热爱科学技术。

根据养鸡现实的诸多变化和生产实践的实际状况，《鸡场兽医》第一版所列内容不能满足当今养鸡现实的需要，急需修改部分章节和增补新鲜内容，以超前的科学技术发展观充实本书内容，才能满足养鸡者的需要，才能适应养鸡业的发展。实践证明，很多基层兽医和养鸡者缺乏基础知识，不懂得预防疾病的重要性，疫苗的使用混乱，不该注射的注射，不该饮水的饮水。所以，修改本书时，增加了免疫知识的描述，并重点叙述了气雾免疫的作用和操作。比如，基层兽医和养鸡者在用药中，对新药的出现和作用认识不足。在修订本中添加了药物分类，列举了第一代、第二代、第三代，有的还列举了第四代产品，帮助其理解发展过程和作用性质，增加了配伍禁忌的有关概念，特别强调了产蛋鸡和肉仔鸡的禁用药物和休药期，使他们认识到药物对动物性食品在公共卫生上的意义。由于非典型新城疫和非典型法氏囊病屡屡发生，给养鸡业带来危害，为了使基层兽医了解其发生特点，在原文的基础上增加了非典型新城疫和非典型法氏囊病的内容，并把原来抗体监测方法由试管法改为微量法，更便于操作，还特意补写了使用卵黄抗体应注意的问题。文中增加了一些新病和原来不被重视、而近几年危害加重的疾病，如肉鸡肠毒综合征、肉鸡苍白综合征、肉鸡肿头综合征，还有病毒性关节炎、包含体肝炎、贫血病毒病、网状内皮组织增生病、衣原体病、脂肪肝综合征、肉鸡猝死症、肉仔鸡腿麻痹症等。并对常发病如传染性支气管炎、大肠杆菌病、慢性呼吸道病、球虫病等内容进行了修改，对生产实践更具有指导意义。

　　总之，本次修改增加了基础知识，适应了发展的需要，增添了一些新病和危害加重的病，可以提高兽医对一些病的认识，但是，仍需在生产实践中不断积累和探索，不断完善，不断发展。所以，通过本次修订，只能比原版更加全面，更加贴近生产实践，仍有不完善和欠缺之处，敬请读者在使用中去弥补，去发挥。

王志君
2005 年 6 月

目　　录

第一章 传染与免疫

第一节 鸡群传染病的发生、发展与防制

一、病原微生物及其特征

微生物是构造简单、繁殖快、分布广、个体最小的生物。对人体和动物有致病作用的微生物称为病原微生物。其分类与特征如下。

(一) 病毒

是最小的一类病原微生物。个体最小，结构也最简单，病毒不能独立进行新陈代谢，必须寄生在活细胞内，依赖细胞供给其合成所需要的养分和能量。一般光学显微镜下不能看到。对抗生素不敏感，不受抗生素抑制，如猪瘟病毒、鸡新城疫病毒等。

(二) 细菌

比病毒个体大，在光学显微镜下能看到，能在人工配制的营养培养基中生长。其形态和排列方式可分为杆菌、球菌、链球菌等，是最常见的一类病原微生物，如巴氏杆菌、葡萄球菌、链球菌等。

(三) 螺旋体

是介于细菌和原虫之间的一类病原微生物。细长、柔软、弯曲呈螺旋状，是可以自行运动的单细胞微生物，如兔密螺旋体和钩端螺旋体等。

(四) 支原体（霉形体）

是比细菌小得多，但能在人工培养基上生长的最小原核微生物，既非细菌又非病毒，呈高度多形性无细胞膜结构，如鸡慢性呼吸道病、猪气喘病病原体等。

（五）立克次氏体

是介于细菌和病毒之间的一类微生物。形态结构像细菌，具有细胞壁和胞浆膜，细胞内既含 DNA 又含有 RNA；生活特性类似病毒，在专性细胞内寄生，且必须在活细胞内才能生长繁殖，多数不能人工培养。对广谱抗生素如四环素药物敏感。寄生在节肢动物体内，作为媒介进行传播。人的斑疹伤寒、牛羊 Q 热的病原体就是立克次氏体。

（六）衣原体

是寄生于细胞内的生物体，不能人工培养。个体细小，既含 DNA 又含 RNA。以二等分裂方式繁殖。在易感细胞质内完成它的发育史，从原体——→中间体——→初体二等分裂——→原生小体——→原体。衣原体的传播不依赖节肢动物为介体，如砂眼衣原体、鸡衣原体等。

（七）真菌

形态结构比细菌复杂，是具有典型核结构的真核细胞型微生物，分单细胞和多细胞真菌两种类型。与兽医关系密切的包括霉菌和酵母菌两大群。

1. 霉菌 为微生物中数量最大的菌类，广泛存在于土壤中，能耐酸性环境。霉菌由菌丝和孢子组成，空气中有它的大量的孢子浮游。孢子是霉菌的主要繁殖器官，似植物的种子，在适宜的环境条件下发芽，芽管逐渐延长成丝状，称为菌丝。菌丝继续生长分支交织成团，称为菌丝体。菌丝分营养菌系和繁殖菌系，后者产生孢子，如有致癌性的黄曲霉，导致皮癣的皮霉菌等。

2. 酵母菌 为单细胞真菌，具有典型的细胞结构，个体比细菌大，以出芽方式进行繁殖，酵母可作为动物饲料，也是酿造工业的主要微生物。

（八）放线菌

放线菌的个体是由菌丝组成，其繁殖方式是靠生出孢子或孢囊孢子来进行。放线菌广泛分布于土壤中和动物体内外。多数为腐生菌，少数能引起人兽共患病，如牛的放线菌病等。

[附] 革兰氏染色法

（1）抹片在酒精灯火焰上固定后，滴加结晶紫染液染色 1～2 分钟。

（2）水洗后加碘溶液于玻片上，固定 1～2 分钟。

（3）将碘液倾去，水洗后用 95％酒精脱色约半分钟，此时应将玻片不时摇动，至无色素脱下为止。脱色时间之长短与涂片厚薄有关，与脱色时玻片摇动快慢有关，与滴加酒精多少有关。

（4）水洗后，以番红（沙黄）复染液或碱性一品红复染液复染 0.5～1 分钟。

（5）水洗、吸干、镜检。

本染色方法是细菌检验中重要而常用的染色方法，可将所有细菌区分为革兰氏阳性（染成紫色，即不被酒精脱色）或革兰氏阴性（即可被酒精所脱色，复染成红色）两种。

二、鸡群发生传染病的 3 个环节和 2 个因素

传染病在鸡场内发生、传播和终止的过程称为传染病的流行过程。这个过程得以发生，是由传染来源、传递因素、易感鸡群 3 个环节和自然条件、社会环境 2 个因素造成的。3 个环节缺一不可，而 2 个因素又影响着 3 个环节的状态。鸡场兽医要熟知这 3 个环节和 2 个因素，对防制鸡群传染病的发生、控制传染病的流行和迅速扑灭传染病、减少损失、提高经济效益、制定防制措施有着非常重大的实际意义。

（一）传染来源

被某种病原微生物感染的有机体，并不断向外界环境排出病原体，称为传染来源。这个有机体包括鸡和其他禽类、其他动物（家养的和野生的），也包括人类。有明显临床症状的典型患病者是危险的、最大的传染来源，尤其是在疾病急性期或病程转剧阶段，此时患病者可排出大量病原体，并具有最强的毒力。如新城疫、法氏囊病等的急性期，病鸡是最可怕的传染来源；此外，顿

挫型、消散型、非典型性和其他类型的病患者，虽不大量排出病原微生物，但有的在潜伏期时，就可成为传染来源。有的与健康鸡难以识别而未经隔离，所以，危险性更大；再就是带菌者或带毒者〔无论是潜伏期的还是临床痊愈后、甚至是健康的带菌（毒）者〕，它们虽无临床症状，但病原微生物都在机体内繁殖并排出体外，它们对某些传染病的发生起着决定性的作用，可能成为燎起传染病流行的星星之火。

所谓感染，是指病原微生物侵入有机体，定居于一定部位而生长繁殖，并引起有机体一系列病理反应的过程。发生感染的因素很多，了解这些因素，是防病、灭病的基础。兽医临床上将感染可分为如下类型。

1. 根据临床表现分类

（1）抗传染免疫　当鸡体处于免疫状态时，侵入体内的病原微生物不能生长繁殖或被消灭，不出现可见的病理变化和临床症状。

（2）隐性感染　侵入体内的病原微生物多能繁殖，但不表现出任何临床症状，呈隐性经过。

（3）显性感染　病原微生物侵入鸡体内，呈现出特有的临床症状。

（4）持续感染　有的病毒在宿主体内长期甚至终身持续存在，可呈现或不呈现任何症状。持续性感染又可分为慢性感染与慢病毒感染，前者是指在宿主体内呈持续感染状态而不发病，但能持续不断地排出病毒，如能感染其他动物时，则引起显性感染；后者的特点是感染后，经数月乃至数年的潜伏期后，发病呈进行性，且最后死亡。

2. 根据病原微生物感染形式分类

（1）外源性感染　病原微生物由体外侵入鸡体而引起的感染称外源性感染。病鸡多数情况是这种感染形式。

（2）内源性感染　寄生在体内的条件性病原微生物，在机体健康的情况下不表现其致病性，当受到不良因素的影响时，使机体抵抗力减弱，可使病原微生物活化，大量繁殖，毒力增强，致使机体发病。

3. 根据感染病原的种类分类

（1）单纯感染　由一种病原微生物引起的感染称单纯感染。生产实践中多属于这种形式，出现特异的临床症状和信息性病变。

（2）混合感染　由2种或2种以上的病原微生物同时参与感染称混合感染。混合感染使病情严重，临床症状和病理变化复杂化，如鸡患大肠杆菌病时常与支原体混合感染。

（3）继发感染　有机体感染了一种病原微生物之后，在机体抵抗力减弱的情况下，又有新侵入的或原来存在于体内的另一种病原微生物引起的感染称为继发感染。如新城疫时常继发鸡痘、鸡霍乱，鸡痘时常继发葡萄球菌病等。

4. 根据感染部位分类

（1）局部感染　由于动物机体的抵抗力较强，侵入的病原微生物毒力较弱或数量不足，病原微生物被局限在一定部位生长繁殖，并引起一定的病变称为局部感染。如成年鸡的白痢病等。还有一种情况是某些病原微生物对器官组织具有专嗜性，侵入机体内定位于某一部位，引起该部位的病理变化，如眼型马立克氏病。

（2）全身感染　机体对病原微生物的抵抗力较弱，不能将其局限于某部位，致使病原微生物及其产物侵入血液，随血流扩散到全身，引起全身症状和病理变化。其表现形式有以下几种。

菌血症：病原微生物先在某处繁殖，然后突破机体的防御机能进入血流，但因机体抵抗力强而不能在血液内繁殖，且无明显症状者称为菌血症。

败血症：病原微生物侵入血液，并在血液和全身组织中大量繁殖，引起严重的全身症状，如新城疫、鸡霍乱等。

毒血症：病原微生物在局部生长繁殖，产生的毒性物质进入血液，引起独特的中毒症状称为毒血症。

脓毒败血症：发生败血症的同时，还在其他脏器引起化脓性病变的全身感染。上述4种表现形式可以单独出现，也可以成为一个完整的病理过程，视病原微生物毒力的强弱和机体抵抗力的大小而转移。局部感染和全身感染同样是这种关系。

（二）传递因素

传染来源向外界排出病原微生物，侵入易感的健康机体内的方法和所经过的路线称传递途径。不同的传染病有其独特的传递途径。了解其传递途径，就能有效地防制传染来源继续散播，是防制传染病流行的重要依据。

1. 水平传播 同一鸡群的易感鸡之间以直接接触或间接接触的方式横向传播。

（1）直接接触传播 是指在没有任何外界因素的参与下，被感染的鸡与健康鸡直接、机械地接触而引起的传染。这类传播的特点是一个接一个地传播，病原体专性寄生，病原体的抵抗力较低，流行速度较慢，传播范围较小，危害性与造成的经济损失不大。这类传播方式对鸡的传染病来说较少见。

（2）间接接触传播 病原体从传染来源排出后，在外界环境因素的参与下，病原体通过传播的媒介物（传递物），使健康易感鸡发生感染。其传播的媒介物是外界环境无生命的物体，如被传染来源的分泌物、排泄物以及病鸡尸体的流出物所污染的饲料、饮水、工具、笼具、空气、土壤、铺垫物等。通常以饲料、饮水为媒介物，经消化道为主要传染门户的传染病称为饮食性传染。其他如土壤传染、飞沫传染、尘埃传染等。

其传播的媒介物是生活在自然界中的有机体，这个活体称为媒介者（传递者）。如昆虫、蜱类、啮齿类以及其他对该病无感受性的动物和人，它们在病原体的传递上可能是机械性的，即传递者和病原体之间没有任何生物学的相互关系；也可能是生物学的，即病原体先在传递者体内完成它的发育史，再成为传染来源，尤其重要的是人类，主要是饲养管理人员和鸡场兽医工作人员。当他们不按操作规程工作时，就成为非常危险的传染病发生的传递者。

2. 垂直传播　病原体经种蛋传染于胚胎，使新生雏鸡受到感染，这种传播方式叫垂直传播，或叫经卵传播。在鸡的传染病中有不少是经卵或子宫内感染而传播到下一代的，如鸡白痢、鸡的淋巴细胞性白血病、新城疫、传染性支气管炎等。

传染病的类型不同，其传播的途径也不同，有的经一种独特的传播方式，如飞沫传染，外伤传染等；有的则经多种途径传播，如新城疫可经消化道、呼吸道等多种途径。类似这样的疫病，即传播途径越多，流行越广泛，在防制上就更为困难。

（三）鸡群的易感性

是指鸡群对某种传染病的病原体的感受性。一个鸡群中易感个体所占的比例和易感性的高低，可直接影响到该种传染病能否造成流行以及疫病发生的严重程度。鸡群对某种传染病病原体的易感程度，主要取决于鸡群的免疫状态，同时，与鸡群本身的内在因素和环境条件、饲养管理水平等因素也有关系。如果鸡群中有80％的个体对某种传染病有免疫力，足以说明该鸡群对该传染病的抵抗力较高而易感性较低，只见零散发生该种传染病而不易发生该传染病较大规模的流行，像这样的鸡群，可以认为是非易感鸡群；相反，如果只有少数个体对某种传染病具有免疫力，造成鸡群抵抗力较低，易感性较高，致使某种传染病得以流行，则该鸡群就是易感鸡群。科学的饲养管理，优越的环境卫生条件，及时消毒和合理地预防注射等生产技术的实施，可增强鸡群的正常抵抗力和产生特异性免疫力，即可降低鸡群的易感性；反之，可使鸡群的易感性增高。

鸡群传染病的发生和流行，传染来源、传递途径和鸡群的易感性是3个基本环节。这3个环节同时存在并相互联络时，传染病才得以发生和流行，缺少任何一个环节，则流行的链锁被打断，疫病也就不能流行。但是，决定这3个环节能否在传染病发生和流行中发挥作用和作用大小，是受到自然因素和社会因素制约的。

（四）自然因素的作用

自然因素包括气候、气象、地理、地形等条件。自然因素尤其对有生命的传递因素（媒介者）影响明显，如昆虫、蜱等的活动受到季节的影响，经它们为传播媒介的传染病，呈季节性发生。日光照射、干燥的气候对多数病原微生物有致死作用，而适宜的温度和湿度可促使病原微生物较长时期地保存在外界环境中，所以温度下降、空气的湿度上升将容易发生呼吸道传染病。在适当的条件、适当的季节和环境中，某种野生动物或啮齿类动物的活动范围加大，如果它们是传染来源，就会把病原微生物带到很大的范围内。如果鸡本身是淘汰鸡，销售到哪里，病原微生物就会散播到哪里。低温高湿的环境还能使鸡群的抵抗力减弱，较易发生呼吸系统传染病和条件性致病微生物所致的传染病。

（五）社会因素的作用

社会制度、人民经济状况和国民的文化水平、政治素质、生活方式、灾荒等，在鸡群传染病的发生上起着非常重要的作用。无论是传染来源、传递因素还是易感鸡群都可以受人类活动的影响。当鸡群中病鸡是传染源时，鸡群中传染病能否继续散播，决定于鸡场饲养管理人员和鸡场兽医能否及时查明和隔离这些传染来源，并及时采取有效的防制措施；存在于自然界的各种物体（有生命的和无生命的）是否有可能成为传染病的传递媒介，也是由人类活动决定的，如除虫、灭鼠，及时消毒，焚烧、深埋污染物等，对消灭传递媒介有很好的效果；饲养管理人员和鸡场兽医的觉悟和素质，受到社会多方面的影响，他们又影响到鸡场各项工作的开展和制度的完善，尤其饲养管理制度、防疫制度、环境卫生等，这些均影响到鸡群的易感性。科学饲养、科学管理、防重于治等各项措施的实施，无一不与社会因素密切相关。

三、鸡群传染病流行过程的特点

（一）传染病流行过程的表现形式

1. 散发性传染病　散发性传染病的特点是发病数目不大，并且在较长的时间里只是个别地或零散地发病。如病原体接触传染性小的传染病，或其传播途径需要一定条件的传染病等，均属于此类传染病。另外，如果病原体传播的条件因为某种原因受到限制时，则高度传染性的疫病也可能以散发的形式表现出来。

2. 地方流行性传染病　地方流行性传染病的特点是在一定的地区内发生，传播范围不广，并且是小规模暴发的传染病。本病的发生是因为某地区存在一些有利于疫病发生的条件，如饲养管理不善，有带菌（毒）动物和其他传播媒介存在等。

3. 流行性传染病　流行性传染病的特点是发病数目较多，并且在较短的时间内传播到较大的范围内的传染病。发生流行性传染病多因其病原体的毒力强，鸡的易感性高，传播的途径多种多样而造成的，如鸡新城疫、鸡传染性喉气管炎等。

4. 大流行性传染病　大流行性传染病的特点是发病数目很多，蔓延的地区非常广泛，可达整个国土或大陆，如鸡瘟等。

上述传染病 4 种流行形式是相对的，没有发病数量上的界限，这完全依赖防疫制度和防制措施的实施情况。

（二）鸡群传染病流行过程的季节性和周期性

1. 季节性

（1）季节对病原体存在和散播的影响　夏季天气炎热，气温高，光照时间长，对于抵抗力较弱的病原体，经过强烈的日光暴晒，便很快失去活力，则不易造成传染病的发生，相反，在冬季则容易发生。

（2）季节对有生命传播媒介的影响　炎热季节，蚊、蝇、虻等吸血昆虫飞翔能力强，活动范围大，孳生快，容易发生经由它们传播的传染病。

（3）季节对易感鸡管理上的影响　在寒冷的冬天，为了保温，门窗紧闭，常造成空气污浊，容易发生经空气由呼吸道传播的传染病。

（4）季节对易感鸡抵抗力的影响　气候多变季节，如冬春之交、秋冬之交、阴雨季节等，应激反应强烈，使鸡抵抗力降低，容易发生条件性致病菌的传染病。

2. 周期性　某种传染病经过一定的间隔时期（通常是数年）再度发生的现象，称为周期性。处于 2 个高潮之间的中断时期，称为流行间歇期。传染病出现周期性的原因，一是在传染病流行期间活下来的易感鸡获得了免疫力，使疫病难于散播或完全停止散播；二是经过一个饲养周期后，新一代出现，或以前获得的免疫力逐渐消失，或引进外来的易感鸡。所以，鸡群又成为易感性的，为传染病的暴发流行创造了条件。

（三）鸡群传染病流行过程的阶段

鸡群传染病的流行过程，具有一定的空间和时间限度。也就是说，经过一定时期之后就会平息，不会永久地持续下去。鸡场兽医不应等待其自行平息，而应在流行的开始阶段给予积极的干预，采取预防和防疫的综合措施，防制流行的发生和使之局限化，只有这样的工作态度，才能减少损失。

鸡群传染病发生之后，以它固有的规律性发展下去，这个发展过程可人为地分为 6 个阶段，以便鸡场兽医采取相应的防制措施。

1. 流行前期　从病原体侵入鸡体开始直到出现第一批病例，为传染病流行发展的第一阶段（流行前期）。此时期由于鸡只对此病原体初次接触，尚未建立免疫功能，易感性很高，所以发病迅速并具有恶性和致死性的特点。依疫病性质不同，第一阶段延续时间也不同，一般潜伏期短的急性传染病约为 1～2 周，而慢性传染病则可延续 2～3 个月。

2. 流行发展期　本阶段是在构成传染病流行的 3 个环节和 2 个因素继续联系和加强的情况下发生的，较第一阶段具有更高的发病率和死亡率。如果鸡场兽医能在第一阶段及时采取积极的干预手段，如紧急预防接种、隔离病鸡、消毒环境和其他防制措施，打断传染病流行链锁，则本阶段可不表现出来。

3. 大流行期　如果鸡场兽医不能在第一阶段采取积极有效的防制措施，没有打破流行的链锁，则发展期将转变为大流行期，其发病率和死亡率达到高峰，可见有该传染病的典型临床症状和特有的病理变化。

4. 流行熄灭期　本期特点是鸡只数目减少，死亡率降低和患病程度减轻。这是由于对该传染病具有易感性鸡死亡消失，传播媒介和其他传递因素消失，人类积极有效地干预而实现的。这时，鸡群中生存下来的鸡已获得了相当的免疫力，使该传染病的严重程度减轻。

5. 流行后期　本期特点是不再出现新病例，但鸡场中留下了带毒（菌）者，是以后引进新的、有易感性的鸡时暴发传染病的重要传染来源。

6. 流行间歇期　上一次传染病流行和再次暴发该传染病新的流行之间的时期叫流行的间歇期。本期的长短不定，也可能无限期地延长下去，完全依靠鸡场兽医工作的周密性和完善性。以 3 个环节和 2 个因素为依据，扎扎实实地统筹，就会避免下次传染病的再度发生。

（四）鸡群传染病的发展阶段

1. 潜伏期　传染病处于隐蔽的时期称潜伏期，即从病原微生物侵入鸡体内并进行繁殖开始，到出现第一个临床症状为止的这段时期。不同的传染病，其潜伏期长短不一，即使同一种传染病，其潜伏期长短也可能不一样，此与很多因素有关，主要决定于侵入鸡体内病原微生物的数量和毒力，数量越多，毒力越强，则潜伏期越短，反之则越长；决定于鸡体的生理状况，抵抗力越高，潜伏期越长，反之则短；决定于病原微生物侵入的部位，越靠近中枢神经系统，其潜伏期越短，反之则长；决定于并发病原微生物的感染，当混合感染时，使潜伏期变短，一般急性传染病的潜伏期较短，慢性传染病的潜伏期较长。

了解潜伏期的长短，在采取防疫和预防措施时具有实践意义。根据每种传染病的潜伏期长短，可以推算该传染病的感染日期。某些传染病处于潜伏期的动物就是传染源，因而潜伏期可作为制定隔离、封锁的依据；有的传染病在潜伏期就已经排菌（毒），其潜伏期可提供检疫和紧急预防注射的期限和范围。

2. 前驱期　由潜伏期转入前驱期，是传染病的征兆阶段。其特点是临床症状开始表现出来，但不是该传染病的特征性症状，而是大多数传染病在初期所表现的一般性症状，如体温升高、食欲减退、精神沉郁、脉搏增数、呼吸加快、产蛋率降低等。

3. 明显期　是传染病充分发展期。前驱期之后，传染病的特征性典型症状明显地表现出来，是疫病发展到高峰的阶段。疫病所表现出来的特征性典型症状，在临床上可作为诊断该病的依据。传染病的明显期所具有的时间各不相同，有长有短，这与机体的抵抗力高低、饲养管理条件的优劣和兽医防疫、治疗效果等综合措施的正确与否有密切关系。

4. 恢复期　此期为传染病发展的最后阶段。疾病进一步充分发展，如果经过良好，则主要症状消失，机体内破坏性变化减弱或停止。恢复过程加强，生理机能趋于正常化，并保留着免疫生物学反应，即为临床上的痊愈阶段，需引起鸡场兽医注意的是临床上的痊愈往往和微生物学的痊愈不一致，有些临床上痊愈者，其体内仍然存在病原体，成为恢复期的带菌（毒）者。

在疾病发展过程中，如果经过不良，各种抢救措施不力，病鸡则以死亡告终。

（五）鸡群传染病的类型

1. 最急性型传染病　这类传染病的病程短，数小时至 1 天，不见明显的临床症状，突然死亡，如鸡霍乱，发病初期常以最急性经过为特征。

2. 急性型传染病 这类传染病的病程也较短，约数天不等，有明显的临床症状，如急性鸡新城疫等。

3. 亚急性型传染病 这类传染病的病程较长，其临床症状不像急性型的明显，是介于急性型与慢性型之间的一种类型。有时因某些传染病特有的流行过程，在临床上因采取了相应的措施，使急性型转为亚急性型，病情缓和，但时间拖长，常因此造成重大的经济损失。

4. 慢性型传染病 病程发展缓慢，多在 1 个月以上，临床症状不明显，但它是重要的传染源，应引起高度重视。

（六）鸡群传染病的疫源地

疫源地是指有传染来源（病鸡、病原体携带者、其他易感动物）及其排出的病原体所污染的范围。此范围包括传染来源和被污染物体所在的鸡舍、场地、用具及被污染的其他动物或贮存病原体的宿主等。范围小的如 1 栋鸡舍，1 个鸡场叫疫点；范围大的如几个鸡场，几个村庄叫疫区。凡是与疫源地接触的易感动物，都可能被感染而散播病原体，形成新的疫源地。所以，根据疫源地形成的时间，常见的有 3 种形式：①新的和重新发生的疫源地；②逐渐熄灭的疫源地；③永久性疫源地。为了停止疫源地传染病的传播和消除新的疫源地的出现，鸡场兽医必须采取完整的卫生综合措施，如封锁、隔离、检疫、消毒、扑杀等。

消灭疫源地必须做到：传染来源被消灭（治愈或扑杀）；采取多种措施消灭传染来源排出于周围环境中的病原体；所有易感动物度过了该传染病最长潜伏期，而无新发病例或新的感染；查清并清除成为永久性疫源地的因素。

（七）鸡群传染病流行病学统计术语

1. 死亡率 在一定的时间内，不分疾病的性质和种类，鸡死亡的只数占鸡的总数的百分比称死亡率。如总鸡数为 1 000，死亡数为 100，则死亡率为 10%。

2. 发病率 是按传染病流行的疫区内鸡的总数中有临床症状的病鸡数，以百分率表示。如鸡场中有鸡 10 000 只，某传染病流行时，有临床症状的发病鸡 100 只，则发病率为 10%。

3. 感染率 在感染的鸡群中，用补充的方法（临床资料）和检验的方法（细菌学、血清学、变态反应等），查出来的所有被感染（包括隐性患者）的百分率，比发病率更能说明疫病流行情况。

4. 致死率 根据发病鸡的总数，计算死亡于该病的鸡数，以百分率表示。例如：发生传染病时，发病鸡数为 1 000 只，病鸡死亡数为 100 只，则致死率为 10%。病死率是指在此期间因各种病因而致死的百分数。所以，致死率比病死率更能说明该传染病的危害性。

5. 传播率 发生某种传染病时，被该传染病蔓延的点、区和省的数量称为传播率。

鸡场兽医在全年的工作中，尤其在疫病流行期，应特别注意鸡群动态，随时观察与记录，及时总结，分析提高。在所有传染病的发病总数中，分析各种传染病所占的比例，找出防疫工作的重点；分析不同时间（周、月、季）的发病率及在全年或全部流行期内所占的比例，找出各期发病率变动的原因，根据这些原因，采取相应的防制措施；分析比较鸡群历年的发病率和死亡率变化情况，找出变化的原因加以控制；分析发病与日龄和生产性能的关系，找出饲养管理、品种上的原因；了解与分析周边鸡场疫情动态及传播规律，找出彼此之间的内在联系，以杜绝相互传播。

第二节 鸡群免疫

一、动物机体免疫的分类

（一）先天性免疫

先天性免疫动物生来就有的、对某种病原微生物的不感受性，是由动物的种属所决定的，如牛不患马鼻疽、马不患牛瘟、鸡不患炭疽、兔不患猪瘟等。

（二）后天获得性免疫

后天获得性免疫是动物机体受到某种抗原刺激物的刺激而产生的对该种抗原刺激物的不感受性。

1. 天然获得性免疫

（1）天然自动免疫　动物自然感染了某种传染病（显性感染或隐性感染）而耐过痊愈后，即获得对抗该传染病的免疫力。如耐过新城疫的鸡，可获得终生免疫；耐过猪瘟病毒的猪，可获得终生免疫。

（2）天然被动免疫　家畜、家禽通过胚胎和种蛋的免疫母体被动获得对抗某种传染病的抗体而具有的不感受性。又可称为母源抗体。这种被动获得的免疫效价，随时间的推移而逐渐下降，如新城疫母源抗体每 4 天其效价下降 50%，在饲养过程中，依母源抗体的高低和下降速度来确定首免日龄。

2. 人工获得性免疫

（1）人工自动免疫　家畜、家禽通过接种某种菌苗、疫苗、类毒素后产生的相应免疫力。此为养殖业当前预防传染病的重要措施之一。

（2）人工被动免疫　给家畜家禽注射某种高免血清或高免卵黄抗体后，获得的免疫力。常用于某种传染病暴发流行时，是特异性的治疗手段，如鸡患传染性法氏囊病时，可用传染性法氏囊卵黄抗体进行治疗，鸭患病毒性肝炎时，可用本病的高免血清进行治疗。

（三）非特异性免疫

动物机体对所有传染病、侵袭性疾病都具有的不感受特性。是由皮肤、黏膜、盲肠扁桃体、脾脏、哈氏腺、血液和组织液中的干扰素、补体系统等外周免疫器官组成，对动物机体具有机械的、生物化学的和生物的免疫作用。这种作用的强弱是与动物的健康状况密切相关的，所以，加强动物的饲养管理，全价营养，对提高动物非特异性免疫力具有十分重要意义。

二、兽医生物制品

生物制品——系指应用微生物学、寄生虫学、免疫学、遗传学及生物化学的理论和方法，利用微生物或寄生虫及其代谢产物或应答产物制备的一类物质。这类物质供预防、治疗及诊断动物疾病之用。

（一）生物制品分类

1. 疫苗 由特定的细菌、病毒、立克次氏体、支原体（霉形体）、钩端螺旋体及寄生虫制成的菌、疫苗及虫苗，现在统称为疫苗。用于预防相应的疾病。

2. 抗毒素及抗血清 用特定的抗原免疫动物，采血分离血清或血浆制成，用于预防和治疗传染病。

3. 类毒素 由特定的细菌产生的毒素经脱毒处理后，毒性消失而免疫原性保留叫类毒素。

4. 灭活苗 是把细菌、病毒灭活后制成的。

5. 活疫苗（弱毒苗） 是由毒力较弱，一般不会引起发病的活病毒或细菌制成的。

6. 混合制剂 由两种或两种以上的疫苗或类毒素混合而成的制剂称为联苗，如二联苗、三联苗等。

7. 诊断试剂 如溶血素、补体、标准抗体、抗原、诊断血清、分型血清、因子血清、菌素、毒素等，均为生物制品。

（1）诊断用生物制品 用微生物本身或其代谢产物和动物的血液及组织材料，运用免疫学抗原与抗体特异性结合的原理制成诊断用的制品称为诊断用生物制品。

①诊断抗原：凝集反应抗原、补体结合反应抗原、沉淀反应抗原、变态反应原等。

②免疫标记抗体：猪瘟荧光抗体、马传贫荧光抗体、猪瘟酶

标记抗体、马传贫酶联免疫吸附试验用抗原及酶标记抗体等。

③诊断血清：炭疽沉淀素血清及魏氏梭菌定型血清等。

（2）抗原　凡具有抗原性的物质统称为抗原。其抗原性包括：

①免疫原性：能刺激机体产生抗体或诱导机体形成免疫应答反应性的特性。

②反应原性：能与其所诱导而产生的抗体或致敏淋巴细胞发生反应或激发机体发生免疫应答反应。

（3）抗体　是抗原刺激机体所形成的一类能与抗原发生特异性结合反应的球蛋白，是参与机体体液免疫反应的免疫性物质。

①抗体（免疫球蛋白）分为五类：IgG、IgA、IgM、IgD、IgE。

②抗体存在于血清、淋巴液、组织液、唾液、泪液、初乳、鼻和气管等分泌物内，总之，抗体存在于体液内。

8. 血液制品　从血液中分离提取的各种血液成分包括血浆、白蛋白、球蛋白、纤维蛋白原等。

9. 其他　如干扰素、转移因子和免疫 RNA 等。

（二）生物制品的材料

1. SPF 种蛋　即无特异性病原的种蛋，专供制作各种疫苗使用。无特异性病原，必须排除以下病原：腺病毒、脑脊髓炎病毒、肾炎病毒、鸡传染性贫血病毒、传染性支气管病毒、传染性喉气管炎病毒、法氏囊病毒、禽流感病毒、鸡副嗜血杆菌、禽痘病毒、禽白血病病毒、马立克氏病毒、支原体、新城疫病毒、沙门氏菌、呼肠孤病毒、网状内皮细胞组织增生病毒、劳斯肉瘤病毒、禽结核、肿头综合征病原体等。只有使用这样的种蛋制作的疫苗才能保证疫苗的质量，才能保证免疫效果。

2. 灭活　是指用物理的方法（射线、加温等）或用化学的方法（酶、化学药物等）破坏微生物的活性，破坏血清中补体的活性，破坏病原微生物的繁殖能力和致病性而不损害抗原性，用以制备菌（疫）苗、类毒素和诊断制品等。

3. 灭活剂　某种物质能使另一种物质灭活，称为灭活剂。灭活剂一般都为化学药物，常用的有甲醛、苯酚、结晶紫等。

4. 保护剂　又称分散剂。在冷冻干燥生物制品中，为了减少微生物的损伤而加入的保护物质，称为保护剂。

（1）保护剂的构成　是由三大类物质组成：

①低分子化合物：乳糖、蔗糖、谷氨酸、赖氨酸等。

②高分子物质：白蛋白、明胶、脱脂乳和血清等。

③抗氧化剂：抗坏血酸和硫脲。

（2）兽医生物制品生产中常用的保护剂　蔗糖脱脂乳、明胶蔗糖。

（3）保护剂的作用

①减轻冷冻干燥对微生物的损伤，以提高细菌存活率或减少病毒滴度下降，从而保证冻干苗的效价。

②使冻干苗在保存过程中能耐受较高的温度而不损害其质量。

5. 佐剂　是一种物质先以抗原或抗原混合或同时注射于动物体内，能非特异性改变或增强机体对该抗原的特异性免疫应答，发挥其辅佐作用都称为佐剂，即免疫增强剂，常用的佐剂有氢氧化铝胶、明矾、磷酸铝，而油乳剂是近年来最常用的。

6. 油水乳剂佐剂及双相乳剂菌　油水乳剂佐剂就是乳化的水油佐剂。乳剂疫苗的安全性和效力高低，直接与乳化作用的好坏、乳剂成分的质量有关。

乳剂是将一种溶液或干粉分散成细小的微粒，混悬于另一种不相容的液体中所形成的分散体系。被分散的物质为分散相，承受分散相的液体称连续相，两相间的界面活性物质称为乳化剂。当以水为分相，以加有乳化剂的油为连续相时，制成的乳剂为油包水型乳剂（水/油或 W/O），反之为水包油型乳剂（油/水或 O/W），制成什么样的乳剂型，与乳化剂及乳化方法密切相关。

通常 W/O 型乳剂较黏稠，在机体内不易分散，但佐剂活性较好，为生物制品所采用的主要剂型；O/W 型乳剂稀落，注入机体后易于分散，但佐剂活性很低，生物制品一般不采用这种剂型。为了将黏稠 W/O 型的乳剂菌变稀，再加入水相，通过搅拌或胶体磨使乳化成双相乳剂苗（水/油/水乳剂，即 W/O/W）。双相乳剂苗有黏稠度低，在注射部位易分散，局部反应轻微，而佐剂效应仍相当良好的特点（表 1-1）。

表 1-1　新城疫双相油剂苗与新城疫多价油剂苗比较

	新城疫多价油剂苗	新城疫双相油剂苗
毒株	三个毒株，其中包含基因 V_{11} N_D	三个毒株，其中包含基因 V_{11} N_D
抗原含量	25%（中）	40%（高）
剂型	W/O	W/O/W
免疫残留	易吸收	极易吸收
抗体产生的时间（天）	14	10
抗体持续的时间（月）	6	8
10 日龄肉鸡免疫后高峰抗体	2^7	2^8
免疫 50 天攻毒保护率	90%	100%
120 日龄蛋鸡免疫高峰抗体	2^9	2^9

三、免疫基本知识

1. 构成特异性免疫系统的中枢器官　法氏囊、胸腺、骨髓。

2. B 淋巴细胞和 T 淋巴细胞　雏鸡经法氏囊成熟的免疫细胞称 B 淋巴细胞，经胸腺成熟的免疫细胞称 T 淋巴细胞。

3. 抗体　B 淋巴细胞经抗原刺激后分化成浆细胞，而后产生抗体。浆细胞主要在脾脏、盲肠扁桃体等淋巴细胞组织产生抗体。

血浆中的抗体又称循环抗体，可用血清学方法测出；体液中的抗体，又称局部抗体，不能用血清学方法测出，但在防止传染源进入机体起很重要作用。

局部抗体的产生是由弱毒苗接种部位产生的应答，如肠道（口服）、呼吸道（滴鼻、气雾）表面的局部抗体是构成防止一些传染病侵害的第一道关卡。

4. 细胞介导免疫 T淋巴细胞不产生抗体，而产生淋巴因子，T淋巴细胞通过淋巴因子的化学作用，增强巨噬细胞对病原体的吞噬作用，称之为细胞介导免疫，在动物机体防卫中起先锋作用。

5. 细胞免疫和体液免疫 抗原刺激物致敏的淋巴细胞释放出具有免疫活性的淋巴因子参与的免疫，叫细胞免疫。细胞免疫主要包括淋巴细胞、单核细胞、造血干细胞、粒细胞等，在免疫应答中，淋巴细胞起核心作用。淋巴细胞包括T淋巴细胞和B淋巴细胞，分别由胸腺、法氏囊和骨髓诱导、分化和发育而来，主要存在于血液和外周免疫器官中。

抗原刺激B淋巴细胞，引起B淋巴细胞活化、增殖与分化，形成浆细胞并产生抗体，以及由抗体发挥一系列免疫效应的过程称体液免疫。体液免疫主要是由抗体介导的，因此抗体是介导特异性体液免疫的效应分子。

6. 家禽日粮中营养成分与免疫的关系

（1）蛋白质与细胞免疫 当机体受到外来抗原刺激后，首先体内的免疫细胞增殖、分化，发挥细胞免疫功能。这种新的免疫细胞的合成需要大量蛋白质，如蛋白质不足，则影响免疫细胞内酶的合成速度，从而影响免疫效果。缺乏蛋白质营养要素的动物，对病原的易感性增强。

（2）蛋白质与体液免疫 抗体的合成需要大量的酶的参与，如动物机体蛋白质水平低，导致合成抗体的速度减慢，从而影响体液免疫的效果。所以，低蛋白饲料可降低雏鸡、肉仔鸡的免疫功能。因此，必须保证雏鸡、肉仔鸡蛋白质营养成分的供给。

（3）氨基酸与免疫

①影响淋巴器官的发育：天门冬氨酸、谷氨酸、丝氨酸、苏氨酸、色氨酸、苯丙氨酸、缬氨酸等，有促进骨髓 T 淋巴细胞前体分化成为成熟的 T 淋巴细胞的功能。尤其缬氨酸缺乏时，显著影响胸腺及末梢淋巴组织细胞的生长，影响 T 淋巴细胞的成熟。

②影响细胞免疫的功能：组氨酸、苏氨酸、蛋氨酸能活化巨噬细胞，加强吞噬功能，精氨酸还有特异性的增强细胞免疫的功能。

③影响体液免疫的功能：其中以支链氨基酸和芳香族氨基酸更明显，缺乏时，可降低体液免疫功能。

（4）脂肪与免疫　细胞膜是由蛋白质和脂肪构成，其中主要是脂肪。当受到抗原刺激时，细胞分化、增殖成许多新的免疫细胞，需要脂肪，如缺乏脂肪，会降低淋巴细胞增殖，减缓单核细胞和多核细胞的成熟。此外，不饱和脂肪酸能够促进抗体的产生；亚油酸不仅影响脾脏淋巴细胞增殖和细胞分裂，而且还能改善应激引起的生长延缓。

（5）糖与免疫　细胞识别是靠细胞膜上的糖蛋白来实现的，细胞免疫是靠免疫细胞膜上的受体（糖蛋白）来识别外来抗原而进行。糖蛋白中糖基的功能很重要，没有糖基，糖蛋白就失去生物学活性。

低聚糖分为功能低聚糖和普通低聚糖，其功能低聚糖对动物的免疫作用：①促进动物肠道后段有益菌的增殖，从而提高机体免疫功能；②具有免疫佐剂和抗原性，促进机体免疫功能加强；③激活动物机体体液免疫和细胞免疫，增强免疫功能。

（6）维生素与免疫　维生素是维持动物良好营养状态和生产性能的必需营养物质，它是许多酶的辅酶或辅基，间接参加免疫细胞增殖、分化和 DNA、RNA、抗体的合成。

维生素 A 在机体免疫反应中起到免疫调节作用，提高机体免疫力，如肉鸡日粮中维生素 A 添加量达到 2 万国际单位/千克时，其增重、淋巴器官发育、中性粒细胞吞噬活性及对新城疫疫苗的凝集抑制抗体滴度均增强。

维生素 E 具有抗氧化作用，缺乏时，细胞完整性受损，而细胞完整性对于免疫调节中接收及反馈信息是重要而必不可少的。维生素 E 对各种动物都具有免疫调节作用，能提高鸡的细胞免疫和体液免疫水平，增强对大肠杆菌和新城疫的抵抗力。

维生素 C 与机体的免疫功能密切相关，它具有抗应激、抗感染作用，可降低一些应激因子产生免疫抑制作用；维生素 C 是维持胸腺网状细胞的功能所必需，缺乏时可妨碍嗜中性粒细胞趋化性和运动性；维生素 C 具有抗氧化、保护淋巴细胞膜避免脂质过氧化，以维持免疫系统完整性；维生素 C 还可增加干扰素的合成，提高机体免疫力。

维生素 D 具有刺激单核细胞的增殖和活化作用，以及干扰 T 淋巴细胞的介导免疫力。

维生素 B 族缺乏时，能引起胸腺发育受阻碍，引起淋巴细胞数目减少，免疫力下降。

(7) 微量元素与免疫　微量元素是参与动物体生长、发育、繁殖和免疫过程的重要物质，其摄入不足或过量摄入皆为有害。

微量元素硒与免疫机能关系最密切，它能增强免疫细胞的功能和免疫球蛋白及抗体的合成。实验证明，如果日粮中添加适量的硒，可减少雏鸡感染马立克氏病的发生概率。

微量元素锌是许多酶的辅助因子，缺乏时会引起免疫器官萎缩、免疫细胞减少和抗体水平下降。肉鸡对锌更为敏感，当缺乏时，主要淋巴器官的重量明显减轻，淋巴细胞的数目减少，甚至淋巴细胞和网状细胞变性、坏死；肉仔鸡缺乏时，胸腺、脾脏和法氏囊等免疫器官生长受到限制。

微量元素铜是机体构成酶、组成动物机体的防御系统而增强免疫机能的主要物质。肉仔鸡缺乏铜时，胸腺、脾和法氏囊萎缩。

7. 为了保证免疫效果，免疫应注意的问题

（1）加强饲养管理　保持鸡体健壮，营养平衡，没有寄生虫侵袭，使鸡体免疫器官发育正常，让鸡群始终处于良好的免疫应答反应状态。

（2）排除母源抗体的干扰　有母源抗体存在时，接种疫苗过早，方法不对，可能中和母源抗体，如果同源母源抗体存在时则更为不宜，5日龄以前注射免疫往往效果不佳，1日龄马立克氏疫苗接种常见失败，新城疫Ⅰ系苗注射效果也不好。另外，法氏囊苗免疫时，当琼脂扩散试验（AGP）阳性率在50%以下时，首免应在7~14日龄，如阳性率在50%以上时，首免时间应在21日龄。如果不做抗体检测，一律14日龄首免，就有可能中和抗体，使免疫失败。所以，雏鸡首免日龄最好做抗体检测或者做母源抗体调查，然后决定首免时间。正常情况下，新城疫首免7日龄采用滴鼻点眼的给药途径，可避免中和母源抗体。如注射应在3日龄首免，因7~9日龄母源抗体为高峰期。

（3）保证疫苗质量安全可靠　包括制造工艺、运输和储存温度，使用时应检查其物理性状、生产日期和保存条件。

（4）疫苗选择要恰当　如新城疫流行地区，用弱毒苗Ⅳ系免疫，就不能抵御强毒攻击。首免选用强毒品系，不但起不到保护作用，还可能引发本病，使免疫失败，如果雏鸡用新城疫Ⅰ系苗，常常导致扭头、转圈等神经症状，经久不愈。

（5）疫苗使用应合理

①稀释液的选用。应是生理盐水、蒸馏水或专用稀释液，不可用不洁之水，否则，使疫苗效价降低或完全无效，导致免疫失败。

②活菌苗应用的同时应用抗生素类药物，饮水免疫时搞喷雾消毒等，都是错误的做法。

③盲目联合应用疫苗。如同时用新城疫Ⅳ系苗点眼，传染性支气管炎苗滴鼻，法氏囊苗口服，痘苗刺种等，多种疫苗进入体

内后，在复制过程中会产生相互干扰作用，导致免疫失败。如同时接种新城疫Ⅰ系苗和刺痘，由于Ⅰ系苗的干扰，常使刺痘免疫失败。

④免疫剂量欠准确。疫苗剂量小，不能激发机体产生免疫反应；剂量大，则产生免疫麻痹，使免疫力抑制。如传染性喉气管炎苗，大剂量使用时，常引起该病的流行。免疫时，鸡的只数要准确。滴鼻、点眼时每滴大约多少毫升，或每毫升多少滴，刺种时用刺种针刺一下多少毫升，连续注射器的调节等，都要计算准确。根据每瓶疫苗的羽份加入定量稀释液，一定要细心、谨慎，避免过多或不足。正常情况下，标准滴管每毫升20滴；标准刺种针刺一下0.025毫升；标准笔尖刺一下0.05毫升。

⑤免疫途径要适当。全嗜性的疫苗可多渠道接种，如新城疫疫苗可滴鼻、点眼、饮水、注射等；嗜消化道的疫苗，如法氏囊苗可口服或饮水；嗜呼吸道的如传染性支气管炎苗可滴鼻或喷雾免疫；鸡痘苗只能刺种，不可用饮水、注射、滴鼻、点眼等免疫方法。

⑥疫苗使用时间不可过长。疫苗从冰箱取出后，应在室温条件下放置15～20分钟，尽可能缩小与稀释液的温差，以免温度骤升而致弱或夭折，使免疫失败。疫苗稀释后应在短时间内用完，冬天最长不超过2小时，夏天不超过1小时。

⑦工作要细心。饮水免疫时要保证饮水量，尤其使用自动饮水器，更应注意。稀释疫苗时计算要准确，稀释要匀，使每只鸡均能接受免疫，防止漏免。

(6) 注意早期感染　接种疫苗时，鸡体内已潜伏有强毒微生物，或者工作人员、操作用具消毒不严而带入强毒病原体，则会因免疫接种而暴发某种疫病，使免疫失败，如新城疫Ⅰ系苗、传染性支气管炎苗、法氏囊苗接种时，常造成支原体病暴发。所以，每次免疫接种前，应了解鸡群健康状况，有时可提前用药，以减轻或防止潜伏疾病的暴发。

（7）注意应激与免疫抑制因素的影响 饥饿、寒冷、过热、拥挤、霉变饲料中毒、通风不良等不良因素的刺激，能抑制动物机体的体液免疫和细胞免疫，从而导致机体应答反应下降。如法氏囊病毒不仅侵害法氏囊，还损害脾和胸腺，导致长时间 B 淋巴细胞免疫抑制和短时间的 T 淋巴细胞免疫抑制，降低了对疫苗的免疫应答，而导致免疫失败。所以要求免疫时应使鸡群保持相对稳定性，避免各种不良因素的刺激，必要时可连服 3 天抗应激药物，确保免疫成功。此外，马立克氏病病毒、网状内皮组织增生病病毒、淋巴细胞白血病病毒、传染性贫血因子等，还有禽流感、球虫病、鸡白痢、传染性腺胃炎、传染性盲肠肝炎等免疫抑制性疾病，都能降低淋巴细胞的活性，引起对各种疫苗的免疫应答降低。

（8）疫苗血清型的问题 有的病原微生物有很多血清型，如传染性支气管炎病毒有呼吸型、肾型、腺胃型、变异型等，如果用呼吸型的疫苗则不能免疫肾型传支；禽流感病毒有 HA 亚型 16 个，NA 亚型 10 个，由两种组合或独立变异可产生若干不同亚型的毒株；马立克氏病毒有嗜内脏型、嗜皮肤型、嗜神经型、嗜眼型等；大肠杆菌有肠炎型、神经型、眼型、关节型、呼吸型、生殖型等更多血清型。免疫所用疫苗的血清型，有些是不可能完全包括的，所以免疫达不到理想的效果。

（9）超强毒株感染 马立克氏病、新城疫、法氏囊病等，都存在有超强病毒毒株或超超强毒株，免疫后的鸡群所产生的抗体不足以对抗这些强病毒的侵袭而引起疫病暴发流行。

（10）某些药物影响免疫效果 如地塞米松、庆大霉素、磺胺类药物等，除有其他危害之外，还影响疫苗的应答，尤其对雏鸡应尽量避免用这类药物，以保证免疫效果。

（11）上次接种与本次接种的间隔时间 使用活疫苗预防病毒性疾病，应考虑其诱发干扰素和免疫抑制的出现。鸡痘、新城疫、流感、传染性支气管炎、传染性喉气管炎的病原体（病毒），能使机体形成干扰素，保持7～9天，多至20天。细菌、立克次氏体、衣原体和支原体也同样能诱发干扰素。干扰素是积极的抗病毒物质，但也影响活疫苗毒力，妨碍特异抗体的形成。所以疫苗接种时应间隔一定时间，避免相互影响，使免疫失败。

8. 免疫接种的方法和途径

（1）滴鼻、点眼　适用于雏鸡初免，适用于弱毒苗，可避免被母源抗体中和，应激反应小。将1 000羽份的疫苗稀释于55～60毫升灭菌生理盐水中，每只鸡眼、鼻各滴1滴。

（2）羽毛囊涂擦　适用于鸡痘、鸽痘苗接种。1 000羽份加灭菌生理盐水30毫升稀释，于腿内侧拔毛3～5根，棉签蘸疫苗液，逆向涂擦。

（3）擦肛　适用于传染性喉气管炎强毒苗接种，1 000羽份加30毫升灭菌生理盐水稀释，倒提鸡，将肛门黏膜翻出，用接种刷蘸取疫苗液刷肛门黏膜，至黏膜发红为止。此法安全可靠但费工费时。

（4）气雾免疫　适用Ⅳ系苗、C_{O-30}、H_{120}、H_{52}等对呼吸道黏膜亲嗜性强的疫苗最好。紧闭门窗，禁止人员走动，5倍量，雾滴直径1～10微米，距鸡头上方30～50厘米。稀释液最好用无离子水或蒸馏水，具体稀释倍数最好事先预测一下（参考：大鸡1 000羽/升，1～4日龄雏鸡每250～500毫升水1 000羽）。为了预防大肠杆菌病的发生，做前可投抗菌药。本操作方法对产蛋鸡尤为重要，因缺乏黏膜免疫（新城疫），所以开产以后的鸡使用气雾免疫新城疫，效果显著。

［附］鸡气雾免疫的操作

1. 气雾免疫适宜45日龄以上的鸡群，根据鸡群情况，30日龄也可，不会引起呼吸道症状，以成年鸡效果最佳。

2. 疫苗用量采取3～5倍量，稀释倍数依实际情况而定，使疫苗雾覆盖整个鸡群，为此，不妨在免疫之前用纯水试喷一遍，以测定水的用量。目前常用的喷漆罐，一罐稀释的疫苗可喷雾 78 架产蛋鸡。稀释用水可用蒸馏水、凉开水、清洁用水，切不可用生理盐水和含杂质多的水。冬天气雾免疫时可在水中加些开水，使水温达 $20\sim30℃$ 再稀释疫苗，避免雾滴过冷引起应激。

3. 做气雾免疫时，密闭门窗，必须减少通风，以减少新鲜空气冲淡疫苗雾。做完后 20 分钟再开门窗通气，否则会致鸡只呼吸困难，甚至导致死亡。

4. 产蛋鸡最好在晚上 7 点后做，避免光照太强，鸡的活动增加，鸡只拍打翅膀，冲淡雾滴在空气中的循环浓度。

5. 从喷枪射出来的雾柱，在鸡头上方 $30\sim50$ 厘米处，慢慢走过，最好让鸡有受惊状，因为鸡在受惊时会自然而然地深呼吸，从而达到最佳免疫效果。

6. 稀释好的疫苗，在往喷漆罐中倒入时，罐上要放一层纱布，过滤掉水中的不溶物，以防堵塞喷枪小孔。

7. 喷雾时避免舍中尘土飞扬，否则会结合"雾滴"，而减少"雾滴"与鸡接触机会，降低效果。

8. 开产前的青年鸡，其 H_1 抗体滴度有低于 2^6 的个体存在，产蛋鸡其 H_1 抗体滴度有低于 2^7 个体存在时，就要进行一次气雾免疫，这样才能有效地防止非典型新城疫的发生。

新城疫Ⅳ、H_{120}、H_{52}、肾传支冻干苗均可用于气雾免疫（新城疫免疫用Ⅳ系）；另一些用于治疗呼吸道病（支原体病、传染性鼻炎、呼吸型大肠杆菌病等）很好的药物且价格便宜（如硫氰酸红霉素、链霉素、庆大霉素、卡那霉素、青霉素），鸡肠道不易吸收的或易被胃液破坏的而不能达到呼吸道，如采用注射方法每日给药，大群很难做到。同时，天天捉鸡会造成很大应激。若此时采用气雾给药，在降低成本的同时，往往还能达到比饮水更好的效果。炎热的夏季，如在喷漆罐中放入冰水在舍内喷雾，还能降温。

9. 雾滴控制

（1）雾滴太小　在做 IBD 和 AE 时，雾滴在 100 微米以下时不能产生很好的免疫效果；在 ND＋IB 疫苗时，用 50 微米或更小的雾滴给太小的鸡群（5 周龄以下）会因免疫反应而导致大批死亡。

（2）雾滴太大　雾滴飘浮时间短，效果不佳。在 12 周龄做 ND＋IB 的喷雾免疫时，要求雾滴很小，应为 $5\sim20$ 微米。总之，依疫苗的毒力强弱和鸡龄大小，适当控制雾滴大小，才能达到理想效果，一般是鸡龄越小，应该雾滴越大。

（5）饮水免疫　最适于法氏囊苗，也适于Ⅳ系苗，C_{O-30}、H_{120}、H_{52}等。Ⅳ系苗和C_{O-30}苗产蛋鸡饮水不能抵抗 ND 强毒感染，应改饮水为气雾免疫。稀释水必须不含有任何使疫苗灭活的物质，如氯、铁、铜、锌等离子，必要时用蒸馏水；饮水器要充足，要干净；饮前停水 2～4 小时；水量要恰当；饮水中加入 1％脱脂鲜奶或 0.1％脱脂奶粉或山梨糖醇，可提高免疫效果。

（6）注射免疫　适用于新城疫Ⅰ系苗和各种油乳剂苗。肌内注射部位有胸肌、腿肌和翅肌。胸肌内注射时应在龙骨突起两侧，呈一定角度注入，不可靠后，避免损伤肝脏；在腿的外侧，呈较大角度注入，不可注射内侧，避免损伤血管和神经；翅肌小，不便于操作，很少采用。在颈中背部皮下注射，注射时左手提起皮肤，确实注入皮下。

（7）刺种　将 1 000 羽份的疫苗稀释于 25 毫升生理盐水中，小鸡刺 1 针，较大的鸡刺 2 针。将蘸有疫苗稀释液的刺种针刺入翅膀内侧无毛无血管处，待溶液被完全吸收时为止。在实际操作中，由于疫苗接种量的不准确性，有时免疫效果不佳，可以改为局部皮下注射法，剂量准确，证明效果甚好。

（8）疫苗使用代号

IM——肌内注射

W/W——刺翅

IN——滴鼻

OE——点眼

I/O——滴鼻点眼

S/C——颈下皮下注射

ORAL——滴口

DW——饮水

SP——气雾

9. 免疫成功的标志

(1) 新城疫、传染性支气管炎、传染性喉气管炎弱毒苗免疫后 4～6 天出现呼吸道症状，是免疫反应所致，持续时间不超过 1 周为正常。

(2) 刺种鸡痘 1 周后检查刺种部位，有炎症反应者为成功标志，否则重刺。

(3) 灭活苗注射后，成功的标志是不引起局部炎性坏死和恶化，抗体效价高，且维持时间长。

10. 蛋鸡传染病免疫方法

(1) 禽流感　只需 H_9N_2 和 H_5N_1 两个亚型苗即可，20 日龄初免，120 日龄二免，颈部皮下注射。

(2) 新城疫　7 日龄Ⅳ系滴鼻；20 日龄Ⅳ系苗滴鼻，多价油苗半剂量肌内注射；Ⅰ系苗肌内注射，60 日龄Ⅳ系苗饮水，多价油苗全剂量肌内注射，Ⅰ系苗肌内注射；120 日龄Ⅰ系苗肌内注射，多价油苗全剂量肌内注射；以后每 2～3 个月用Ⅳ系苗喷雾 1 次。

应注意的问题：

①当鸡场内有一鸡舍发生新城疫或禽流感时，应对其他未发病的鸡舍免疫 1 次，单油苗或 ND、AI 二联双相油苗。

②当周边鸡场发生 ND、AI 时，应对未发病鸡场紧急免疫 1 次单苗或 ND、AI 二联双相油苗。

③在秋冬流行季节，最好用 ND、AI 二联油苗对健康鸡紧急免疫 1 次。

④对环境污染严重的鸡场或养殖小区，最好在 200 日龄补种一次 ND、AI 二联苗。

⑤发生非典型 AI 的鸡群，需马上免疫疫苗，免疫后 7 天可减少死亡率或流行停止。

(3) 产蛋鸡变异传染性支气管炎　150 日龄开产后用变异传支灭活苗颈部皮下注射，同时用 H_{120} 点眼。

（4）呼吸型传染性支气管炎　20 日龄之前用 H_{120} 首免，间隔 40 天到 60 日龄后用 H_{52} 二免，滴鼻、点眼。

（5）肾型和腺胃型传染性支气管炎　9 日龄首免，20 日龄二免。

（6）传染性喉气管炎　5 周龄以上首免，开产前二免。

（7）传染性鼻炎　6～8 周龄首免，12～14 周龄二免。

（8）支原体病　5 周龄用活苗首免，开产前二免。

（9）法氏囊病　对有母源抗体的雏鸡，当 AGP 试验阳性率在 50％以下时，7～14 日龄首免，间隔 2 周二免；当 AGP 试验阳性率在 50％以上时，21 日龄首免，间隔 2 周二免。现用的法氏囊苗有中毒力苗（B_{87}株）、二价苗（B_{87}、CF）、三价苗（B_{87}、XQ/02、R8E），应用时依具体情况选用。

（10）传染性脑脊髓炎　种鸡 12 周龄首免，用弱毒苗滴鼻、点眼，18～20 周龄（开产前）二免，用灭活苗肌内注射。

（11）鸡痘　20～30 日龄首免，60 日龄二免，与新城疫免疫间隔 10～15 天。

（12）减蛋综合征　开产前肌内注射单苗或二联苗、三联苗均可；患病后可紧急接种单苗，可促进恢复。

四、免疫增强剂

1. 生物制品类

（1）转移因子　是由致敏 T 淋巴细胞产生的一种淋巴因子，其作用特点是能选择性地转移细胞免疫力，可将细胞免疫活性转移给受体，以提高细胞免疫功能，增强机体对疾病的抵抗力。

（2）免疫核糖核酸　本品存在于淋巴细胞中，可使未致敏的淋巴细胞转变为免疫活性细胞。

（3）胸腺素　本品可使由骨髓产生的干淋巴细胞转变为 T 淋巴细胞，增强细胞免疫功能；它能连续诱导 T 细胞分化发育的各个阶段，具有调节机体免疫平衡作用，能增强成熟 T 淋巴细胞对抗原或其他刺激的反应。

（4）干扰素 本品在细胞表面与特殊的膜受体结合而发挥其细胞活性。一旦与细胞膜结合后，就能在细胞间产生一连串复杂的结果，包括阻止受病毒感染细胞中病毒的复制，抑制细胞增殖，以及这种免疫调节活性，亦可增强巨噬细胞的吞噬活性，增强淋巴细胞对靶细胞的特殊细胞毒性。

（5）多抗甲素（α-甘露聚糖肽） 是由 α-溶血性链球菌培养物中提取的。它能升高外周血白细胞数目，可激活机体细胞免疫和体液免疫，具有免疫调节作用，是一种新型免疫增强剂，具有提高机体抗体水平和细胞免疫力，增强抗病力，降低发病率，提高成活率的作用，还可以增强机体抗应激能力，促进生长，提高饲料报酬。

（6）其他 具有免疫增强作用的生物制品还有厌氧棒状杆菌菌苗、植物血凝素、胎盘脂多糖及植物多糖。还有干扰素诱导及马兜铃酸等。

2. 驱虫剂 盐酸左旋咪唑：本品是驱除线虫、绦虫的药剂，同时也是一种较好的免疫调节剂，它能提高淋巴细胞内的环鸟甘酸的相对水平，可使细胞免疫力原来较低者得到恢复，并能非特异性地增加巨噬细胞数，增强吞噬功能，提高抗感染的抵御能力。

3. 维生素类 维生素 A、维生素 C、维生素 E 对体液免疫、细胞免疫、吞噬机能等都有促进作用，其中维生素 C 还有抗应激作用。

4. 微量元素 硒能增加辅助性 T 细胞数量，T 细胞有助于新细胞的产生。

5. 蛋氨酸 能促进免疫球蛋白的合成。

6. 中草药类 黄芪、何首乌、党参、女贞子、白术、五味子、黄芩、甘草、枸杞子、麦芽、山楂、神曲、苍术、陈皮、五加皮、大蒜、苦参、龙胆草等。

7. 实例

①1%～1.5%维生素 E 拌料 3 天，可使新城疫免疫抗体增高 1 倍。

②添加倍量的维生素于饲料中连喂 3～5 天，可增加应答反应。

③雏鸡免疫时，舍内温度提高 1℃，有利于抗体产生。

五、免疫抑制剂

1. 烷化剂 又称烃化剂或细胞毒类药物。此类药物具有与组织及细胞发生反应的功能基团，如 β-氯乙胺基、磺酸酯基等，其化学活性很强。其功能基团与细胞的巯基、氨基、羧基和磷酸基起烷化作用，使细胞的 DNA、RNA、酶及蛋白质等变性或功能改变。对生长较快的组织如骨髓及黏膜上皮组织的作用，具有明显的杀伤作用，使免疫机能减弱。

2. 环磷酰胺 本品是烷化剂中应用最多的免疫抑制剂。其免疫抑制作用是由于能抑制细胞的增殖，非特异性地杀伤抗原敏感性淋巴细胞，限制其转化为免疫母细胞。本品对体液免疫和细胞免疫均有抑制作用。

3. 硫唑嘌呤 本品为巯嘌呤衍生物。其作用是抑制免疫活性细胞 DNA 的合成，从而抑制淋巴细胞的增殖，即阻止抗原敏感淋巴细胞转化为免疫母细胞，产生免疫抑制作用。

4. 甲氨喋呤 本品为叶酸颉颃剂，具有很强的免疫抑制作用，它选择性地作用于增殖中的细胞，阻止免疫母细胞进一步分裂增殖，对体液免疫的抑制作用比对细胞免疫的抑制作用更强。

5. 肾上腺皮质激素 本品通过多个环节抑制免疫反应。可抑制巨噬细胞的吞噬功能，降低网状内皮系统消除颗粒或细胞的作用，可使淋巴细胞溶解，致淋巴结、脾及胸腺中淋巴细胞耗竭，此作用对 T 淋巴细胞更明显，其中辅助性 T 淋巴细胞减少，降低免疫性抗体水平。

6. 环孢菌素（环孢霉素 A）　本品主要作用于 T 淋巴细胞，抑制分泌白介素等淋巴因子，降低机体免疫功能。

7. 抗淋巴细胞球蛋白　也是常用的免疫抑制剂。

8. 细胞毒药物　氯乙胺类、乙烯亚胺类、磺酸甲酯类（环磷酸酰胺、噻替哌、癌抑散、马立兰、N-甲酰溶肉瘤素）。

另外，饥饿、寒冷、过热、拥挤等不良因素的刺激，能抑制机体的体液免疫和细胞免疫，从而导致机体对疫苗的免疫应答下降。所以，做疫苗免疫时，应避免这些不良因素的刺激。此外，传染性法氏囊病病毒、马立克氏病病毒、网状内皮组织增生病毒、淋巴细胞白血病病毒、鸡传染性贫血因子、禽流感、球虫病、白痢、传染性盲肠炎、传染性肠胃炎等，都能降低淋巴细胞的活性，导致免疫抑制。

六、抗体监测方法

以新城疫为代表，将抗体监测方法列于表 1-2 和表 1-3。

表 1-2　红细胞凝集试验（微量法）（HA）

管号	1	2	3	4	5	6	7	8	9	10	11	12
稀释倍数＼成分	阳性对照	4	8	16	32	64	128	256	512	1024	2048	阴性对照
生理盐水	—	0.025	0.025	0.025	0.025	0.025	0.025	0.025	0.025	0.025	0.025	0.025
抗原	0.025	0.025	0.025	0.025	0.025	0.025	0.025	0.025	0.025	0.025	0.025	0.025
生理盐水	—	0.025	0.025	0.025	0.025	0.025	0.025	0.025	0.025	0.025	0.025	0.025
1%红细胞液	0.025	0.025	0.025	0.025	0.025	0.025	0.025	0.025	0.025	0.025	0.025	0.025
	振荡 2 分钟　　　感作（20～30℃）30 分钟											
结果举例	++++	++++	++++	++++	++++	++++	++++	++++	++++	++	—	—

凝集价为 512，即血凝滴度为 512。

表 1-3 红细胞凝集抑制试验（微量法）（HI）

管　号	1	2	3	4	5	6	7	8	9	10	11	12
稀释倍数　成分	对照	4	8	16	32	64	128	256	512	1024	对照	对照
生理盐水	0.025	0.025	0.025	0.025	0.025	0.025	0.025	0.025	0.025	0.025	0.025	0.5
被检血清	0.025	0.025	0.025	0.025	0.025	0.025	0.025	0.025	0.025	0.025	0.025	—
四单位抗原	0.025	0.025	0.025	0.025	0.025	0.025	0.025	0.025	0.025	0.025	0.025	—
	振荡 2 分钟　　　感作（20～30℃）30 分钟											
1%红细胞液	0.025	0.025	0.025	0.025	0.025	0.025	0.025	0.025	0.025	0.025	0.025	
	振荡 2 分钟　　　感作（20～30℃）30 分钟											
结果举例	—	—	—	—	—		++	+++	++++	++++	++++	—

血清抑制价为 64。

注：①熟悉微量加样器的使用方法，加量准确。②红细胞来自没有免疫过的健康公鸡。③掌握 1%鸡红细胞混悬液的制备方法。④被检血清可用病鸡蛋黄代替，效价基本相等或稍低。⑤健康鸡群抗体效价均匀一致，如果离散度（HI 最高值减最低值）大于 2，则视为抗体整齐或鸡群中有感染者。

七、免疫程序

（一）肉仔鸡免疫程序

肉仔鸡免疫参考程序见表 1-4。

表 1-4　肉仔鸡免疫参考程序

日　龄	疫苗名称	剂　量	免疫方法
1	病毒性关节炎苗	1	皮下注射
5～7	Ⅳ系＋H$_{120}$	1.5	滴鼻
10	鸡痘苗	1	刺种
14	法氏囊病三价苗	2	滴口
20	Ⅳ＋H$_{52}$	3	饮水
	ND 油苗	1	肌内注射
25	法氏囊病三价苗	2	滴口
30	Ⅳ苗	5	喷雾

(二）肉种鸡免疫程序

肉种鸡免疫参考程序见表1-5。

表1-5　肉种鸡免疫参考程序

日　龄	疫苗名称	剂　量	免疫方法
1	马立克氏病苗	1	皮下注射
5~7	新支（H_{120}）二联苗	1	滴鼻
10	痘苗	1	刺种
14	法氏囊病多价苗	2	滴口
20	新肾二联苗	2	饮水
	新城疫油苗	1	肌内注射
25	法氏囊病多价苗	2	滴口
30	新城疫Ⅳ系苗	3	饮水
35	传染性喉气管炎苗	1	滴鼻
45	新支（H_{120}）二联苗	1	滴鼻
60	新城疫Ⅰ系苗	1	滴鼻
	新城疫Ⅳ系苗	1	肌内注射
	新城疫油苗	1	肌内注射
70	传支H_{52}苗	2	肌内注射
90	传染性喉气管炎苗	1	滴鼻、点眼
100	痘苗	1	刺种
110	新法肾三联苗	1	滴鼻
120	病毒性关节炎苗	1	皮下注射
	新城疫油苗	1	肌内注射
	新减二联苗	1	肌内注射

以后每2个月新城疫Ⅳ系苗喷雾免疫1次，每3个月法氏囊病多价苗饮水免疫1次。

(三）商品蛋鸡免疫程序

商品蛋鸡免疫参考程序见表1-6。

表 1-6　商品蛋鸡免疫参考程序

日　龄	疫苗名称	剂　量	免疫方法
1	马立克氏病苗	1	皮下注射
7	新支（H_{120}）二联苗 新肾二联苗	1.5 1	滴鼻 点眼
14	法氏囊病多价苗	1.5	滴口
20	禽流感二联苗 新肾二联苗 新城疫多价油苗	1 3 0.5	肌内注射 饮水 肌内注射
27	法氏囊病多价苗	1.5	滴口
30	痘苗	2	刺种
35	支原体病苗		滴鼻
40	传染性喉气管炎苗	2	点眼
50	传染性鼻炎苗	1	滴鼻
60	新城疫IV系苗 新城疫多价油苗 新城疫I系苗	3 1 1	饮水 肌内注射 肌内注射
70	传支 H_{52} 苗	1	滴鼻
80	痘苗	2	刺种
90	传染性鼻炎苗	1	滴鼻
100	支原体病苗	1	滴鼻
110	传染性喉气管炎苗	2	点眼
120	禽流感二价苗 新减二联苗 新城疫多价油苗 以后每2个月新城疫IV系苗	1 2 1 5	肌内注射 肌内注射 肌内注射 喷雾
150	变异传支苗 H_{120} 苗	1 1.5	皮下注射 滴鼻

（四）蛋种鸡的免疫程序

蛋种鸡的免疫参考程序见表 1-7。

表 1-7 蛋种鸡的免疫参考程序

日 龄	疫苗名称	剂 量	免疫方法
1	马立克氏病苗	1	皮下注射
7	新支（H_{120}）二联苗	1.5	滴鼻
	新肾二联苗	1	点眼
14	法氏囊病多价苗	1.5	滴口
20	禽流感二价苗	1	肌内注射
	新肾二联苗	3	饮水
	新城疫多价油苗	0.5	肌内注射
27	法氏囊病多价苗	1.5	滴口
30	痘苗	2	刺种
35	支原体病苗	1	滴鼻
	霍乱苗	1	皮下注射
40	传染性喉气管炎苗	2	点眼
50	传染性鼻炎苗	1	滴鼻
60	新城疫Ⅳ系苗	3	饮水
	新城疫多价油苗	1	肌内注射
	新城疫Ⅰ系苗	1	肌内注射
70	传支 H_{52} 苗	1	滴鼻
	霍乱苗	1	皮下注射
80	痘苗	2	刺种
85	传染性脑脊髓炎苗	1	点眼
90	传染性鼻炎苗	1	滴鼻
	传染性贫血因子	2	饮水
100	支原体病苗	1	滴鼻
105	鸡白痢、复合法氏囊苗	2	饮水
110	传染性喉气管炎苗	2	点眼
115	传染性脑脊髓炎苗	1	肌内注射
120	禽流感二价苗	1	肌内注射
	新减二联苗	2	肌内注射
	新城疫油苗	1	肌内注射
	以后每2个月新城疫Ⅳ系苗	5	喷雾
150	变异传支苗	1	皮下注射
	H_{120} 苗	1.5	点眼
280	新城疫、支原体病、法氏囊病三联苗	1	皮下注射

第三节　鸡群传染病的防制措施

鸡群传染病的防制，要坚持预防为主，养防结合，防重于治的原则。各种防制措施的实施，要以传染病发生和流行的 3 个环节、2 个因素为依据，打破传染病流行的链锁，使传染病的流行难以延续，达到最后控制和终止流行的目的。

一、认真学习贯彻防疫制度

认真学习《中华人民共和国动物防疫法》，贯彻执行兽医卫生防疫制度。起码不使本场成为疫源地，把传染病消灭在本场。

二、加强饲养管理

加强饲养管理，给予配比合理的饲料，优越的环境条件，增强机体抗病能力，利于各种防制措施的实施，减少疾病的发生，为此，应满足如下各方面要求。

（一）不同日龄蛋鸡及种鸡的营养要求

1. 育雏期（6 周龄前）　能量饲料占 60%～70%，蛋白质饲料占 20%～30%，矿物质饲料占 2%～3%，其他添加剂饲料占 0.5%～1%。

2. 育成前期（7～14 周龄）　蛋白质饲料可酌减，但其他饲料成分基本与育雏后期同。

3. 育成后期（15～18 周龄）　能量饲料占 70%～85%，蛋白质饲料占 12%，矿物质饲料占 2%～3%，其他适量。

4. 产蛋期（19～65 周龄）　能量饲料占 60%～75%，蛋白质饲料占 15%～20%，矿物质饲料应占 9%，其他适量。其中 26～45 周龄时，一般为产蛋高峰期，应适当增加能量饲料和蛋白质饲料。

5. 饲料食入量

（1）蛋鸡饲料摄取量

10 日龄以前饲料摄取量＝日龄＋2［克/（天·只）］

11～20 日龄饲料摄取量＝日龄＋1［克/（天·只）］

21～50 日龄饲料摄取量＝日龄数［克/（天·只）］

51～150 日龄饲料摄取量＝50＋（日龄数－50）÷2［克/（天·只）］

150 日龄以上的鸡饲料摄取量，每天每只应稳定在 100 克以上，依产蛋率上升情况可逐渐达到 125 克，产蛋高峰期过后，可适当调整喂料量。

（2）肉仔鸡饲料摄取量（克）

肉仔鸡饲料摄取量见表 1-8。

表 1-8 肉仔鸡饲料摄取量（克）

日龄	摄取量	日龄	摄取量	日龄	摄取量	日龄	摄取量
1	6	14	55	27	123	40	192
2	10	15	60	28	129	41	197
3	15	16	65	29	134	42	202
4	18	17	70	30	140	43	206
5	21	18	75	31	145	44	211
6	24	19	80	32	152	45	215
7	27	20	85	33	156	46	220
8	30.5	21	90	34	162	47	225
9	35	22	96	35	167	48	229
10	39	23	101	36	172	49	233
11	43	24	107	37	177	50	237
12	48	25	112	38	182		
13	51	26	115	39	187		

［附］数种饲料喂鸡的害处

（1）用生豆饼喂鸡有害。因生豆饼中含有抗胰蛋白酶、血细胞凝集素等有害物质，喂后会阻碍雏鸡生长发育，影响产蛋鸡产蛋。

（2）喂鱼粉不可过量。配料时应控制在10%以内，否则会引起鸡的呕吐病。

（3）蛋壳必须经过消毒后才能喂鸡。蛋壳不宜存放，易变质发霉，喂后易发病。

（4）酒糟不能喂鸡。酒糟中含有大量粗纤维，鸡无牙，肠道短，又缺乏纤维素分解酶，所以，无法消化吸收，还会直接影响其他营养成分的吸收，从而导致营养不良。

（5）最好不用原粒粮食喂鸡，如玉米、小麦等，一是浪费，二怕形成习惯性。

（二）蛋鸡舍在不同季节需要的通风量

蛋鸡舍通风量见表1-9。

表1-9　蛋鸡舍通风量（米³/分）

气候 通风量 鸡别	炎热天气	春秋天气	低温天气
雏鸡	0.06	0.03	0.01～0.03
育成鸡	0.11	0.06～0.09	0.03～0.06
成鸡	0.20	0.01	0.03～0.06

注：鸡处于安静时，每只鸡每天的呼吸量为0.7米³；在应激情况下，其呼吸量增加1～2倍。因此，鸡舍的建筑应考虑通风口的面积。

（三）不同日龄蛋鸡对温度和光照的要求

1日龄鸡需要舍温33～35℃，4～5瓦/米² 全天光照；2～7日龄鸡需要舍温30～33℃，每天光照22～23小时，照度不变；8～10日龄鸡舍温27～30℃，光照不变；3周龄鸡舍温25～27℃，2瓦/米²，每天光照13～16小时；4～6周龄鸡舍温度22～25℃，每天光照12小时，温度不变；7周龄以后舍温控制在18～22℃，而且在一天之内，白天和夜间温差不可大于2℃。尤其在19周龄以后，低于18℃和高于30℃时，均会出现较强的应激反应，最适温度为18～24℃，光照强度不变，每天光照时间降到 8 小时，光照要稳定。从 18 周龄（126 日龄）开始增加光照时间，逐渐增至 14～17 小时，产蛋高峰期最少不应低于 16 小时，强度增至 3～4 瓦/米^2。

高温对鸡体的危害：高温时，鸡体温升高，体内氧化过程增强，使蛋白质、脂肪分解加快，产热量增多，造成中枢神经机能失常、胃肠蠕动失常，胃肠液分泌障碍，胰液分泌受阻，肝糖原生成和血中蛋白成分遭破坏，导致胃肠消化酶的作用和杀菌能力减弱，黏膜的抵抗力降低，使鸡体极度衰竭，发生热射病而昏迷或死亡。

低温对鸡体的危害：如温度过低且时间长，超过代偿产热量，会产生两种结果，一是体温下降，代谢率降低，造成呼吸器官渗出增多，微血管发生出血，呼吸器官黏膜遭到破坏，二是血压升高，尿多，血液变得浓稠，血液循环障碍，使抗体形成和白细胞吞噬作用减弱。由于温度过低，使鸡体全身机能衰竭，最后因中枢神经麻痹而冻死。

[附] 不同色光对鸡的生长和生理机能的影响

红光：对处于生长发育阶段的雏鸡和青年鸡有抑制生长速度和推迟性成熟的影响，故应禁用红光照明。

绿光：对成年母鸡的产蛋性能有抑制作用，故产蛋鸡和种母鸡禁用。

蓝光：易诱发啄癖，降低各年龄段鸡群的抗病力，使成年母鸡产蛋率下降，所以，从小到大各种鸡群都不宜用蓝色光照明。

黄光：可降低成年母鸡产蛋率，也可诱发啄癖，各年龄段的鸡群均不宜用黄光照明。饲养员的服饰色彩不宜更改。

（四）不同日龄鸡对湿度的要求

育雏阶段保持相对湿度为 55％～60％即可。随着日龄的增长，则需干燥的环境条件，尤其 18 周龄以后的鸡。

（五）肉仔鸡饲养管理

1. 全进全出　肉鸡生长速度快，抗病力低，为防止交叉感染，同一栋舍同一时间内饲养同一日龄的鸡，同时出栏。

2. 市场预测 根据市场需求的变化,合理安排饲养批次,确定饲养数量和上市体重。

3. 防重于治 严格执行卫生消毒制度,适时进行疫苗接种和预防性投药,严防病原侵入。

4. 降低死亡率 前期死亡的原因主要是引种质量差和饲养管理不当造成的,其防制措施:

(1) 慎重引种 雏鸡质量的好坏,关系到饲养效果和经济效益,因为种鸡的很多疾病可以垂直传染给雏鸡,如沙门氏菌病、大肠杆菌病、肉仔鸡贫血病毒病、肉仔鸡包含体肝炎、病毒性关节炎、滑液囊支原体病、传染性脑脊髓炎等,造成雏鸡生长发育不良,死亡率提高。

(2) 强化管理

①保温育雏:1 日龄舍温 35℃,2 日龄 35～34℃,3 日龄 34～33℃,4～7 日龄 33～32℃,第 2 周龄 32～30℃,第 3 周龄 30～26℃,第 4 周龄 25～20℃,第 5 周龄脱温,维持 20℃。在育雏阶段注意保持适宜的温差(1～2℃),可刺激食欲。提高采食量,促进生长。

②湿度:第一周,因采食量、饮水量少,舍温较高,所以应给予较高的湿度,如 65%～70%;第二周龄以后,由于饮水量增加,舍温逐渐降低,湿度应降低,如 50%～65%。

③喂料次数:根据雏鸡的生理特征,1 日龄 12 次/天,2 日龄 10 次/天,4 日龄 8 次/天,22 日龄 6 次/天,29 日龄 4 次/天。

④光照:施行弱光处理,1～3 日龄施行 24 小时光照,按 3 瓦/米^2,4 日龄夜间熄灯 1 小时,2 瓦/米^2,9 日龄夜间熄灯 2 小时,15 日龄夜间熄灯 3 小时,20 日龄后光照强度 2 瓦/米^{2}以下。

⑤开饮:出壳雏鸡争取于 16 小时能饮水,水温达到 22℃,不可太低,以防冷应激而拉稀不止,但也不能太高,如达 30℃,则会破坏肠道内环境,抑制肠黏膜生长,以后长期肠炎下痢,

难以治愈。

⑥开食：开饮之后 1 小时左右即可喂食，尽量开食早些，使卵黄吸收速度减慢，因为此时雏鸡营养的来源有二：一是卵黄，二是饲料，有利于雏鸡生长发育。

⑦合理密度：1～7 日龄 30～50 只/米^2，8～14 日龄 25～30 只/米^2，15～28 日龄 15～25 只/米^2，29 日龄～出栏 10～12 只/米^2。28 日龄后可完全放开饲养。

⑧换料：18～21 日龄由小鸡饲料换成中鸡料，以 1/3 量逐渐进行。30～42 日龄第二次换料，由中鸡料换大鸡料，逐渐进行。

⑨调整料槽、水槽高度：6 日龄时撤 1/3 开食盘，增加成鸡料桶底盘。12 日龄调整料桶、水桶高度，使料桶、水桶底盘的边缘与鸡背同高；19 日龄再调 1 次，29 日龄再调 1 次。

⑩限制饲养：为降低猝死症、腹水症、腿疾的发生率，从 13 日龄开始，每天减少饲料量的 10%，连用 7～10 天。

后期死亡的原因，主要是免疫不当，环境条件太差，疾病控制不力造成的，其防制措施：

①科学防疫：对肉鸡多发病如新城疫、法氏囊病、传染性支气管炎、传染性喉气管炎、支原体、白痢、球虫病、大肠杆菌病等，要及时合理接种疫苗，及早进行药物预防。

②加强饲养管理：重点是坚持环境消毒和带鸡消毒，加强通风换气，保证空气新鲜；及时清除粪便，适时更换饲料，低密度饲养等。

（六）减少应激反应

各种应激因素都会打破肉仔鸡的动力定型，都会引起全身性的强烈反应，如声音、光线、颜色、饲料、氨臭、霉变气味、饲养制度的变化等，引起生长发育抑制或猝死症的发生。

（七）不同日龄鸡的饮水量

不同日龄鸡的饮水量见表 1-10。

表 1 - 10　不同日龄每只鸡的饮水量（毫升/天）

周龄 品种	1	2	3	4	5	6	7	8	8周龄以后
蛋鸡	5～15	15～40	40～50	45～55	55～65	65～75	75～85	85～90	按50克料，100克计算
肉鸡	10～20	20～50	50～70	70～100	100～120	120～150	150～200	200～270	足食足饮

注：饮水槽中不断水，依天气和温度变化而增减饮水量。

三、做好日常消毒和临时消毒工作

消灭被病鸡、可疑病鸡或带菌（毒）者排泄于外界环境中的病原体（详见鸡场兽医卫生消毒一章）。

四、及时淘汰种鸡，避免垂直传染

卫生防疫工作好的鸡场，在育雏或育成阶段发生莫名其妙的传染病，查不出病原体来自何方，往往是经蛋垂直传染所致。种鸡发生传染病之后，经过抢救，各种防制措施的实施，除死亡部分外，可能大部分耐过而存活下来，但仍然是带毒（菌）者，具备潜在的危险性。这些鸡如果仍作种用，所产蛋中就有带毒、带菌的危险，直接传递给雏鸡。如患过新城疫的种鸡，就可经蛋传递给雏鸡；患脑脊髓炎康复的鸡，蛋中带毒，可经蛋传递；患传染性支气管炎的病鸡，在2个月内可经蛋传递。还有传染性喉气管炎，马立克氏病等患鸡耐过后仍是带毒者，都可经蛋传递。所以，种鸡场应把住关，凡是患过传染病的种鸡群，虽临床上康复，均应作合理的淘汰处理，避免养殖户造成不应有的损失。

五、建立合理的免疫程序

免疫接种在预防鸡群传染病措施的体系中，占据主要地位和具有重大实践意义。应用免疫接种的方法，使鸡群产生免疫（即不感受性），打破了传染病流行的链锁。因此，可以减少传染病的发生，停止传染病的继续蔓延。

根据免疫接种应用目的不同，可将其分为预防接种和紧急预防接种两种情况。其预防接种系使用疫苗或菌苗接种未发生传染病的鸡群，使之产生相应抗体，以预防发病为目的，尤其在育雏阶段，根据母源抗体的消长，建立合理的免疫程序特别重要；紧急接种系对已发生疫情的鸡场或地区进行鸡群免疫，对于发病的可应用免疫血清、抗毒素，也可应用疫苗、菌苗，对于受威胁区的鸡可用疫苗或菌苗。无论是预防接种还是紧急接种，对鸡群都是一个很大的应激刺激，为了发挥接种应有的作用和达到理想的效果，控制疫病流行，所以在接种的同时，必须加强饲养管理，必须遵守和执行一切旨在扑灭鸡群传染病的兽医卫生措施，如及时清理与销毁死鸡、隔离病鸡、封锁鸡场、增加营养、保温、通风换气、带鸡消毒和其他防制措施等。

（一）疫苗的管理

（1）到信誉良好的疫苗经销处购苗。

（2）购买有国家批号的疫苗（有时例外）。

（3）购苗时注意疫苗的有效日期、类型。不能购买过期或接近失效期的疫苗。

（4）严格按照疫苗说明书上规定的贮放条件进行贮藏、运输，尽量减少中间环节。贮放疫苗时，应保持贮放温度的平稳，尤其是新城疫、传染性支气管炎等病毒性冻干疫苗，如果贮放温度忽高忽低，反复冻融，疫苗效价会迅速降低，从而影响免疫效果。

（二）疫苗接种时的组织管理

要获得理想的免疫效果，除有高质量的疫苗、正确的接种途径外，还要有有效的组织管理做保障。

（1）每次接种疫苗前，要提前计划，并事先将使用的所有器具准备好；并经正确的消毒程序进行消毒。疫苗接种用器具不准用化学消毒剂消毒，而只能用蒸煮办法进行消毒。

（2）免疫前，应对疫苗的外观、真实性、颜色等进行检查，必要时对疫苗的效价进行监测，确保疫苗的质量。

（3）如果同一天对不同日龄的鸡群进行接种或不同鸡群接种不同的疫苗时，对每个鸡群所用的疫苗要用不同的箱子单独存放，并在疫苗接种前，再仔细核对疫苗的型号，并重新核对免疫计划，避免发生错误。

（4）建立疫苗接种记录卡。其项目：接种日期，预定接种日期，鸡的品种、日龄，疫苗的种类、批号、制造厂家、失效日期、剂量、负责接种人员、鸡群状况、数量以及采取的非常规措施等，以备必要时查询。

（5）对盛装疫苗的空瓶、包装物等，要集中做焚烧处理，不可到处乱扔，更不能留在鸡舍内。

（6）稀释疫苗时，稀释倍数要准确，现用现配。

（7）疫苗使用前要充分振荡，使混悬物分布均匀，若疫苗中有不散的残渣、异物、霉变等，均不得使用。

（8）事先要将疫苗接种用器具如注射器、滴管等校正好，接种疫苗的头份要准确。

（9）对接种人员要进行培训，掌握正确的接种技术，不可临时拼凑人员，以保证免疫效果。

（10）注意疫苗的适宜接种日龄，如传染性支气管炎 H_{120} 疫苗可用于 2 月龄以内的雏鸡，H_{52} 型疫苗只能用于 2 月龄以上的鸡。

（11）每种疫苗都有最佳的免疫途径，应严格按疫苗说明书中规定的使用方法进行接种。

（12）如果本地区尚未确定某种疫病的存在，不要盲目使用疫苗，否则会将新的疫病带入本地区，在使用活疫苗时应特别注意。

（13）接种疫苗时，鸡群必须健康。当鸡群健康存在问题时，要推迟接种时间。如果接种疫苗前后几天内，鸡群将进行可预料到的应激刺激如断喙、转群、调群时，要极力回避这些应激因素，因应激反应可影响各器官系统的正常生理功能，如神经调节、屏障机能、体液循环、内环境紊乱，从而影响免疫力的产生。

（14）接种前后 3～5 天，饲料或饮水中应加入倍量多种维生素，其目的是缓解接种带来的应激反应，同时，对鸡群免疫力的产生也具有良好的促进作用。据报道：饲料中除维生素外，所有添加剂均影响疫苗的效价，特别是显示酸性或碱性的添加剂，免疫时应予以注意。

（15）及时进行疫苗接种后的监测。活苗接种 1 周后，灭活苗接种 2 周后进行，如果抗体水平较免疫前上升 2 个滴度，说明免疫成功，否则，需重新免疫。

（16）活苗免疫的前后 2 天，禁止进行带鸡喷雾消毒和饮水消毒。

（17）不同的疫苗不得混合使用。

（18）接种禽霍乱活苗的前后各 5 天停止使用抗生素类药物。接种病毒性疫苗时，前 2 天和后 3 天在饲料中添加抗菌药物，以防免疫接种应激引起其他细菌感染。各类疫（菌）苗的接种，还应投给 1 倍量的多种维生素，以保强健体质。

(三) 合理设计疫苗接种计划

由于养鸡水平、条件等诸因素不同，很难推荐一个固定的免疫程序。设计本地的免疫程序时，应注意掌握如下原则。

（1）免疫程序内容包括免疫接种不同生物制品的种类、接种时间、鸡的品种、日龄、接种方法、间隔期与剂量、不同疫苗的间隔期及联合接种等项。

（2）设计免疫程序时，首先应根据当地疫病流行的情况、鸡的品种、日龄、母源抗体水平、饲养条件、疫苗性质等因素制定，不能做统一规定。且需要根据具体发生的变化做必要的调整，切忌生搬硬套。

（3）本地区尚未确认有某种疾病存在时，对本病的疫苗接种应慎重。

（4）确定首免日龄，克服母源抗体和其他病毒感染时的干扰和产生免疫抑制。如鸡早期患法氏囊病、马立克氏病、黄曲霉中毒以及各种疾病的复合感染，都会降低应答反应、抑制免疫力的产生。

（四）掌握正确的疫苗接种途径

疫苗接种途径很重要，每种疫苗都有各自的最佳接种方法，应严格按疫苗说明书上所规定的接种途径进行接种。

无论采用哪种接种方法，要根据鸡场劳力、环境条件、鸡的日龄、生产期等不同状况选取，一定要按要求规范操作，才能达到理想的效果。疫苗接种之后，要随时观察鸡群的反应，尤其要注意观察注射接种后的反应，有时注射后立即或经过一定的时间，鸡体发生一种接种反应，这种反应可能是局部的，则在接种部位出现普通的炎症反应（红、肿、热、痛）；有时则是全身性反应，则体温升高，食欲减少，精神不振，产蛋量降低等。造成接种反应的原因可能是疫苗的毒力太强，也可能是使用量太大，或疫苗质量差，鸡体不能适应造成的。一旦发生接种反应，应立即采取积极的对症疗法，加强饲养管理，促使尽快恢复。

接种后的免疫期，因疫苗的种类和剂型不同而有长短。免疫滴度达到高峰之后，会慢慢地下降，这时如能进行第二次免疫，一般很容易使免疫滴度再上升，如此经过数次免疫之后，其免疫状态更加巩固。

免疫效果理想与否，与鸡场的环境卫生状况、饲养管理条件的优劣、鸡只营养、体质、健康状况有密切关系。鸡的状况越好，越能保证自动免疫效果和鸡群安全，如饲养管理不良，鸡只瘦弱，或有内外寄生虫、慢性疾病等，则自动免疫效果不佳，安全性差，可使鸡只死亡或产生并发症，甚至发生所要预防的传染病。这就要求鸡场兽医在鸡群免疫接种时，要选择优质的疫苗、合适的免疫方法及恰当的免疫时机，以达到理想的效果。

对于优良品种的病种鸡，病势严重的患鸡，为了达到抢救目的，可注射免疫血清；对于运输的鸡，参加展览或比赛的鸡，也可采用注射免疫血清的被动免疫方法。这种方法产生免疫力快，免疫期短，适合于免疫要求，但费用高，经济损失大。一般情况下，疫苗接种经一定时间后，可获得稳固而又较长久的免疫期，以降低成本。所以，非必要时，不要用免疫血清。

总之，疫苗接种是一项细致的、来不得半点马虎的工作。由于疫苗接种的失误而造成疫病不断重复发生的例子比比皆是，因此，应充分认识疫苗接种在鸡的疫病防制中的重要性。

仍需强调，在使用疫苗过程中要严格隔离。尤其法氏囊病和新城疫免疫过程中，在免疫和免疫间隔期应严格隔离，在确保免疫成功和度过危险期后可撤销隔离。如果母源抗体水平可疑，则应提前首免时间，在疫区应缩短二免和三免的间隔，免疫程序随时修订。

六、重视药物预防

根据疫病流行特点和本场实际，制定出合理的预防性投药方案，促进生长发育、预防疾病的发生。

要选择无副作用或副作用很小且价格相对较低的药物。

鸡的传染病、寄生虫病、营养代谢性疾病等病的发生，一般多与日龄、季节、生产环节等有一定关系。在生产实践中，可根据这些情况提前用药，有时收到理想的效果，减少经济损失。

从育雏、育成、产蛋到淘汰的全过程中，成功与失败，经济效益高与低，与鸡场兽医的工作状况有密切关系，这就要求鸡场兽医工作者做到心中有数，对于各个时期、不同阶段鸡的防病、灭病和兽医保健，要有全盘的工作计划，比如，1日龄雏鸡从孵化场运到饲养场，为防止脱水，消除疲劳，缓解运输应激，可饮用10%多维葡萄糖温开水，即先开饮后开食，增加能量，促进消化吸收；1～10日龄雏鸡易患白痢病，可投入氟哌酸、氨苄青霉素等药物预防；10日龄以后易患大肠杆菌病，可在饲料中添加土霉素、环丙沙星等药物；1～3周龄时易患维生素 B_1、维生素 B_2、维生素 B_6、维生素 E 和微量元素硒缺乏症，应及时补充；2～3周龄的雏鸡易患传染性脑脊髓炎；30～60日龄易患支原体病，可用链霉素、北里霉素等预防；有发生葡萄球菌病的可能时，可用庆大霉素、卡那霉素、青霉素等药物预防和治疗；20～150日龄期间易感染球虫病，可及时服用青霉素、球虫灵、优素精等预防和治疗；产蛋鸡易患大肠杆菌病，可用氟苯尼考预防和治疗，价格便宜，效果好，不影响产蛋；20～50日龄时易患法氏囊病、肾型传染性支气管炎、腺胃型传染性支气管炎；开产之前及左右易患淋巴细胞白血病、马立克氏病；产蛋初期或高峰期易患减蛋综合征、变异传染性支气管炎；各种日龄的鸡均可患新城疫、鸡霍乱、鸡传染性支气管炎、鸡传染性喉气管炎、传染性鼻炎、大肠杆菌病、沙门氏菌病等，均应提前免疫，及时监测抗体水平。在断喙、预防接种、转群、调群时，应提前喂服抗应激药，如土霉素、维生素 C 等。

根据各鸡场的环境条件不同，现拟定工作日程如下，供兽医参考，依实际情况随时修改。

1日龄，即出壳后发售之前，孵化场应作马立克氏病预防接种，雏鸡颈部皮下注射马立克疫苗。运输到场、卸车、入笼之后，先开饮后开食。为了增加能量，防止雏鸡脱水，消除疲劳，促进消化吸收，饮5%多维葡萄糖温凉水（22℃为准，低不能低于18℃，高不能高于30℃）。

1～10日龄以预防鸡白痢为主，其次是葡萄球菌病，可选用氨苄青霉素、青霉素、氟哌酸等药物。

7日龄用Ⅳ系苗滴鼻作新城疫首免；肾传支苗点眼。

11日龄断喙，断喙前1天和当天，饲料中应拌喂维生素K，防止断喙时出血，还应补给维生素C或土霉素等药物，用以减少应激反应，促进恢复，增强抵抗力，防止感染。

14日龄做法氏囊病首免，以滴口方法为佳，确实可靠，尽量不用饮水方法，以避免抗体形成不均，抗病能力减弱。当母源抗体不足时，首免时间可提前，要在了解种鸡场或监测抗体基础上进行。此外，首免一般选用弱毒苗，如是常发区首免可用中毒苗，首免对防止法氏囊病非常重要，应特别注意。另外，剂量不可过大，以防损伤法氏囊。

16日龄时可投药预防球虫病，以盐霉素为首选药，其次为克球粉等。

21日龄新城疫Ⅳ系苗滴鼻，灭活苗半剂量肌内注射，Ⅰ系苗1羽份肌内注射。

28日龄做法氏囊病二免，可以用饮水的方法，其饮水量按15毫升/只计，但在饮水中须加入10%脱脂牛奶或1%脱脂奶粉，保证疫苗吸收完全。

30日龄刺种痘苗。

35日龄做传染性支气管炎H_{120}饮水免疫，其饮水量按20毫升/只计。禽流感二价苗肌内注射。

42日龄做传染性喉气管炎滴鼻免疫。如果本场或周围鸡场未发生过本病，可不做免疫。有时因操作失误，往往免疫后会引起本病的发生和流行。

60日龄用新城疫Ⅰ系苗1羽份肌内注射和Ⅳ系苗滴鼻、灭活苗1羽份肌内注射，并在前一天和当天补喂维生素C或土霉素，以减少应激反应和增强体质。

30~60日龄应注意防支原体病，可选用北里霉素、强力霉素、红霉素、链霉素等药物预防。

80日龄做传染性支气管炎H_{52}饮水免疫，其饮水量按25毫升/只计。

100 日龄禽流感二价苗肌内注射。

100～110 日龄，视鸡群状况，视第一次断喙情况，可进行第二次断喙或补断。

110 日龄做第二次传染性支气管炎 H_{52} 饮水免疫，其饮水量按 40 毫升/只计。

115～120 日龄做新城疫和减蛋综合征二联苗肌内注射，新城疫灭活苗肌内注射、Ⅳ系苗滴鼻。进行本项生产活动之前 3 天，饲料中应拌喂治疗量半量的土霉素，预防感染和抗应激反应。

为了预防新城疫的发生，注射新减二联苗之后，每隔 60 天，可用Ⅳ系苗 5 倍量气雾免疫 1 次，一直到淘汰。

为了保证雏鸡获得一定的母源抗体，种鸡在开产前 10 天，应有计划地进行新城疫、法氏囊病的免疫。

产蛋期，应预防大肠杆菌病和沙门氏菌病、鸡霍乱的发生，可用喹乙醇，按 80～100 克/吨料连用 1 周停药，不影响产蛋，对增强鸡的体质很有好处。

在鸡场各个生产环节中如滴鼻、点眼、断喙、注射、倒笼等，气候变化，周围环境改变，更换饲料等，都应考虑给鸡群带来的影响和可能发生的疫情。

七、综合分析

发病之后，根据流行特点、临床表现、病理变化、实验诊断，进行综合分析，尽快做出诊断，严格隔离，此乃防疫工作的重要环节，是迅速、有效地控制疫病流行的前提。

八、相应的治疗手段

根据确定诊断，采取相应的治疗手段，以挽救病鸡，减少损失。

治疗传染病病鸡是对抗传染病的一种方法，同时，也能起到防制传染病的作用。当进行治疗时，鸡场兽医首先应考虑患鸡的状况，传染病的性质和经济上合算与否，如果有治愈希望，有恢复生产性能的可能，则应对患鸡进行治疗。如果短时间治疗不会见效，花费过大；或者病鸡对周围的鸡群和其他动物以及人类构成威胁时；或者病鸡无法可治时，则可放弃治疗，予以扑杀销毁或急宰。

（一）对病鸡施行治疗应注意的问题

1. 正确诊断 在正确诊断的基础上及时治疗。

2. 正确用药 根据病鸡的日龄、生产性能和体质状况，正确选择药物、投药方法和剂量。

3. 采用综合治疗 治疗时应考虑传染病发生的 3 个环节 2 个因素，采取综合性治疗措施，既注重药物治疗，又要重视环境条件。

4. 分析临床症状 明确哪些是机体遭到损害的表现，哪些是机体对疾病的生理性保护作用的表现，治疗时，首先应扶持和加强机体的保护机能。

5. 单独或综合几种治疗方法同时应用 对病因疗法、发病机制疗法、对症疗法均可单独应用或合并应用。在治疗过程中，应随时观察治疗效果，观察病的发展趋势，随时调整机体内部状态，及时换药、停药，使病情按预定方向发展。

（二）对病鸡的治疗方法

1. 特异性疗法 本法是利用特异性的生物制剂如免疫血清、疫苗等来治疗传染病的方法。这种方法可迅速增强机体防卫机能和迅速恢复机体内部环境的相对稳定性，使机体免受病原微生物的侵害。

免疫血清（高免血清、痊愈血清或全血、卵黄抗体等）常用于确诊后的急性传染病，如能及时确定诊断，早期应用，且大剂量应用，可迅速挽救危症而达到治疗目的。如果一次治疗效果不佳，经 10～12 小时后可重复使用一次。

疫苗疗法是以特异性的抗原使病鸡痊愈的一种方法。疫苗注入患病机体内所起的作用除了产生免疫过程外，还对病鸡机体中发生病理过程部位的神经系统不断地进行微弱刺激，加强了自身调理。对于病情十分严重的病鸡施行疫苗疗法时，有时会造成一定的死亡损失，但可挽救大群，可迅速控制和扑灭疫病的流行，经济上是合算的。

2. 抗生素疗法　抗生素类药物广泛应用于传染病的治疗，疗效显著。各种抗生素药物有不同的抗菌谱，对相应的病原微生物具有特异的抑菌和杀菌作用。只要诊断正确，选药正确，均可达到治愈目的。为了做到选药正确，可作药敏试验加以筛选（见抗生素类药物一章）。

3. 化学药物疗法　这类药物主要是磺胺类和砷制剂等。以最小的剂量即能对病原微生物呈现杀灭作用，而不使鸡体受到明显的毒害。

4. 对症疗法　按临床表现出来的症状选择药物的疗法叫对症疗法。所选药物只对个别病理过程发生作用，而对病原体没有直接作用，以恢复机体正常生理机能为目的。

5. 饮食疗法　患病期间，患鸡普遍食欲下降，摄取量不足，各种营养缺乏，抵抗力减弱。病势加重，食欲更加不振，这种恶性循环非常不利。所以应注意调整饲料配比，给予可口的、新鲜的、柔软的、易消化吸收的和营养价值高的饲料；要给予充足的饮水，补糖补液，使恶性循环变为良性循环，增加鸡体接受药物的能力，达到理想目的。

九、除虫灭鼠、消灭蚊蝇

鼠类、蚊、蝇、虻、蜱等都是鸡群传染病的传递者。它们可以传播很多鸡的传染病，因此消灭这些传递者，对防制鸡传染病的发生具有重大意义。除虫方法可分为预防性除虫和根绝性除虫。前者旨在保护鸡群免受昆虫侵袭，防止侵入鸡舍；后者旨在彻底消灭有害的昆虫，包括昆虫的卵和幼虫。

（一）预防性除虫的措施

1. 保持鸡舍清洁 每2～3天保证清理粪便一次（最好1天1次），同时清理排水沟。

2. 及时修理笼具 避免鸡只发生机械性外伤，因为伤口常招引昆虫。

3. 严格隔离 传染病患鸡，应予以严格隔离，避免昆虫飞入。

4. 环境卫生 贮粪场（池）、污水沟应该设盖或罩，不使昆虫飞入。清除鸡舍周围杂草、填平无经济价值的水池，疏排洼地积水等。

（二）根绝性除虫的措施

可采用机械的、物理的、化学的方法，目前常用的是化学药剂杀虫的办法。常用的是环丙氨嗪，常用1‰预混剂按0.05‰添加，即1 000kg料加5克混匀喂饲。市场上灭蚊蝇药物有很多品种，对昆虫来说有的是接触毒，有的是肠毒，有的则是熏蒸剂。鸡场兽医选择这些药剂时，应注意：

1. 使用安全、可靠，对昆虫有致死作用，而对人对鸡无毒性作用，不损坏设备、衣物。

2. 作用迅速，用最小剂量能在短时间内杀死昆虫。

3. 不易变质，性质稳定，外界环境中的光线、温度、湿度等因素不影响其效果。

4. 余效作用时间长，无异常气味，价格低廉，使用方便。

鼠类是人和鸡以及其他动物很多传染病病原体的携带者和传递者，如鸡的钩端螺旋体病、鸡巴氏杆菌病、李氏杆菌病等。由于鼠类在鸡场中猖獗活动，如鼠类盗吃饲料，粪尿污染饲料和饮水，惊吓鸡群等，给养鸡场带来严重经济损失，不该发生的传染病和其他疾病都有发生的可能。所以鸡场的灭鼠工作非常重要。

（三）预防性灭鼠

抓好环境卫生和建筑设施的标准化。鸡舍周围整洁，及时清除饲料残渣、碎屑和垃圾，以防鼠类盗吃而带菌，传播疾病；房屋建筑要求门窗坚固，鼠类无法进入觅食，污染饲料。

（四）根绝性灭鼠

可采用机械性灭鼠笼、灭鼠夹等捕鼠器；也可采用化学药剂毒饵，常用的药剂很多，但大多有2次毒性或3次毒性，灭鼠效果好，但毒性大，易伤害狗、猫、猪和人类，使用时应特别注意安全；也可采用生物学灭鼠法，即利用其天敌——猫、鹰类或对鼠类致死性很高的微生物等。这些天敌因环境条件的限制，使用不便，有时因使用不当会给人类和鸡群带来伤害，所以应谨慎从事。

无论哪种灭鼠方法，都有它的局限性，所以在生产实践中应采用综合性措施，以达到理想的效果。

十、隔离病鸡

隔离病鸡与疑似病鸡是防制传染病的重要措施之一，是扑灭传染病的重要环节。

在鸡场发生传染病时，兽医要仔细观察鸡群疫病动态，将鸡群中的鸡分为3种类型。将有明显临床症状的病鸡和症状不明显的疑似病鸡列为一种类型。本类型就是鸡场传染来源，威胁鸡场安全，应迅速检出实行隔离，实行重点护理，保证不使传染病散播开来。要有专人护理，隔离消毒，有治疗价值时可用免疫血清、疫苗和其他药物进行治疗；无治疗价值或预后不良者可急宰，彻底消灭传染源。将与病鸡有过接触、有感染可疑的鸡列为另一类型。将此类型隔离到另一场所，并经常检查，合理护理，紧急接种疫苗，出现症状者按病鸡对待，及时转入病鸡群。将临床上健康的其余鸡，即假定健康的鸡列为第三种类型，数量大时可留在原鸡舍饲养，加强饲养管理，随时消毒，紧急接种疫苗，注意保护本类型的鸡不受感染。

由于各鸡场环境条件不同，设备状况不同，所以隔离场所的选择应以实际情况而定，隔离哪种类型的鸡应以数量的大小而定，其目的是要控制传染病散播，挽救鸡群，尽快扑灭疫病，以减少经济损失。

十一、封锁传染病疫区

疫区的封锁是一种完整的防制措施体系。旨在保护安全地区，避免由疫源地侵入传染病，把传染病消灭在疫源地范围内。

将正在发病的地区（或1个鸡场或1个村镇）划为疫区。将疫区周围的地区及可能受到传染的地区划为受威胁区。疫区和受威胁区均为非安全区。邻近非安全区的地区划为安全区。

在封锁区内外，均要采取扑灭传染病的措施，如设立明显标志，禁止易感鸡和其他动物以及人类出入或通过，对病鸡治疗，对受威胁的鸡群进行预防接种，停止封锁区内鸡的聚散活动，病鸡或疑似病鸡使用过的各种器具禁止给其他易感鸡使用，病鸡尸体要焚烧销毁，粪便、残余饲料和用具要消毒。根据封锁区内最后一只病鸡死亡、痊愈或扑杀，并对鸡舍、运动场、笼具等彻底消毒后，经过一定日期，再无疫病发生者，则可宣布解除封锁。

第二章 鸡场兽医用药

第一节 鸡场兽医用药须知

药物是治疗鸡病和预防鸡病必不可缺少的物质条件，应用药物是保证养鸡业顺利发展的重要手段之一。为了选药正确，应用正确，提高疗效，提高经济效益，鸡场兽医首先应重视药物的选择与应用技术。

一、药物来源要确实可靠

要到畜牧兽医部门批准的兽药生产厂家或兽医门诊部、兽药销售点购买。禁止到非法经营兽药摊点购买。否则，不但不能防治鸡病，反而延误防病治病时机而造成严重经济损失。此外，在购买药物时要注意出厂日期，有无变质、败坏、发霉、虫蛀等，禁止使用这些低劣产品，以确保疗效。

二、正确诊断是用药的基础

随着养鸡业的发展，优良品种的引进，鸡病越来越多，而鸡场临床用药种类亦越来越多，用药必须在及时正确的诊断基础上对症用药，才能达到理想的治疗效果。

三、药物浓度和疗程

药物浓度和连续用药，是防病、治病的保证。治疗用药一定要达到一定的药物浓度和一定的疗程，只有在鸡体内保持一定的药物浓度和作用时间，才能足以杀灭病原体。避免用药量过大而发生中毒事故，但也不可药量过小或疗程过短，这不但达不到杀灭病原体的目的，反而会使病原体产生耐药性，对以后的防治工作带来困难。这就是平常所讲的"太过不及皆为害"，尤其是抗生素和磺胺类以及抗寄生虫类药物的应用，更应特别注意。这些药物如应用不当，其危害有三：一是抗药菌株的形成；二是正常菌群失调症的发生；三是破坏机体主动免疫功能。要避免这些危害，必须按量使用，首次用量采用突击量。

四、药物的协同作用

同时应用 2 种或 2 种以上的药物时，其对病原体的作用有的有协同作用，有的有颉颃作用。有协同作用的药物合理配伍使用，可以提高疗效，缩短治疗时间，并可防止病原体产生抗药性，是比较理想的用药方法。有颉颃作用的药物不能同时使用，它会降低疗效，还会产生毒性反应，对鸡群极为不利。在实际应用中，如不明了两种药物的这种性质，为了安全起见，则应错开时间使用，不可滥用药物。

五、肾功能的损害和药物的半衰期

肾脏是药物的主要排泄器官，当肾脏有疾患时，药物排泄要受影响，如严重慢性肾脏疾病时，肾小球滤过率降低，在这种情况下，链霉素、庆大霉素在体内很快地蓄积起来，易造成中毒。为了避免中毒，首次用药量可不改变，但其维持量与给药间隔时间应根据肾功能损害程度及药物的半衰期予以调整（药物半衰期即药物的血浆浓度下降一半的时间）。为了维持比较稳定的有效血药浓度，给药间隔时间不宜超过药物半衰期，但为了避免药物的蓄积中毒，而给药时间间隔又不宜短于该药的半衰期。如青霉素的半衰期只有 2.59 小时，所以第一次用大剂量，即使经数倍半衰期的时间后，血浆中仍维持着治疗浓度。

六、增强鸡的体质

药物治疗作用的发挥，是通过鸡本身体现的，也就是说，外因是通过内因起作用的。所以，在药物治疗的同时，应加强鸡群的饲养管理，为鸡群创造优越的环境条件，如保持舍内空气新鲜，光照充足，温度恒定，湿度适宜，饲料营养丰富，增强机体抗病能力，只有机体健康、强壮，接受药物的能力才能完全，使药物在机体内充分发挥治疗作用。

七、用药期注意观察鸡群状态

一方面注意疗效如何，如效果不好或不明显，应根据具体情况及时换药，选用有协同作用的药物，达到尽快控制疫情的目的；另一方面注意用药后有无不良反应或中毒迹象，如有情况异常，则应迅速采取补救措施，及时处理，减少经济损失。

八、药物要价廉易得

首选药物应是疗效高、价格低廉，防止以价格论质量的偏见，只要疗效高，价格再低也是好药，再贵重的药物，不对症也不可选用。疗效高，副作用小，价廉易得，安全可靠，是选用药物的原则。少花钱、用好药、疗效高，才能提高经济效益。

九、抗生素类药物的应用

抗生素类药物应用广泛，但不可滥用，因为抗生素类药物不可能治疗一切疾病，尤其当病因不明确时更不可乱用。非抗生素类药能见效的，则不必应用抗生素类药物。一种抗生素能见效的，就不用两种或多种抗生素，对于广谱抗生素来说更要慎用。

十、药敏试验与选择用药

在市场销售的鸡病常用药物中，品种繁多，除正规厂家生产的原药粉剂、注射剂之外,还有不少合剂。有些种类药物,原本是同一种原料药,制成合剂后,不同厂家叫不同的名称。每种药物有其自己的理化特点和特异的病原体敏感群。在临床实践中,确诊某种疾病后,可选药的种类太多,同时有多种药物都能治疗该病,如果应用不当,可导致抗药菌株的产生,干扰鸡体内正常微生物群的作用,使免疫功能下降等不良影响。为了选药正确,治疗效果明显,迅速控制疫情,减少经济损失,就需选择最佳药物。根据本鸡场情况,做药敏试验是最有效的办法。药敏试验的方法很多,各有各的长处,如纸片法操作简单,使用方便,出结果快;试管法准确度高,而且还能定量;琼脂孔法对不溶性药最适用。现介绍纸片法如下:

(一)药敏试验用品

1. 手术刀、剪及眼科镊子各 2 把。

2. 酒精灯 1 盏,工业用酒精适量,铂金耳 2 个。

3. 普通琼脂平板培养基(平皿、药物)。

4. 定性滤纸、干燥箱、恒温箱、高压灭菌器、打孔器。

5. 分析天平,无菌 100 毫升三角瓶,无菌 10 毫升、5 毫升和 1 毫升吸管。

6. 灭菌生理盐水和各种药物。

(二)药敏试验操作方法

1. 取新鲜病死鸡的心、肝、脾脏,用灼热的刀片烙热其表面(目的是灭菌),然后用酒精灯火焰灭菌的铂金耳透过烙面插入,取少量组织或血浆,接种于普通琼脂斜面或平板培养基上,置 37℃ 恒温箱内培养 24 小时待用。

2. 药物滤纸片的准备。将滤纸剪成直径 6 毫米的圆片(或用打孔器打成圆片),置平皿中或小的洁净青霉素瓶中,干烤灭菌后备用;把所用药物配成溶液,把灭菌滤纸片浸泡于配制好的药液中片刻,然后取出使用(作好记号)。

3. 将上述病料培养物移入 1~2 毫升灭菌生理盐水中,充分混合均匀，用灭菌吸管吸取此培养物滴入琼脂平板培养基中，每个平皿3～4滴，用灭菌的铂金耳涂布均匀，然后用灭菌的小镊子夹住各种药物滤纸片，平贴于已接种过培养物的培养基表面，每个平皿可放4张，不同药物的滤纸片，使其距离相等。最后将平皿置于37℃恒温培养箱中24小时后观察。

（三）结果判定

若培养物中的细菌对某种药物敏感，则在该种药物滤纸片周围出现抑菌圈，其抑菌圈越大，表明细菌对该种药物的敏感性越高。如果没有出现抑菌圈，则说明该种药物对本病鸡所感染细菌无效。抑菌圈直径的大小是判断敏感度高低的标准。抑菌圈的大小用卡尺量取，直径20毫米以上的为极敏，15～20毫米的为高敏，10～15毫米的为中敏，10毫米以下者为低敏，0毫米的为无敏感性。

根据药敏试验结果，药物治疗时，极敏和高敏药物为首选药。在不违反药物配伍禁忌的情况下，也可同时选用2种药物协同作用，以减少抗药菌株的形成。

（四）药敏试验常用药液的配制方法（表2-1）

表2-1　药敏试验常用药液的配制方法

药　物	药液配制方法	药液浓度	纸片含药量
青霉素	20毫克＋pH6磷酸盐缓冲液15.5毫升混匀后吸取1毫升，加入pH6磷酸缓冲液9毫升中混匀	200（国际单位）	1.0（国际单位）
双氢链霉素	40毫克＋pH7.8磷酸盐缓冲液13.1毫升	2 000（微克/毫升）	10（微克）
四环素	30毫克＋0.1摩尔/升盐酸4.67毫升＋pH3枸橼酸缓冲液10毫升	2 000（微克/毫升）	10（微克）
土霉素	30毫克＋0.1摩尔/升盐酸4.325毫升＋pH3枸橼酸缓冲液10毫升	2 000（微克/毫升）	10（微克）
庆大霉素	20毫克＋水10毫升	2 000（微克/毫升）	10（微克）

药　物	药液配制方法	药液浓度	纸片含药量
卡那霉素	20 毫克＋水 10 毫升	2 000 （微克/毫升）	10 （微克）
新霉素	20 毫克＋pH6 磷酸盐缓冲液 10 毫升	2 000 （微克/毫升）	10 （微克）
杆菌肽	20 毫克＋pH6 磷酸盐缓冲液 10 毫升	2 000 （微克/毫升）	10 （微克）
多黏菌素	20 毫克＋pH6 磷酸盐缓冲液 10 毫升	1 000 （微克/毫升）	10 （微克）
磺胺嘧啶	200 毫克（1 毫升）＋水 9 毫升	22 000 （微克/毫升）	100 （微克）
呋喃妥因	10 毫克＋纯丙酮 10 毫升	2 000 （微克/毫升）	10 （微克）

注：（1）纸片含药量的计算方法：按每 1 只洁净的青霉素瓶中放入 50 片滤纸片，加入 0.25 毫升配制好的药液，即 0.25/50＝0.005 毫升/片。如土霉素配制好的药液浓度为 2 000 微克/毫升，吸取 0.25 毫升则等于 500 微克（2 000 微克/毫升×0.25 毫升＝500 微克），共有 50 片滤纸片，每片中含药量为 500 微克/50 片＝10 微克/片。

（2）制备抗菌药纸片的试剂配制方法：

①pH6 磷酸盐缓冲溶液：称取磷酸氢二钾 2 克、磷酸二氢钠 8 克于烧杯中，加入适量蒸馏水，加热助溶，充分溶解后移入 1 000 毫升容量瓶中，再以蒸馏水定容至 1 000 毫升，然后分装入可经高压灭菌的玻璃瓶中 51 710.25 帕灭菌 20～30 分钟，冷却后备用。

②pH7.8～8 磷酸盐缓冲溶液：称取磷酸氢二钾 16.73 克、磷酸二氢钠 0.523 克于 1 000 毫升容量瓶中，加蒸馏水适量，充分溶解，然后加蒸馏水至 1 000 毫升，同①高压灭菌。

③pH3 枸橼酸缓冲液：称取枸橼酸 7 克、磷酸氢二钠 3 克于 1 000 毫升容量瓶中，加蒸馏水溶解并至刻度。

④100 毫升 0.1 摩尔/升盐酸溶液：取 100 毫升容量瓶 1 个，加入蒸馏水约 50 毫升，精确吸取浓盐酸（分子量 36.5，浓度 36.5%，密度 1.19 千克/升）11.2 毫升，徐徐加入容量瓶中，混匀，然后以蒸馏水定容至 100 毫升，混合均匀备用。

（五）注意事项

1. 在配制药液时，应注意同一种药液的浓度要相同；各种药液的浓度以治疗剂量为准。此外，接种培养物时，在培养基表面涂布要均匀，使浸药滤纸片均匀地接触涂布面。

2. 中草药在鸡病治疗上发挥着越来越重要的作用，市场上销售的中成草药很多，为了达到理想的治疗效果，节省开支，减少损失，仍有做药敏试验的必要。其操作方法如下：

（1）中草药煎剂的制备。称取定量的中草药，研细成粉状，放进沙锅中，以水淹没，加热煮沸 1 小时，过滤液盛于容器后，其滤渣再加同量的水，再煮沸 1 小时，过滤，然后将 2 次的滤液相混合，加热，浓缩至每毫升药液中相当于 1 克生药的浓度，再经 55 157.6 帕高压灭菌 20 分钟，冷却后即可应用。

（2）钩取幼龄肉汤培养物（培养 18 小时），均匀接种在普通琼脂平板培养基上，用直径为 3 毫米的打孔器，在接种过的培养基上打 6～7 个孔，呈梅花状，并将 1 滴热琼脂培养基滴入孔底，以封闭培养基与平板间的空隙。然后将制备好的中药煎剂置于孔内，每孔为 0.025 毫升（如果测定中药粉剂则加满孔），放入 37℃温箱内，培养 24～48 小时，观察。判定结果的方法同纸片法。

十一、选择正确的给药途径

（一）注射用药

利用注射的方法给药，药物可不经消化道直接进入血液，很快发挥治疗作用。经常用于紧急治疗、消化道难以吸收的药物或易被消化液破坏的药物等，总之不宜口服的药物必须用注射途径给药才能收到理想效果。注射给药的方法常用的有皮下注射和肌内注射，有时作静脉注射。注射给药的优点很多，如吸收快、剂量准确、吸收完全，能使机体组织器官中很快达到有效浓度，发挥治疗作用。但消减也快，一般 6～8 小时，长者 12 小时，机体中的药物浓度几乎会下降到不能有效抑制或杀灭病原体的水平。所以注射用药，除油剂和长效药物之外，都应每天注射 2～3 次，才能维持药物浓度，保证疗效。不论肌内注射还是皮下注射，都应该如此处理。

1. 皮下注射方法 将消毒过的注射器调好，药物剂量计算准确，选择颈背中部，把药液注入皮下疏松结缔组织中，经毛细血管吸收，需10～15分钟发挥药效。注射时无论是疫苗或是其他药物，均要确实注入皮下。注射后形成一个能感觉到似贮存药液的"囊"。注射时应注意：

（1）切忌用刺激性强的治疗药物及油类药物，这些药物经皮下注射常引起局部发炎或硬结，影响鸡的正常生理活动。

（2）捏住皮肤不能只抓羽毛，确保针头刺入皮下。

2. 肌内注射方法 注射部位常选择腿肌、胸肌和翅肌（即翅膀靠肩部无毛处肌肉）。药物吸收速度比皮下注射快，经5～10分钟即发挥药效。油剂、混悬剂都可作肌内注射。注射时应注意：

（1）刺激性大的药物可注入肌肉深部；

（2）剂量大的药物应分点注射；

（3）胸肌内注射时，要靠前部，避免刺破肝脏而发生内出血，造成损失。

3. 静脉注射方法 药液吸收快，迅速发挥药效。在特定的情况下，如对优良品种的急救剂量大或刺激性强的药物，可选用静脉注射给药，常选择翅静脉等明显外露血管。注意事项：

（1）药液不可注入血管之外。

（2）混悬液、油剂以及易引起溶血、凝血的药物不可静脉注射。

注射用药时应谨慎，抓鸡时注意对鸡的应激刺激。一要在鸡体健康条件下进行；二要动作轻、敏捷；三要在注射前后给予减少应激反应的药物，如维生素C、维康安宝强、土霉素等；四要按时、按量，首次用药量要充足，常采用突击量，使药液在体内保持较高浓度，有利于杀灭病原体；五要注射准确，严禁打飞针；六要注意注射器的灵敏度，及时检查，及时校正；七要保持注射器和针头的清洁，每注射 1 次后要用酒精棉球消毒，若条件允许，最好每鸡换 1 个针头。上述方法技术性强，工作量大，劳动强度大，非必要时，一般不采用全群注射的给药方法。

（二）局部给药

外伤处理和对寄生虫的杀灭等，常采用局部给药方法，如点眼、滴鼻、喷淋、洗浴、砂浴、涂擦等，其目的在于局部作用。注意事项：

1. 富有刺激性的药物不可行黏膜用药。

2. 洗浴、药浴、砂浴时，要注意药物浓度、温度和作用时间。

（三）群体给药

为了预防或治疗大群鸡的传染病、寄生虫病、营养代谢性疾病等，常对鸡群全面用药。根据疫病特征和药物特性，采用不同的给药方法。

1. 混于饲料中喂服　此法简便，特别是对于有拌料机器的鸡场更为方便，即把所用的药物置混于饲料中喂服。具体可根据鸡的日龄大小，每天每只鸡的饲喂量，混入所用的药量即可。用量计算方法，常采用每吨料、千克料或每千克体重加入多少药物量。

（1）适用对象

①根据病情和药物性质，需要长期服药者，如抗球虫药、抗组织滴虫药、抗蠕虫药等，需要在长时间内连续用药，比如抗生素用于促进生长和控制传染病时。

②不溶于水的药物，难于使用饮水的方法而采用混料喂服，如菌得清、新诺明、酚噻嗪等。

③加入水中后适口性差的药物，如苦味剂、有色素的药物等，往往饮水不足，达不到药效而采用。

（2）注意事项

①拌料给药时务求搅拌均匀，使药物在饲料中均匀一致，让

鸡均匀受益，达到预防和治疗疾病的目的。为此最好采用机器混料方法，在配合饲料加工过程中混入药物，搅拌机充分搅拌。如果人工混料，应进行预混，即先将药物拌入少量比例的饲料中，充分搅拌，然后再将此预混料掺入总料量中搅拌均匀，这对于小型鸡场或者手工操作的鸡场非常重要。这样可使鸡只均匀服药，避免食入过量中毒，食入少者或食不到者无效。对于少数病鸡或食欲不佳、吃料量少的鸡，应单独喂饲，服片剂或丸剂更好。

②对于易受环境影响而易于变质失效的药物，如维生素类、动物性蛋白添加剂等，应以1天的料量配混，以保障药效。

有些药物在消化道内不易吸收，有些药物食入后被消化液破坏大半，这对治疗全身性疾病则很难发挥药效，达不到治疗目的，如青霉素经消化道用药只能吸收1/5，链霉素只能吸收1/3。难以经消化道吸收的药物只能用于治疗或预防消化道局部感染，不可作为全身治疗药的给药途径。

在消化道中容易被吸收的药物，如磺胺类药物、抗球虫类药物、抗组织滴虫药、新生霉素等。

在消化道中部分被吸收的药物如金霉素、土霉素、四环素、青霉素、链霉素等。

在消化道中难以吸收或不吸收的药物如驱蠕虫剂、红霉素、泰乐菌素、杆菌肽、新霉素、壮观霉素、林肯霉素、庆大霉素等。

根据以上情况，治疗用药时应注意用药方法，万万不可随意，贪图省工、省力而把不应口服的药物经消化道给药。

2. 溶于饮水中饮服　饮水给药，即把所需药物溶解于饮水中，让鸡群饮服。同拌料给药一样，根据鸡的日龄大小，每天每只饮水量，溶解所需药物量，让鸡饮进。这种给药方法简便易行，减轻劳动强度，免疫用药，治疗用药常采用这种方法。

（1）适用对象　短期投药或1次性投药，如免疫时；病情严重，需要紧急治疗时；病情严重，病禽食欲废绝、饮欲增加时；群大鸡多，为了节省劳力、减轻劳动强度时。

(2) 注意事项

①首先要将饮水槽或饮水器用不含任何药物的清洁水洗刷干净，避免残留药物和所用药物的颉颃作用或毒性作用发生。

②不溶解于水或难溶解于水的药物不可作饮水给药。否则，发生沉淀之后，上层水无治疗作用，而底部水浓度过大，会有中毒的危险。

③用药的同时，不要用任何消毒药物喷雾消毒，避免消毒药和治疗药物发生不良作用。

④当饮水给药之前，全群鸡应断水2～3小时。炎热季节断水时间应短些，寒冷天气断水时间可长些，使鸡只渴欲增加，这样给予溶有药物的水时，鸡群会在短时间内饮完，使药效集中发挥，达到治疗目的。尤其在作饮水免疫时，更不能延长饮水时间，最好在0.5～1小时饮完，以保证疫苗的免疫效果。其饮水免疫时的饮水量见表2-2。

表2-2 不同周龄的鸡饮水免疫时的饮水量（毫升/只）

鸡龄（周）	蛋用型鸡	肉用型鸡
1～2	5～10	5～10
2～4	10～20	10～20
4～9	20～30	20～40
9～17	30～40	40～50
17周龄以上	40～45	50～55

注：饮水免疫前后24小时内，不得投药或饮用高锰酸钾水溶液；有些水溶性维生素类药物，也可饮水喂药，亦应在较短时间内饮完。

⑤饮水用药时，要注意鸡的饮水量，一般饮水量是采食量的2倍，所以，水中药物浓度应为料中药物浓度的1/2。

⑥全身用药时，不经消化道吸收的药物不可饮水用药，如链霉素虽然溶于水，但消化道吸收不完全，不能全部进入血液，对全身起不到治疗作用。

⑦对于不溶于水或难溶于水的药物，或在水中易于变质失效的药物，不应饮水给药。这类药物如非经饮水给药不可，则应使

用助溶剂或助溶手段使药物溶于水，并限制饮水时间，才能发挥药效和避免毒副作用的发生。

⑧易于变质失效的药物，不可全天或长期饮水给药。

⑨根据药物剂量或饮水量，准确计算，避免发生误差太大而造成不应有的损失。

3. 气雾用药　使用特制喷雾器将药液以气雾剂的形式喷出，让鸡经呼吸道吸入，在呼吸道发挥局部治疗作用，也可使药物经肺泡吸收进入血液，发挥全身性的治疗作用。有些疫苗的气雾免疫法也是常用的免疫方法，如 H_{120}、新城疫Ⅳ系苗等。气雾免疫时的雾滴必须达到 $1\sim10$ 微米的雾化粒子（见第一章第二节鸡群免疫）。

给药注意事项：所用药物不应对呼吸道黏膜具有强烈的刺激性；所用药物应完全溶于水；为了防止继发呼吸道病和防止加重原有的呼吸道病和大肠杆菌病，可预先投服某些抗菌药物；气雾用药时应在无风的条件下进行，鸡只的密度越大越好；为了确保安全，气雾用药，应在 60 日龄以后应用。

（四）口服给药

口服给药后，经胃肠吸收作用于全身；或停留在胃肠道中发挥局部作用。

这种给药方法操作简便，剂量准确，容易掌握，适合于个别鸡的救治，如隔离出来的少数病鸡或珍贵种鸡的治疗。大群不宜采用。很多药物均可采用口服方法，以片剂或丸剂最适合，但是这种给药途径受胃肠道内容物的影响大，吸收不规则，发挥药效较差，对于病势危重、停食不饮的鸡群效果不佳；另外，刺激性大的药物，损伤胃肠黏膜的药物，能被消化液破坏的药物等，均不可口服。

（五）体表用药

给药途径主要是治疗外伤和杀灭体表寄生虫。根据外伤性质选择用药；体表杀灭寄生虫时，一是要配比得当，既保证药物浓度，又不使鸡中毒，二是重复用药，比如治疗鸡虱，用药1周后再重复用药一次，才能彻底杀灭。

（六）环境用药

此乃环境消毒和净化，如泼洒、喷雾、熏蒸和杀灭蚊子、苍蝇、鼠类等。

十二、用药计量单位

计量单位是保证用药正确的前提。临床上常因计算用量错误而造成重大损失，尤其对疗效好、毒性大的常用药物更应特别注意，如喹乙醇就是疗效高、价格低廉的常用药物，但是其毒性也大，常用浓度为 0.01%～0.03%拌料（即浓度为万分之一至万分之三），常有因改为 0.1%～0.3%（千分之一至千分之三）而发生中毒事故。

在临床应用中，有的按千克/吨（料或水）计算；有的按克/千克（料或水）或克/吨（料或水）计算。

有的按鸡的每千克体重给药，有的药物包装上厂家直接注明每个包装加料或水的数量。

凡此种种，计算单位繁多。无论采用哪种计算方法，只有计算正确，用药量才准确，才能保证不发生意外事故。

十三、关于停药期的规定

鸡场用药必须遵守禁用药和停药期的规定。一方面是因为所用药物的毒性大，长期连续用药可使鸡的视神经、听神经损伤；有的药物排泄慢，有蓄积作用，长期连续用药则导致中毒。无论治疗或预防用药，无论用原料药还是合成药，都应按每种药物的说明书使用，不可存侥幸心理，滥加使用。喹乙醇、磺胺类药物等，用药一个疗程后，均应停药5～7天。

另一方面，药物在肉、蛋中的残留对人体健康危害甚大。发达国家有停药期的规定，我国也有停药期的规定，特别提出的是抗生素类、磺胺类药物，应在宰前 2 周内停止用药。为了食用安全，鸡场兽医在预防和治疗疫病过程中，应特别注意这个问题。

我国规定肉用仔鸡禁用下列药物：

①二氯二甲吡啶酚，其商品名有克球粉、克球多、氯吡醇、广虫灵、可爱丹、氯吡多、乐百克等。

②喹乙醇，又名喹酰胺醇、快育诺、信育诺等。

③尼卡巴嗪，又名球虫净、双硝苯脲二甲嘧啶醇。

④灭霍灵（含喹乙醇）。

⑤磺胺-2，6-二甲氧嘧啶（SDM）。

⑥磺胺喹噁啉（SQ）。

⑦氨丙啉。

⑧氨丙啉＋磺胺喹噁啉，又叫坏虫灵、二硝酰胺。

⑨鸡宝 20（含氨丙啉）。

⑩复方敌菌净（含 SQ）。

有些国家规定可以使用，比如美国规定克球粉可以使用，不需要停药期，可一直使用到肉鸡上市，尼卡巴嗪须上市前 5 天停药，磺胺喹噁啉在上市前 10 天停药。日本规定肉仔鸡宰前 7 天，停止添加抗菌药物，土霉素、金霉素在 4 周龄后至宰前 7 天不准添加入饲料中，蛋鸡从 10 周龄起，不准添加抗菌药物；又规定抗生素类药物停药 7 天，合成抗菌剂类药物停药 28 天，抗球虫类药物停药 7 天，磺胺类药物停药 28～10 天；还规定，人、畜禽共用的抗菌药，如注射用卡那霉素、泰乐菌素等，在宰前 14 天禁用，产蛋期也禁用（产蛋前 10 天停药），产蛋期间，除必要的治疗外，严禁在饲料中添加抗生素，治疗也要用专供畜禽使用的抗菌药物。

附一　出口肉禽《禁用药物名录》

（一）兽药类

1. 己烯雌酚及其衍生物，二苯乙烯类　如己烯雌酚。

2. 甲状腺抑制剂类　如甲硫咪唑。

3. 类固醇激素类　如雌二醇、睾酮、孕激素。

4. 二羟基苯甲酸内酯类　如玉米赤霉醇。

5. β肾上腺激动素　如克仑特罗、沙丁胺醇、喜马特罗、特布他林、拉克多巴胺。

6. 氨基甲酸酯类　如甲萘威。

7. 抗生素类　如二甲硝咪唑、呋喃唑酮、甲硝唑、洛硝哒唑、氯霉素、泰乐菌素、杆菌肽锌。

8. 其他兽药类　如氯丙嗪、秋水仙碱、氯苯胍、二氯二甲吡啶（氯羟吡啶）、磺胺喹噁啉。

（二）农药类

1. 有机氯类　如六六六、DDT、六氯苯、多氯联苯。

2. 有机磷类　如二嗪农、皮蝇磷、毒死蜱、敌敌畏、敌百虫、蝇毒磷。

附二　出口肉鸡用兽药饲料预混剂休药期

品　名	有效成分	休药期（天）	药　名
二硝托胺预混剂	二硝托胺	3	
马杜霉素铵预混剂	马杜霉素铵	5	加福、抗球王
尼卡巴嗪	尼卡巴嗪	4	杀球宁
尼卡巴嗪、乙氧酰胺苯甲酯预混剂	尼卡巴嗪和乙氧酰胺苯甲酯	9	球涤
甲基盐霉素尼卡巴嗪预混剂	甲基盐霉素和尼卡巴嗪	5	猛安
甲基盐霉素预混剂	甲基盐霉素	5	禽安
拉沙洛西钠预混剂	拉沙洛西钠	3	球安
氢溴酸常山酮预混剂	氢溴酸常山酮	5	速丹
盐酸氯苯胍预混剂	盐酸氯苯胍	5	
盐酸氨丙啉乙氧酰胺苯甲酯预混剂	盐酸氨丙啉和乙氧酰胺苯甲酯	3	加强安保乐
盐酸氨丙啉乙氧酰胺苯磺胺喹噁啉预混剂	盐酸氨丙啉、乙氧酰胺苯甲酯、磺胺喹噁啉	7	百球清
氯羟吡啶预混剂	氯羟吡啶	5	
海南霉素钠预混剂	海南霉素钠	7	

品　名	有效成分	休药期（天）	药　名
塞杜霉素钠预混剂	赛杜霉素钠	5	禽旺
地克珠利预混剂	地克珠利		
氨苯胂酸预混剂	氨苯胂酸	5	
洛克沙胂预混剂	洛克沙胂	5	
莫能霉素钠预混剂	莫能霉素钠	5	预可胖
杆菌肽锌预混剂	杆菌肽锌	0	
黄霉素预混剂	黄霉素	0	富乐旺
维吉尼亚霉素预混剂	维吉尼亚霉素	1	速大肥
那西肽预混剂	那西肽	3	
阿美拉霉素预混剂	阿美拉霉素	0	效美素
盐霉素钠预混剂	盐霉素钠	5	优素精、赛可喜
硫酸黏杆菌素预混剂	硫酸黏杆菌素	7	抗敌素
牛至油预混剂	牛至油		诺必达
杆菌肽锌、硫酸黏杆菌素预混剂	杆菌肽锌、硫酸黏杆菌素		万能肥素
土霉素钙	土霉素钙		
吉他霉素预混剂	吉他霉素	7	
金霉素（饲料级）预混剂	金霉素	7	
恩拉霉素预混剂	恩拉霉素	7	
磺胺喹噁啉二甲氧苄氨嘧啶预混剂	磺胺喹噁啉和二甲氧苄氨嘧啶	10	
越霉素 A 预混剂	越霉素 A	3	得利肥素
潮霉素 B 预混剂	潮霉素 B	3	效高素
地美硝唑预混剂	地美硝唑	3	
磷酸泰乐菌素预混剂	磷酸泰乐菌素	5	
盐酸林可霉素预混剂	盐酸林可霉素	5	可肥素
环丙氨嗪预混剂	环丙氨嗪		蝇得净
氟苯咪唑预混剂	氟苯咪唑	14	弗苯诺
复方磺胺嘧啶预混剂	复方磺胺嘧啶	1	立可灵
硫酸新霉素预混剂	硫酸新霉素		新肥素
磺胺氯吡嗪钠可溶性粉	磺胺氯吡嗪钠	1	三字球虫粉

附三 出口肉禽《允许使用药物名录》

药物名称	用药剂量和方法	宰前停药期（天）	备 注
青霉素	5 000 国际单位/羽，2～4 次/日，饮水	14	忌与氯丙嗪盐、四环素类、磺胺类药物合用
庆大霉素	肌内注射 5 000 单位/羽，次；饮水 2 万～4 万单位/升	14	
卡那霉素	15～30 毫克/千克料；肌内注射每千克体重 10～30 毫克	7（拌料，饮水）	
	饮水 30～120 毫克/升，2～3 次/日	14（注射）	
丁胺卡那霉素	饮水 30～120 毫克/升，2～3 次/日	14	
新霉素	饮水每千克体重 15～20 毫克，2～3 次/日	14	
土霉素	拌料 100～140 毫克/千克	30	
金霉素	拌料 20～50 毫克/千克	30	
四环素	拌料 100～500 毫克/千克	30	
盐霉素	拌料 60～70 毫克/千克	7	忌与泰妙菌素、竹桃霉素并用
莫能霉素	拌料 90～110 毫克/千克	7	
黏杆菌素	拌料 2～20 毫克/千克	14	
阿莫西林	5 000 单位/羽，2～4 次/日，饮水	14	
氨苄西林	5 000 单位/羽，2～4 次/日，饮水	14	
诺氟沙星	每千克体重 15～20 毫克/日，饮水	10	
恩诺沙星	饮水 500～1 000 毫克/升，2～3 次/日	10	
红霉素	饮水，150～250 毫克/升，2～3 次/日	7	
氢溴酸常山酮	拌料 3 毫克/千克	5	
拉沙洛菌素	拌料 75～125 毫克/千克	5	
林可霉素	饮水 15～20 毫克/升，2～3 次/日	7	
	拌料 2.2～4.4 毫克/千克		

（续）

药物名称	用药剂量和方法	宰前停药期（天）	备 注
壮观霉素	饮水 130 毫克/升，2～3 次/日	7	
安普霉素	饮水 250～500 毫克/升，2～3 次/日	7	
达氟沙星	饮水 500～1 000 毫克/升，2～3 次/日	10	
越霉素 A	拌料 5～10 毫克/千克	5	
强力霉素	饮水，每千克体重 10～20 毫克，1 次/日	7	
乙氧酰胺苯甲酯	拌料 8 毫克/千克	7	
潮霉素 B	拌料 8～12 毫克/千克	7	
马杜霉素	拌料 5 毫克/千克	7	不得加大剂量
新生霉素	拌料 200～350 毫克/千克	14	
塞杜霉素钠	拌料 25 毫克/千克	7	
复方磺胺嘧啶	拌料按 0.2%～0.4%	21	
磺胺二甲嘧啶	拌料 200 毫克/千克	21	

十四、配伍禁忌

有些药物合用时，会发生一系列的物理、化学变化或者有颉颃作用，干扰疗效，甚至起毒性作用，使治疗工作失效，延误治疗时间，造成不应有的经济损失。所以临床使用药物时，应注意各种药物的配伍禁忌，为了简单明了地掌握这方面知识，特摘引全国畜牧兽医总站主编的《畜牧兽医基础》一书中的药物配伍禁忌列于表 2-3，供参考。

表 2-3　几种药物的配伍禁忌表

药 物	禁忌药物	变 化
青霉素	氧化剂、高浓度酒精或甘油、酶等；碱性溶液如磺胺药；盐水溶液、酸性溶液如维生素 C、氯化钙、盐酸四环素类；盐酸氯丙嗪；重金属（铜、银、汞、铅、锌等）化合物	破坏失效、混浊沉淀或分解失效

药　物	禁忌药物	变　化
硫酸链霉素	氯化钠（钾）、硫酸钠或酒石酸、磺胺类药物钠盐注射液、安钠咖及强酸强碱溶液（pH小于3或大于8） 氧化剂与还原剂注射液	效价降低、破坏失效、沉淀破坏失效
四环素类	中性及碱性溶液、复方碘溶液、磺胺类钠盐注射液、氨基比林 乳酸钠、氨茶碱、谷氨酸钠、安钠咖、维生素C	沉淀失效 混浊沉淀（如先将四环素稀释至0.5毫克/毫升左右则不发生沉淀）
安钠咖	鞣酸、酸类、碱类、氯化钙	分解、产生白色沉淀
水合氯醛	碱类、铵盐、碘化物、溴化物 盐酸氯丙嗪 樟脑酚	分解产生氯气 沉淀 液化
溴化物	氧化剂、酸类 生物碱类、盐酸氯丙嗪	游离出溴 析出沉淀
氯丙嗪	碳酸氢钠、阿托品、有机酸类、巴比妥类、生物碱沉淀剂 氧化剂	沉淀 变色
硫酸镁	碳酸氢钠、水杨酸钠、酒石酸盐、磷酸盐	沉淀
氨基比林	鞣酸及其含有物 水合氯醛、氧化物、亚硝酸 氨水、氯化铁、阿拉伯胶	白色沉淀 湿润或液化 分解
水杨酸钠	酸类及酸性盐 重金属盐、石灰水 碘酊、硫酸镁、生物碱	析出水杨酸 生成不溶性盐 沉淀
苯巴比妥钠	氯化汞、硝酸银 酸、酸性盐、二氧化碳 水合氯醛 氯化铵 硫酸镁	白色沉淀 析出苯巴比妥 生成苯巴比妥和氯仿 生成氨 析出结晶（苯巴比妥）

药　物	禁忌药物	变　化
盐酸普鲁卡因	多种生物碱试剂、碱金属氢氧化物 碱类及磺胺类药物、氧化剂	沉淀 分解失效
硫酸阿托品	鞣酸、碘及碘化物、生物碱试剂 碱类	沉淀 分解
碳酸氢钠	酸类、酸性盐类 生物碱类、钙盐 鞣酸、次硝酸铋 氯化铵或铵盐	中和失效，放出二氧化碳 沉淀 分解、疗效减弱 分解、放出氨
人工盐	酸类 硫酸镁	中和 沉淀
氯化钠	硝酸银、甘汞等	生成不溶性盐类
硫酸钠	钙盐、汞盐、钡盐	沉淀
稀盐酸	碱类 有机酸盐类、水杨酸钠、安钠咖、利尿素等	中和 沉淀
胃蛋白酶	强酸（高浓度）、20％以上乙醇、5％以上甘油 碱、鞣酸、没食子酸、重金属盐	分解失效 沉淀
次硝酸铋	鞣酸及含鞣酸物质 碘化物 还原性物质	逐渐分解黄白色物 析出游离碘 逐渐变色、析出金属铋
氯化铵	碳酸氢钠、碳酸钠、碱金属盐类	分解放出氧气
氯化钠	碳酸氢钠、碳酸钠、硫酸钠、硫酸镁、磷酸盐及酒石酸盐	沉淀
葡萄糖酸钙	乙醇、碳酸氢钠、水杨酸钠、苯甲酸钠、酒石酸盐、磷酸盐	沉淀
高锰酸钾	甘油、乙醇、生物碱等有机物 氯化铵、碳酸铵 鞣酸、药用炭、甘油等	氧化分解失效 沉淀失效 研磨时爆炸
新洁尔灭	碘、碘化物、高锰酸钾、硼酸肥皂、黄降汞、氧化锌 过氧化氢、磺胺噻唑	沉淀 减效或失效

药　物	禁忌药物	变　化
维生素 B$_1$	氧化剂、还原剂、中性和碱性溶液 鞣酸 碘化物、碳酸盐、醋酸盐、枸橼酸盐 碱、重金属（铜）	破坏失效 沉淀 分解
维生素 C	盐、铁盐、维生素 B$_{12}$等	破坏失效
维生素 K$_3$	还原剂、卤素 碱类	分解 游离出甲萘醌

注：配伍禁忌中的述语

氧化剂——漂白粉、碘、过氧化氢、高锰酸钾等。

还原剂——碘化物、硫代硫酸钠等。

重金属盐——汞盐、银盐、铁盐、铜盐、锌盐等。

酸类药物——稀盐酸、硼酸、鞣酸、醋酸、乳酸等。

碱性药物——氢氧化钠、碳酸氢钠、氨水、氨茴香精等。

生物碱类药物——阿托品、安钠咖、肾上腺素、毛果芸香碱、普鲁卡因、利尿素等。

有机酸盐类药物——水杨酸钠、醋酸钾、乳酸钠等。

生物碱沉淀剂——氢氧化钾、碘、鞣酸、重金属等。

药液呈酸性的药物——氯化钙、葡萄糖、硫酸镁、氯化铵、盐酸肾上腺素、硫酸阿托品、水合氯醛、盐酸氯丙嗪、盐酸金霉素、盐酸土霉素、盐酸普鲁卡因、糖盐水、葡萄糖酸钙注射液等。

药液显碱性的药物——安钠咖、碳酸氢钠、氨茶碱、乳酸钠、磺胺嘧啶钠、乌洛托品等。

第二节　抗生素类药物

抗生素类药物是鸡场预防与治疗疾病的常用药物，对保证鸡群健康，促进生长发育，提高生产性能，起着重要作用，是鸡场的常备药物。

一、抗菌药的常用述语

（一）抗菌谱

是指药物抗菌作用的范围。根据此范围的大小分两种：

1. 窄谱抗生素 即抗菌作用的范围狭窄，如青霉素对革兰氏阳性菌有强大的杀菌力，链霉素对革兰氏阴性菌杀菌效果显著。

2. 广谱抗生素 抗菌作用范围广，如氨苄青霉素对革兰氏阳性菌、阴性菌都有强大的抗菌作用，四环素对革兰氏阳性菌、阴性菌、立克次氏体、支原体、衣原体、螺旋体和某些原虫都有杀灭作用。

（二）抗菌效价

指抗菌药物的作用强度，往往用重量表示，有的用国际单位（IU）或单位（U）表示。

（三）抑菌活性

指一种抗菌药物可以抑制微生物生长繁殖的能力。如磺胺类药物仅能抑制细菌的生长繁殖而无杀菌作用，属抑菌药的范畴。

（四）杀菌活性

指一种抗菌药物具有杀灭微生物的效应，如青霉素类、链霉素，不单能抑菌，而且能杀菌，属于杀菌范畴。

（五）耐药性

是指微生物或寄生虫等对药物的耐受性。微生物一旦产生耐药性后，抗菌药的抗菌作用大为降低，甚至消失。某一种细菌对某一种抗菌药获得耐药性后，有时对其他抗菌药也同样具有耐药性，这称为交叉耐药性。其耐药机理主要有以下三种类型：

1. 细菌产生灭活酶，破坏抗生素的结构，使其失去活性。

2. 改变抗生素作用的靶位蛋白的结构和数量，使细菌对抗生素不再敏感。

3. 外膜屏障及外流泵作用，使抗生素在菌体内的积累减少，结果一方面是抗生素难以进入细菌体内，另一方面细菌将抗生素泵出细胞质的能力增强，从而使得抗生素在菌体内的浓度降低。

与耐药性有关的几个问题：

1. 通常革兰氏阳性菌不易产生耐药性，因为其没有性纤毛存在，耐药基因不可能通过接合方式在细菌与细菌之间传播；革兰氏阴性细菌则较易产生耐药性，尤其是肠道杆菌很容易产生耐药性。

2. 联合制剂往往是两种以上方式同时作用于某细菌，从多途径或多方面阻碍细菌的代谢活动，影响其生理功能，可更有效杀菌或抑菌；即使细菌对其中一种抗生素有耐药倾向，另一种仍会迅速起作用。同时对两种抗生素都产生耐药性的可能性极小。

3. 在各种抗菌药中，细菌比较容易对磺胺类产生耐药性。

4. 耐药性分为两种：

（1）遗传性耐药性　主要受细胞染色体内脱氧核糖核酸（DNA）或染色体外胞质体 DNA 控制，可通过突变、传导、转变、结合四种形式发生。

（2）非遗传性耐药性　与不繁殖的细菌有关。

总之，细菌的耐药性是细菌对抗菌药物产生适应或基因突变的结果，所获得的耐药性可传给后代，也可以通过转移的方式由耐药菌传播给敏感菌。在临床上，用药量不足或不连续用药，使血药浓度达不到消灭细菌所需浓度和时间，是使细菌产生耐药性的根本原因。细菌一旦产生耐药性，给治疗工作带来很大困难，所以，在临床实践中要按规程操作，避免细菌产生耐药性。

（六）化疗指数

以动物的半数致死量（LD_{50}）和治疗感染动物的半数有效量（ED_{50}）的比，或以 5% 致死量（LD_5）与 95% 有效量（ED_{95}）的比，来衡量化疗药物的价值。这个比值就叫化疗指数，即 $\dfrac{LD_{50}}{ED_{50}}$。化疗指数越大，表明药物的毒性越小；而疗效越大，临床应用的价值越大。

二、抗生素类药物分类

（一）青霉素类抗生素

第一代青霉素类药物：青霉素钾（青霉素 G 钾）、青霉素钠（青霉素 G 钠）、普鲁卡因青霉素（青霉素混悬剂、普青）、苄星青霉素（长效西林、比西林）。

第二代青霉素类药物：甲氧西林钠（二甲氧苯青霉素、新青霉素Ⅰ）、苯唑西林钠（苯甲异噁唑青霉素钠、苯唑青霉素钠、新青霉素Ⅱ）、萘夫西林钠（新青霉素Ⅲ）、氯唑西林钠（邻氯青霉素钠）、双氯西林（双氯青霉素）、氨苄西林钠（氨苄青霉素）、羧苄西林（羧苄青霉素、卡比西林）、阿莫西林（羟氨苄青霉素）。

第三代青霉素类药物：哌拉西林（氧哌嗪青霉素）、替卡西林（羟噻吩青霉素钠）、呋苄西林（呋脲苄青霉素、呋苄青霉素）、匹氨西林（匹氨青霉素、氨苄青霉素吡呋酯）、磺苄西林（磺苄青霉素）、青霉素Ⅴ（苯氧甲基青霉素）、美西林（氮䓬脒青霉素）、匹美西林（氮䓬脒青霉素双酯）、海他西林（缩酮氨苄西林、缩酮氨苄青霉素）、氟氯西林（氟氯青霉素）、阿帕西林（萘啶青霉素）、新灭菌（氟羟西林）、美坦西林（甲烯氨苄西林）、酞氨西林、巴氨西林（氨苄西林甲戊酯）、依匹西林（环烯氨苄西林）、环己西林（氨环烷西林）、卡茚西林、卡非西林（羧苄西林苯酯）、阿洛西林（咪氨苄西林）、美洛西林（硫苯咪唑西林）、替莫西林、叠氮西林、非奈西林（苯氧乙青霉素）、海巴青霉素Ⅴ。

（二）头孢菌素类抗生素

1. 第一代头孢菌素类药物　本药系 20 世纪 60 年代至 70 年代初开发。其作用特点：①对革兰氏阳性菌包括耐青霉素 G 金黄色葡萄球菌较第二代、第三代强。②对各种 β-内酰胺酶的稳定性远较第二代、第三代及第四代为差。③对肾脏有一定的毒性，与氨基苷类抗生素或强效利尿剂合用时，会加剧其毒性作用。

其品种有：头孢噻吩钠（噻孢霉素钠、先锋霉素Ⅰ）、头孢噻啶（头孢利素、先锋霉素Ⅱ）、头孢来星（头孢甘酸、先锋霉素Ⅲ）、头孢氨苄（头孢力新、先锋霉素Ⅳ）、头孢唑啉（先锋霉素Ⅴ）、头孢拉啶（头孢雷啶、头孢环乙烯、先锋霉素Ⅵ）、头孢乙腈（头孢氰甲、头孢塞曲、先锋霉素Ⅶ）、头孢匹林（头孢吡硫、先锋霉素Ⅷ）、头孢硫咪（先锋霉素18号）、头孢羟氨苄（羟氨苄头孢菌素）、头孢沙定（头孢环烯氨）、头孢曲秦（头孢羟胺唑）、头孢替唑（去甲唑啉头孢菌素）、头孢西酮钠（头孢氯氮环酮）、头孢氮氟钠。

2. 第二代头孢菌素类药物 此类大多系20世纪70年代中期开发。其作用特点：①对革兰氏阴性菌和多数肠杆菌属细菌具有相当活性。②对各种β-内酰胺酶较稳定。③对第三代耐药的雷极变形杆菌和普鲁威登菌均相当敏感。④对肾脏毒性小。⑤对绿脓杆菌无效。

其品种有：头孢呋辛钠（头孢呋肟、西力欣、头孢呋新）、头孢呋辛酯（头孢呋辛乙酰氧乙酯、头孢呋肟酯、新菌灵）、头孢孟多（羟苄四唑头孢菌素、头孢羟唑）、头孢西丁（头孢甲氧噻吩）、头孢克洛（头孢氯氨苄）、头孢替安（头孢噻乙胺唑）、头孢雷特（头孢氨甲苯唑）、头孢美唑（氰唑甲氧头孢菌素、先锋美他醇）、头孢尼西、头孢替安酯。

3. 第三代头孢菌素类药物 本药大多数系20世纪70年代中期至80年代初开发。其作用特点：①抗菌活性强，抗菌谱更广，对β-内酰胺酶稳定，对产生β-内酰胺酶的革兰氏阳性及阴性菌（第一、二代头孢菌素无效者）均有效。②对绿脓杆菌、产碱杆菌、沙雷菌、肺炎克雷白杆菌具有良好的抗菌作用，但对革兰氏阳性菌的活性不如第一代。③有一定量能渗入炎症脑脊髓液中。④对肾脏基本无毒性。

已用于临床的有：

头孢噻呋、头孢噻肟钠（头孢氨噻肟钠、头孢泰克松）、头孢哌酮钠（头孢氧哌唑钠、头孢氧哌唑）、头孢他啶（头孢噻甲羧肟、复达欣）、头孢甲肟（头孢氨噻肟唑）、头孢唑肟钠（头孢去甲噻肟、益保世灵）、头孢拉宗（头孢布宗）、头孢曲松钠（头孢噻肟三嗪、头孢三嗪、菌必治）头孢替坦（双硫唑甲氧头孢菌素）、头孢尼西（头孢羟苄磺唑）、头孢匹胺钠（头孢吡四唑）、头孢克肟（世福素）、头孢地嗪、头孢咪唑、头孢咪诺钠（氨羧甲氧头孢菌素）、头孢磺啶（头孢磺吡苄）、头孢噻腾（头孢布坦）、头孢他美酯（头孢美特酯）、头孢特伦酯、头孢泊肟酯、头孢罗齐、头孢狄尼、拉氧头孢（羟羧氧酰胺菌素、氧杂头霉素）、氟氧头孢（氟莫头孢）、罗拉碳头孢。

4. 第四代头孢菌素类药物　本药为20世纪80年代开发，本类头孢菌素对各种β-内酰胺酶高度稳定，对多数耐药菌株的活性超过第三代头孢菌素及氨基苷类抗生素。

已用于临床的有：头孢匹罗、头孢吡肟（头孢匹美）、头孢唑喃。

5. β-内酰胺酶抑制剂与β-内酰胺类复合制剂　β-内酰胺类抗生素的共同特点是其化学结构中含有β-内酰胺环，如青霉素类及头孢菌素类。此类药物易被细菌产生的β-内酰胺酶破坏，使β-内酰胺环水解而失活。β-内酰胺酶抑制剂可抑制酶的作用，与头孢菌素类及青霉素类药物合用，可抑制β-内酰胺酶，从而大大加强这些药物的作用，减少这些药物的剂量而疗效显著，可增效几倍至几十倍。

本类抑制剂主要有：可拉维酸钾（棒酸钾）、舒巴坦钠（青霉烷砜钠）、泰巴坦（塔唑克坦）。

其复合制剂有：奥格门汀（阿莫西林—克拉维酸、安灭菌）、替门汀（替卡西林钠—克拉维酸钾、泰门汀）。

6. 其他β-内酰胺类抗生素　氨曲南（氨噻酸单胺菌素、噻肟单酰胺菌素、菌克单）、卡芦莫南钠、亚胺喷南（亚胺硫霉素）。

（三）四环素类抗生素

盐酸四环素、土霉素（地霉素、氧四环素）、盐酸多四环素（强力霉素、盐酸脱氧四环素、去氧四环素）、米诺环素（盐酸二甲胺四环素、美满霉素）、甲烯土霉素、去甲金霉素、盐酸金霉素（氯四环素）。

（四）氨基糖苷类抗生素

硫酸链霉素、硫酸新霉素（高单位新肥素 325、硫酸弗氏霉素）、硫酸庆大霉素（硫酸正泰霉素）、硫酸小诺米星（小诺霉素、沙加霉素）、西索米星（西梭霉素、紫苏霉素）、异帕卡星、硫酸卡那霉素、硫酸阿米卡星（硫酸丁胺卡那霉素）、硫酸阿贝卡星、妥布霉素、地贝卡星、硫酸奈替米星（乙基西素米星）、利维霉素（里杜霉素、青紫霉素）、硫酸阿司米星（福提霉素）、硫酸达地米星、硫酸安普霉素、核糖霉素（威他霉素）、壮观霉素（大观霉素、奇放线菌素、奇霉素、治百炎、速百治、淋必治）、盐酸大观霉素（林可霉素可溶性粉）。

（五）大环内酯类抗生素

红霉素（硫氰酸盐红霉素可溶性粉——高力米先、强力米先）、乳糖酸红霉素、硫氰酸红霉素、麦迪霉素（美地霉素、米地加霉素）、醋酸麦迪霉素（乙酰麦迪霉素、米欧卡霉素）、柱晶白霉素（北里霉素、吉他霉素、都灵）、酒石酸吉他红霉素、螺旋霉素（罗华密新）、阿齐红霉素（阿齐霉素）、罗红霉素（罗力得）、甲红霉素（克拉霉素）、氟红霉素、地红霉素、乙酰螺旋霉素（速诺威、龙化米）、交沙霉素、罗他霉素、琥乙霉素（琥珀酸红霉素）、罗沙米星（玫瑰霉素）、磷酸替米考星、竹桃霉素、泰乐菌素（泰乐霉素、泰农、泰乐加）、支原净（泰牧菌素、泰妙菌素、硫姆林）。

（六）多肽类抗生素

硫酸多黏菌素 E（硫酸黏菌素、抗敌素）、硫酸多黏菌素 B（多黏菌素 B）、杆菌肽（枯草菌肽、枯草菌素、崔西杆菌素）、杆菌肽锌、盐酸万古霉素（尼可霉素）、去甲万古霉素、替考拉宁（肽可霉素、壁霉素）、恩诺沙星。

（七）喹诺酮类抗菌药

1. 第一代喹诺酮类药物（1962—1969 年开发） 萘啶酸、

噁喹酸、吡咯酸。

2. 第二代喹诺酮类药物（20 世纪 70 年代开发） 新噁酸、噻喹酸、噁噻喹酸、吡喹酸、吡哌酸（吡卟酸）。

3. 第三代喹诺酮类药物（20 世纪 70 年代后期至 80 年代初期开发） 诺氟沙星（氟哌酸）、培氟沙星（甲氟哌酸、培福斯哌氟喹酸）、依诺沙星（氟啶酸）、氧氟沙星（氟嗪酸、泰利必妥）、环丙沙星（丙氟哌酸、悉复欣）、氟甲喹、氨氟沙星（氨氟哌酸）、芦氟沙星、洛美沙星、司帕沙星、左氟沙星（可乐必妥、左旋氧氟沙星）、妥苏沙星（甲磺酸妥苏沙星）、甲磺酸达诺沙星、氟罗沙星（多氟沙星）、恩诺沙星、单诺沙星、盐酸二氟沙星、盐酸沙拉沙星、马波沙星、奥比沙星。

（八）林可霉素类抗生素

盐酸林可霉素（盐酸洁霉素）、盐酸克林霉素（盐酸氯洁霉素、氯林可霉素）、延胡索酸泰妙菌素。

（九）氯霉素类抗生素

甲砜霉素、氟苯尼考（氟甲砜霉素）。

（十）喹噁啉类抗生素

喹乙醇（快育灵、喹酰胺醇）、痢菌净（乙酰甲喹）。

（十一）抗真菌类抗生素

两性霉素 B（两性霉素乙）、灰黄霉素、制霉菌素、曲古霉素、克霉唑（三苯甲咪唑、抗真菌 1 号）、克念菌素、酮康唑、咪康唑、益康唑、氟胞嘧啶、托萘酯、水杨酸、水杨酸苯胺、十一烯酸、氟康唑、伊曲康唑。

（十二）抗结核病专用药

异烟肼（雷米封、异烟酰肼）、乙硫异烟胺、丙硫异烟胺、异烟腙、利福平（甲哌利福霉素）、利福布丁（安莎霉素）、盐酸乙胺丁醇、利福啶（异丁哌力复霉素）、利福喷丁（环戊哌嗪利福霉素）、利福霉素（力复霉素）、卷曲霉素（卷须霉素、结核霉素）、紫霉素、环丝氨酸、对氨水杨酸钠（对氨柳酸钠）、对氨基水杨酸钙铝、吡嗪酰胺（异烟酰胺）、氨硫脲（氨苯硫脲）、抗痨息。

（十三）抗寄生虫类抗生素

伊维菌素、阿维菌素、多拉菌素、美贝霉素肟、莫西霉素、越霉素 A、潮霉素 B、沙拉洛菌素钠、马杜霉素铵、塞杜霉素钠、海南霉素钠、莫能霉素钠（莫能菌素、莫能辛、牧宁霉素）、盐霉素钠（优素精、沙利霉素）、甲硝唑（灭滴灵、甲硝哒唑）。

（十四）其他类抗生素

磷霉素（广谱抗菌素，可与多种抗生素联用起协同作用）、新生霉素（主要抗革兰氏阳性菌，与多种药物有配伍禁忌）、呋喃妥因（呋喃坦啶、硝呋妥因）、盐酸小檗碱（盐酸黄连素）、大蒜新素、鱼腥草素钠（亚硫酸氢钠癸酰乙醛、合成鱼腥草素）、黄霉素（班堡霉素）、维吉尼亚霉素、塞地卡霉素、卡巴氧（痢立清）、乌洛托品、痢菌净。

三、抗生素的作用原理

抗生素是从某些微生物的代谢产物中提取而得，一般只要用很低的浓度就可以把许多细菌、霉菌、支原体、立克次氏体等起抑制生长甚至杀灭的作用。

目前国内使用的抗生素不下几十种，其作用原理不尽相同，大致有四种：①有的抗生素是干扰细菌细胞壁的合成，使细菌因缺乏完整的细胞壁，抵挡不了水分的侵入，发生膨胀，破裂而死亡。②有的抗生素是使细菌的细胞膜发生损伤，细菌因内部物质流失而死亡。③有的抗生素能阻碍细菌的蛋白质合成，使细菌的繁殖停止。④有的抗生素是通过改变细菌内部的代谢，影响它的脱氧核糖核酸（DNA）的合成，使细菌（还有肿瘤细胞）不能重新复制新的细胞物质而死亡。

抗生素种类多，可按其化学性质分类；也可按抗菌范围分类；也可分为繁殖期杀菌抗生素、静止期杀菌抗生素、快速制菌抗生素和慢效制菌抗生素。在治疗实践中，又可分为抗革兰氏阳性菌和抗革兰氏阴性菌抗生素、广谱抗生素；将某些专一抑制或杀灭霉菌的抗生素列为抗真菌类抗生素。

四、治疗禽病不该使用的抗生素类药物

鸡患支原体病时，使用青霉素无效，因为青霉素的杀菌原理是破坏细菌细胞壁，而支原体无细胞壁，所以不可用青霉素。

治疗禽病时，在正确诊断的基础上用药，所选用的抗生素类药物要按剂量、疗程用药，防止发生软骨病、中毒和形成抗药性。

细胞内感染病原菌的疾病，如李氏杆菌病、结核病等，抗生素无效，因抗生素药液不易透过细胞膜渗入到细胞内。

有神经症状的禽病不可用抗生素治疗，因有神经症状的疾病，多数为脑部损伤，而抗生素类药物不易通过血脑屏障，不能发挥其治疗作用。

有肾脏病变的家禽，不可用四环素治疗，因该药损伤肾小管，使尿酸盐沉积，造成肾功能不全性代谢障碍，加重病情。

肌内注射链霉素时，容易造成禽休克，甚至死亡，体腔内注射时，可引起呼吸困难，甚至窒息死亡。

产蛋鸡不可使用的抗菌药：红霉素、莫能霉素、新生霉素、甲磺酸多黏霉素 B、泰乐菌素、竹桃霉素、青霉素粉剂、壮观霉素、硫酸链霉素、维吉尼霉素、越霉素 A、恩诺沙星、多四环素、氟苯尼考等。其他还有：尼卡巴嗪、盐酸氯苯胍、磺胺喹噁啉、氨丙啉、二硝托胺（球痢灵）、马杜霉素等。尤其不可使用金霉素，因金霉素可使产蛋率下降、产软壳蛋。

五、抗生素的替代品

对于食品动物，抗生素被禁用后，谁来为畜牧业发展保驾护航，研究证实，下述几种物质有可能成为畜牧业发展的可靠辅助剂。

(一) 微生态制剂

又叫活菌制剂、益生素，它是可以直接饲喂的有益活体微生物制剂。它通过维持肠道内微生态的平衡而发挥作用，具有防治疾病、增强机体免疫力、促进生长、增加体重等多种功能，且无污染、无残留、不产生耐药性，可作为抗生素的替代品应用于饲料中，按微生物的菌种类型，可分为乳酸菌制剂、粪链球菌制剂、芽孢杆菌制剂和酵母菌类制剂。专家强调指出：不是所有的微生态制剂都是绿色的、环保型的，使用含有抗生素因子的基因工程苗作为益生菌，其结果将会和滥用抗生素一样，给人类造成不可估量的损害。

从微生态产品本身来说，在加工过程中的瞬间高温，使部分菌丧失活性，再加上运输、储存环境的变化，到应用时，其效果大打折扣是自然的，另一方面，微生态作为绿色添加剂的预防效果很好，但作用缓慢，感觉效果不明显，这是预防效果和治疗效果的差别。

(二) 中草药制剂

我国特有，其兼有营养与药用双重作用，具备直接杀灭或抑制细菌和增强免疫力的功能，且能促进营养物质消化吸收。又因为中草药属纯天然，资源丰富，容易获取，毒副作用小，在动物体内和肉、蛋、奶中无有害残留，可以给人类创造绿色、安全食品，可以作为抗生素的替代品，如黄连素、板蓝根、黄芪多糖、灵芝多糖、大枣多糖、杨树花素、金丝桃素、党参多糖、大蒜素、鱼腥草等。

主要存在的问题：目前投放市场的中草药饲料添加剂绝大多数为散剂，其生产工艺落后，品种单调，生产设备简陋，加工简单、粗糙，其原料来源由于受药材采购季节、不同地区的限制，其本身有效成分含量有较大差异，因而经粗放生产制成的产品，难于进行准确的药效测定，使推广使用出现偏差，真正的、合理的、科学的用法、用量难以把握。

（三）酶制剂

此是一种发展迅速的替代促生长抗生素的绿色添加剂，它和微生态制剂一样，也是通过微生物发酵而获得。目前，除了植酸酶为单一的酶产品外，其余饲用酶制剂大多是包含多种酶的复合制剂。应用较多的有纤维素酶、β-葡聚糖酶、木聚糖酶、淀粉酶、蛋白酶、果胶酶和植酸酶。酶制剂为生物活性物质，对外界条件要求严格，其应用效果受多种因素的影响，如动物因素（品种、生理状态、健康状态等）、环境条件（温度、pH）、饲料类型、酶制剂种类、激活剂、抑制剂等，都将对应用效果产生影响。但是酶制剂却是现在比较成熟的一类绿色添加剂，其应用效果得到肯定，并且随着基因工程尤其是基因重组，在酶制剂开发和生产中的应用，酶的生产效率和性能将会得到提高和完善。

（四）化学益生剂（寡糖类）

此是在动物胃肠道中添加的、能促进有益菌繁殖的物质，它可以起到与微生物制剂相似的效果。现在应用较多的是低聚糖类，即所谓寡糖。它能促进机体肠道内有益菌的增殖、结合、吸收外源性病原菌，调节机体免疫系统，提高动物免疫力，而且寡糖对畜禽肠道微生态菌群的调节也有积极作用。寡糖无毒副作用，对制粒、膨化、氧化和储运等恶劣环境条件，都具有较高的耐受性。主要问题是寡糖本身成本高，生产效率较低；因其为糖类物质，易吸湿，而且对动物又属非消化性寡糖类物质，因此在生产上易吸湿结块，添加过量时会引起腹泻，所以推广较难。

上述几种辅助剂的绿色性和对抗生素的替代性都是明显的，它们的共同缺点是效果缓慢，预防作用大于治疗作用，这就使其在应用中不易被普通消费者所接受。养殖户的思想观念上的滞后，即重治不重防，是制约绿色饲料添加剂发展的重要因素。

任何一个产品都具有局限性，微生态制剂不是灵丹妙药，不能解决全部的抗生素滥用问题，中草药、酶制剂也一样。

抗生素作用功不可没，即使禁用，很长一段时间也只是在饲料中被取消作为饲料添加剂，其作为药物的治疗作用，还将会被开发应用。一种事物的发展，需要一定的环境，我国是一个发展中国家，生产力水平不高，在我国抗生素完全禁用的环境还不成熟，因此，应科学地使用抗生素，把不利因素和影响降到最低。

六、部分抗生素重量与单位关系表

抗生素重量与单位的关系见表2-4。

表2-4　部分抗生素重量与单位关系表

抗生素名称	理论效价1毫克相当的单位	抗生素名称	理论效价1毫克相当的单位
注射用青霉素G钠	1 500	杆菌肽	55
注射用青霉素G钾	1 450	马杜拉霉素	1 000
链霉素	1 000	硫酸黏杆菌素	30 000
链霉素硫酸盐	798	多拉维素	1 000
庆大霉素硫酸盐	1 000	恩拉霉素	100
红霉素棕榈酸盐	910	沙拉洛西钠	1 000
红霉素琥珀酸盐	910	盐霉素	1 000
红霉素乳糖酸盐	672	泰妙菌素	1 000
红霉素碱	1 000	塞地卡霉素	1 000
土霉素碱	1 000	潮霉素B	1 064
四环素碱	1 082		
卡那霉素硫酸盐	1 000		
制霉菌素	3 500		
新霉素硫酸盐	1 000		

七、抗生素类药物的应用

（一）青霉素

实际上叫苄青霉素，属于天然青霉素的一种，临床上常用其钾盐或钠盐。它的抗菌活性常用国际单位（IU）表示，1 个国际单位约相当于苄青霉素钾盐 0.625 微克，苄青霉素钠盐 0.6微克。

青霉素对大多数革兰氏阳性菌和部分革兰氏阴性菌、各种螺旋体和放线菌都有强大的抗菌作用。主要用于鸡的葡萄球菌病、链球菌病、螺旋体病、禽霍乱等。

使用时，用注射水稀释作肌内注射，每只成年鸡每次肌内注射 5 万国际单位。为了保证血液中的有效药物浓度，杀灭病原体，应隔 8～12 小时注射 1 次。治疗全身性感染时，本药不宜内服。因药可被消化酶破坏，消化道吸收较少（约用药量的 1/5），尤其对青年鸡和成年鸡。有的为了杀灭鸡球虫，可较大剂量内服，才能奏效。对于雏鸡可混入饲料或饮水中内服，按每只2 000～5 000国际单位/次，要求 1～2 小时内服完。

因本药能使很多种菌产生耐药性，所以使用时，首次用药采用突击量，而且要按时、连续用药。

本药可见过敏反应症的发生，如关节疼痛、蜂窝织炎等，如有此现象发生，应停止用药，并采取对症方法予以救治。

青霉素可被酸、碱、氧化剂、重金属、乙醇、甘油及青霉素酶破坏，故而使用时应避免与其配伍。常与链霉素合用，因为链霉素对革兰氏阴性菌有效，联合使用可达广谱抗菌目的。

（二）氨苄青霉素（氨比西林）

属于半合成的青霉素类药物。除对大多数革兰氏阳性菌有抗菌作用外，对多数革兰氏阴性菌也有较强的抗菌作用。所以，对肺部感染、肠道感染、尿道感染时常选此药，尤其育雏阶段饮服此药，对预防雏鸡白病、伤寒、大肠杆菌病时，可与链霉素、庆大霉素、卡那霉素合用，疗效最佳。

内服剂量：每千克体重 5～20 毫克，每天 1～2 次。

肌内注射剂量：每千克体重 25 毫克，每天 3 次。

（三）链霉素

1. 硫酸链霉素 属于氨基糖苷类抗生素，其理化性质为白色或类白色粉末，有吸湿性，易溶于水，主要对结核杆菌和多种革兰氏阴性菌如巴氏杆菌、沙门氏菌、嗜血杆菌等有效，临床上主要用于大肠杆菌性肠炎、白痢、卵黄性腹膜炎、禽霍乱、禽溃疡性肠炎、慢性呼吸道病、传染性鼻炎、副伤寒等。

由于链霉素经消化道黏膜吸收较少（约为用药量的 1／3），所以，全身用药时本药不宜内服。

肌内注射剂量：依鸡的大小，50～200 毫克/（只·次），每天 2 次。

链霉素和青霉素一样，使用剂量不足时，容易产生耐药性；如果剂量过大，连续使用可引起昏迷。所以，应按时、按量使用，一旦产生过敏反应症和神经系统紊乱，则应停止用药，并对症治疗。

2. 硫酸双氢链霉素 本药与硫酸链霉素基本相同，只是无交叉过敏反应。所以，对硫酸链霉素过敏时可改用本药。需要注意的是疼痛应激反应强烈，对听神经的毒性作用也较大。

其用法、用量同硫酸链霉素。

3. 硫酸新霉素 属链霉素类。肌内注射吸收好，但毒性大，在鸡体内残留时间长，残留量大。所以，肉鸡、蛋鸡不宜注射给药，可气雾吸入防治呼吸道感染。内服吸收很少，可在肠道中呈现抗菌作用，按 35～70 毫克/千克混饮或 70～140 毫克/千克混饲，也可配成 0.5％水溶液或软膏外用，治疗皮肤创伤和眼、耳等各种感染。

（四）硫酸卡那霉素

理化性质同链霉素。主要抗革兰氏阴性菌，如肠炎杆菌、沙门氏菌、巴氏杆菌等。对耐药性的金黄色葡萄球菌、链球菌也有效。所以，当鸡患葡萄球菌病、禽霍乱、雏白痢和呼吸道感染时，可选用此药。其内服量：30～120 毫克/千克混饮给药；注射剂量：每千克体重 10～30 毫克，1 天 2 次。

（五）硫酸庆大霉素（硫酸正泰霉素）

理化性质同卡那霉素。对多数革兰氏阴性菌有较强的抗菌作用；常见的革兰氏阳性菌对本药也敏感；对结核杆菌、支原体也有杀灭作用。临床上常用于鸡慢性呼吸道病、坏死性皮炎、肉垂水肿、大肠杆菌病、葡萄球菌病、禽结核等。肌内注射：每千克体重 2 毫克，每天 2 次。

因本药对肾脏有毒性作用，所以，肾功能不全的鸡慎用。

（六）壮观霉素（奇放线菌素，商品名叫治百炎）

对革兰氏阴性菌、阳性菌都有效，对支原体也有效，属于广谱抗菌药。临床上常用于禽大肠杆菌病、禽巴氏杆菌病、沙门氏菌病和各种支原体感染症。因本药内服不易吸收，所以治疗消化道感染时，内服量，1～3 日龄雏鸡 3 毫克/只；成年鸡混饮，其浓度为 31.5 毫克/千克，连用 4～7 天。常作肌内注射，其剂量：每千克体重 30 毫克，每天 1 次，连用 3 天。

壮观霉素已制成治百炎注射液，每毫升含壮观霉素 100 毫克，每瓶 100 毫升，肌内或皮下注射剂量：雏鸡（1～3 日龄）5 毫克/（只·次）；成年鸡 100 毫克/（只·次），每天 1 次，连用 3 天。

治百炎粉剂：含壮观霉素 50%，配成 0.1%溶液饮用，用于防制禽霍乱、鸡白病等，预防连用 3 天，治疗连用 5 天。

（七）四环素类抗生素

为广谱抗生素。对多数革兰氏阴性菌、阳性菌和螺旋体、放线菌、支原体、衣原体、立克次氏体以及球虫等都有抑制作用。四环素类抗生素均为酸、碱两性化合物，在酸性条件较碱性条件稳定，碱性环境和高温作用可促进其分解。四环素类抗生素常用其盐酸盐，增加溶水性能，水溶液呈酸性反应。抗酸药物和含有铅、镁、钙、铁、铋等金属离子的物质，可抑制四环素类药物的吸收。

1. 土霉素　属于四环素类抗生素中的一种。在鸡病防治上，主要用其原粉，对雏白痢和禽衣原体病等有效。在鸡群从事较大的生产活动时，常喂以土霉素，起到抗应激、防制继发感染的作用，对鸡群的保护具有重要意义。土霉素由肠道吸收入血液的吸收率仅为金霉素、四环素的一半。所以，其内服剂量应比金霉素、四环素大1倍。其内服量为每只0.1～0.2克/(天·次)，连喂3天，或者按0.2%～0.3%拌料，连喂3天。

不可与含钙质多的饲料或药物同时使用。

2. 金霉素　属四环素类抗生素。其理化性质与抗菌作用和土霉素相近，但金霉素对革兰氏阳性菌、耐药性金黄色葡萄球菌感染的疗效较强。其使用剂量：内服量为土霉素的50%，可按200～600毫克/千克混饲，连用3～5天；肌内注射量按每千克体重40毫克，每天1次，连用3天。此外，金霉素常制成软膏外用。

3. 四环素　理化性质和抗菌作用与土霉素相近。四环素对革兰氏阴性菌作用较强，内服后吸收良好，血液中药物浓度较高，且维持时间长，组织渗透率高，疗效显著。

其内服量为土霉素的50%。

4. 多四环素（脱氧土霉素、强力霉素）　是一种长效、高效、广谱的半合成四环素类抗生素。其抗菌作用较四环素强10倍，用药后吸收更好，增进体内分布，能够较多地扩散进入细菌细胞内，排泄较慢。所以，对耐四环素、金霉素、土霉素的细菌疗效更佳。临床上常用于治疗慢性呼吸道病、大肠杆菌病、沙门氏菌病、巴氏杆菌病等。毒性小，使用后无不良反应。和土霉素一样，含铅、铝、镁、钙、铁、铋等金属离子及抗酸剂物质，可影响其吸收，使用时应注意。

口服易吸收，并维持较长的有效浓度。其治疗剂量：10～20毫克/（只·次），每天 1 次，内服；混饲浓度 100～200 毫克/千克；混饮浓度 50～100 毫克/千克，连服 3～5 天。

（八）洁霉素（林可霉素）

白色结晶性粉末，易溶于水，主要对革兰氏阳性菌有效，如与壮观霉素合用（即利高霉素），对支原体和埃希氏大肠杆菌感染疗效甚佳，比泰乐菌素还好。在临床上主要用于革兰氏阳性菌感染，特别对于耐青霉素、红霉素的菌株，如支原体、革兰氏阴性菌、革兰氏阳性菌等，或对青霉素过敏者，更为适宜。

制剂：

洁霉素磷酸酯：鸡内服量为每千克体重 15～30 毫克/次；颈部皮下注射量为每千克体重 30 毫克/次；1 日龄雏鸡 7.5～10 毫克/（只·次），每天 1 次，连用 3 天。肌内注射时局部有疼痛，故常取皮下注射。肾功能不全者慎用。

利高霉素 100 可溶粉（洁霉素：壮观霉素＝1：2）：主要用于败血支原体和大肠杆菌引起的慢性呼吸道感染，按 500 毫克/千克饮水；内服时，1 日龄至 4 周龄雏鸡每次每千克体重 150 毫克/次；4 周龄以上的鸡，每次每千克体重 75 毫克，连用 3 天，可预防多种细菌性疾病。

（九）克林霉素（氯林可霉素）

与洁霉素基本相似，抗菌作用较强，但比较起来，此药更好。特点就是对于青霉素、洁霉素、四环素或红霉素易形成耐药性的细菌也有效，所以在临床上可完全代替洁霉素。

（十）红霉素

属于大环内酯类抗生素，白色或近白色的结晶或粉末，微有吸湿性，其盐易溶于水（常用硫酸盐）。抗菌谱与青霉素相似，主要对革兰氏阳性菌有较强的抗菌作用，但对流感杆菌、巴氏杆菌、布鲁氏菌等革兰氏阴性菌也有效。此外，对肺炎支原体、立克次氏体及螺旋体也有效。临床上常用于耐药性金黄色葡萄球菌引起的严重感染和鸡的慢性呼吸道感染，如与链霉素合用，可起协同作用，效果更好。需要注意的是不可长期连续应用，一则上述菌对本药易产生耐药性，二则使产蛋鸡昏睡，精神沉郁，影响采食、饮水，使产蛋量下降。使用剂量：按 100 毫克/千克混饲连用 3～5 天，按 20～50 毫克/千克混饮连用 5 天。

1. 高力米先 为含硫代氰酸盐的红霉素。可完全溶于水，现有高力米先水溶剂，饮水、拌料均可。在饲养实践中有的使用饲料预混剂，每千克含红霉素 114 克，鸡用此预混剂混入饲料中，浓度变为 1.14％，连喂 5 天，可预防和治疗呼吸系统疾病。

2. 竹桃霉素 为磷酸盐，白色或淡黄色结晶性粉末。溶于水，其药性与红霉素相似，但对红霉素不敏感的某些细菌对本药敏感，尤其对链球菌和金黄色葡萄球菌感染疗效较好，对支原体病疗效较差。此外，还具有促进鸡只生长发育的作用。常用制剂有：

（1）竹桃霉素磷酸盐与四环素类药物合剂（1∶2）鸡每千克体重 25～30 毫克肌内注射；治疗呼吸系统疾病，也可按 1～5 毫克/千克混料喂雏鸡，促进雏鸡生长发育。

（2）三乙酰竹桃霉素 内服后吸收完全，作用时间较长，按每千克体重 1 毫克服用，疗效显著。

（3）竹桃—新生霉素 内服难以吸收，肌内注射量为每千克体重 20～50 毫克/次，每天 1 次，连用 3 天。

3. 北里霉素（柱晶白霉素） 属于大环内酯类抗生素，其酒石酸盐为白色至淡黄色可溶性粉剂。对革兰氏阳性菌及一部分阴性菌、立克次氏体、螺旋体、支原体和衣原体均有高效，特别对耐药性金黄色葡萄球菌的效力强于四环素、红霉素、竹桃霉素等。与其他抗生素无交叉耐药性，临床应用广泛，使用安全。常用于金黄色葡萄球菌感染和呼吸道疾病，用于治疗时可以和链霉素合用，治疗呼吸道病时与强力霉素分别同时使用疗效显著。此外，可作为饲料添加剂使用，促进鸡只生长发育，提高饲料转化率，还有抗应激反应的作用。

用量：治疗鸡慢性呼吸道感染按 500 毫克/千克饮水，330～500 毫克/千克喂饲，连用 5～7 天，用于饲料添加剂，按 5.5～11 毫克/千克连续口服。如为粉针剂可按每千克体重 25～50 毫克，每天 1 次肌内注射。

（十一）泰乐菌（霉）素

酒石酸盐为白色或微黄色粉末。对支原体有特效，是临床上治疗鸡支原体病的首选药。对革兰氏阳性菌的作用不如红霉素，对部分革兰氏阴性菌和螺旋体等有抑制作用。也可用作饲料添加剂，促进生长发育，提高饲料报酬。

用量：防治鸡支原体病时，8 周龄以上鸡按每千克体重 25 毫克，每天 1 次皮下注射。对于 8 周龄以下的鸡以内服为好，按每 100 千克饲料加本药 20 克，混合均匀喂服，也可按 0.05％浓度饮水。

制剂：

①特爱农可溶剂：浅黄色或黄色粉末。易溶于水，临床应用同泰乐菌素，但产蛋鸡禁用。

②特爱农注射液：黄色澄明液体，临床应用同泰乐菌素。

（十二）螺旋霉素

属于广谱抗生素。其游离碱为白色至淡黄色粉末，微溶于水。其硫酸盐、己二酸盐溶于水。对革兰氏阳性菌、革兰氏阴性菌、若干原虫及各种支原体效果均佳，服用后排泄慢，组织亲和力强，在体内抗菌效力优于同类抗生素，特别对肺炎球菌、链球菌效力甚好，所以，临床上主要用于鸡呼吸道感染，如肺炎、慢性呼吸道病及各种肠炎。具抗应激作用。

应用剂量：治疗量按 0.04％混饮，连用 3～5 天，也可按 5～20 毫克/千克添加料内，可促进生长发育。肉鸡预防量减半，1～3 日龄内肉鸡连饮 3 天，其后每周饮 1 天，可起到预防疾病的作用。

常用的制剂有龙化米先，含螺旋霉素 2.5% 药液，皮下注射，每天 1 次。产蛋鸡 1.5 毫升/(只·次)，青年鸡 1 毫升/(只·次)，雏鸡 0.5 毫升/(只·次)，也可加入水中饮用。

(十三) 杆菌肽

本药每毫克含 55 单位，对各种革兰氏阳性菌都有杀灭作用。对耐药性金黄色葡萄球菌也有较强的抗菌作用，对部分革兰氏阴性菌、螺旋体、放线菌也有效。其抗菌作用不受脓血、坏死组织或组织渗出液的影响。主要用作饲料添加剂，促进鸡的生长发育，增强抗病能力。其添加量：每吨饲料中加 22 万～220 万单位；雏鸡内服为 20～50 单位；青年鸡 40～100 单位；预防量按 26 毫克/千克饮水；治疗量按 53～106 毫克/千克饮水，可治疗坏死性肠炎。

(十四) 莫能霉素

属于多醚类抗生素，其钠盐为微白褐色及微橙黄色粉末，可溶于水。是广谱抗球虫药，所以临床上主要用于防治鸡的各种球虫。对金黄色葡萄球菌、链球菌、枯草杆菌等革兰氏阳性菌有较强的抗菌作用，还能促进鸡的生长发育，增重显著。

用量：雏鸡按 77～120 毫克/千克喂饲，肉鸡按 125 毫克/千克喂饲。

本药毒性大，应用时不可与二甲硝咪唑、泰乐菌素、竹桃霉素合用，以防中毒；产蛋鸡禁用；拌料时防止与皮肤、眼睛接触；宰前 3 天停药。

(十五) 盐霉素

为白色无定形粉末。其钠盐溶于水，与莫能霉素相似，具有很强的杀球虫作用。对革兰氏阳性菌如葡萄球菌的杀菌性能也很好，并能提高饲料转化率 13%～14%，促进鸡只生长发育。是临床上杀灭球虫的首选药。在鸡体内无积蓄作用，与其他药物无交叉耐药性。混料浓度为 60～100 毫克/千克。市售优素精为含盐霉素 10% 的制剂。

(十六）制霉菌素

为多烯类及非烯类抗真菌抗生素，淡黄色粉末，具有吸湿性，不溶于水。对白色念珠菌、荚膜组织胞浆菌、球孢子菌、小孢子菌等具有抑菌或杀菌作用，主要用于预防或治疗长期服用四环素类抗生素所引起的肠道真菌性感染，如鸡的鹅口疮、烟曲霉菌病、肠串珠菌病和皮肤、黏膜的真菌感染。采用气雾吸入的用药方法治疗肺部霉菌感染时疗效甚佳。常用制剂为多聚醛制霉菌素钠，毒性降低，水溶性能较好，鸡每千克饲料添加 50 万～100万单位，连用 1～3 周，雏鸡每 100 只 1 次用量为 50 万～100 万单位，每天 2 次，连用 3 天。治疗雏鸡球虫病时，用量为 2 万～3 万单位/（只·次）。

(十七）新生霉素

常用其钠盐，为白色或黄白色结晶性粉末，易溶于水。对革兰氏阳性菌作用强烈，对耐药性金黄色葡萄球菌有抑制作用。所以，临床上主要用于葡萄球菌、链球菌等感染，适用于其他抗生素无效的病例。因本药容易产生耐药性，故此不可作首选药，并且需要与其他抗生素合用。其内服用量为每千克体重 15～25 毫克/次，每天 2 次，或混饲浓度 230～390 毫克/千克。

(十八）痢菌净

为淡黄色结晶，不溶于水，是新合成的卡巴氧（痢立清）类似物。对鸡霍乱、鸡白病等疗效显著。内服剂量为每千克体重 2.5～5 毫克/次，每天 2 次，连用 3 天；肌内注射剂量为每千克体重 2.5 毫克/次，每天 2 次，连用 3 天。

(十九）氟哌酸（诺氟沙星）

为吡啶酮酸类抗菌药。抗菌谱广，对革兰氏阴性菌作用强，对耐庆大霉素、氨苄青霉素、甲氧苄氨嘧啶等的菌株仍有良好的抗菌作用。临床上主要用于防治鸡白病、大肠杆菌病等消化道感染。内服剂量常用 0.01％～0.02％拌料喂饲。

（二十）泰莫林（泰妙菌素、支原净）

本药制剂为泰莫林氢富马酸酯，白色结晶，溶于水，对多数细菌、禽类支原体、球虫等均有较强的抑制作用。临床上以125～250 毫克/千克浓度饮水，用于防治鸡的支原体病；也可按250 毫克/千克饮水治疗鸡球虫病，但需注意不可与莫能霉素、盐霉素混合作用。

（二十一）异烟肼（雷米封）

对结核杆菌有抑制和杀灭作用，是治疗结核病的特效药，如与链霉素、利福平配合应用，可减少结核菌耐药性的产生，并可提高疗效。其用量为 0.05 克/（只·次），每天 1 次。其药还可治疗产蛋鸡醒抱，用量：100 毫克/（只·次），每天上、下午各服 1 次，连服 2～3 天见效。

第三节　磺胺类药物

本类药物属于人工合成的化学抗菌药物。在临床使用上具有抗菌谱广，性质稳定，长期保存不变质，价格低廉，并有多种制剂可供选择等优点。在生产实践中占有重要地位，具有广阔应用前景。

本类药物能抑制大多数革兰氏阳性菌及某些阴性菌。对本药高度敏感菌有链球菌、肺炎球菌、沙门氏菌、化脓棒状杆菌等；中等敏感菌有葡萄球菌、大肠杆菌、巴氏杆菌、产气荚膜杆菌、肺炎杆菌、变形杆菌、痢疾杆菌、李氏杆菌等。此外，本类药物还可抑制某些原虫和球虫、弓形虫等。

在临床上对某些敏感菌容易产生耐药性，所以在应用时应防止耐药性的产生。

由于鸡只体质虚弱或幼龄鸡，或长期大剂量用药，易发生不良反应，如精神沉郁、食欲减退、贫血、少尿、血尿和体温升高等不正常现象。若能及时发现，及时停药，则可很快恢复。如果在应用此类药物时，与等量的碳酸氢钠配合使用，并增加饮水量，则可减少或预防这些不良反应的产生。因此，一旦发现鸡只生理机能不正常或造成损失时，则应迅速内服碳酸氢钠，并给予大量饮水，必要时可静脉注射，以促进药物的排出。

临床应用注意事项：①用药剂量应根据药物种类不同而定。凡易吸收而排泄迅速的药物，用药剂量要小些，用的次数要多些；反之，较难吸收的药物应用较大的剂量，相应次数要少。②磺胺类药物疗效于治疗后第一天即可表现出来，在个别情况下，也有到第三天疗效才能表现出来，如果用药后3天仍不见效，应及时改换其他药物。③口服磺胺类药物时，为了提高在消化道内容物中的溶解度，促进其吸收，宜与碳酸氢钠合用。④用药期，发现有并发症或其他副作用时，应迅速停止使用。

一、常用磺胺类药物缩写与别名

1. 磺胺嘧啶　SD，又名磺胺哒嗪、消发地亚净。

2. 磺胺二甲嘧啶　SM_2，又名磺胺二甲基嘧啶。

3. 磺胺二甲异噁唑　SIZ，又名磺胺异噁唑、菌得清、净尿磺。

4. 磺胺甲基异噁唑　SMZ，又名新诺明、新明磺、磺胺甲噁唑。

5. 磺胺间甲氧嘧啶　SMM，DS-36，又名磺胺-6-甲氧嘧啶、制菌磺、泰净、长效磺胺C。

6. 磺胺间二甲氧嘧啶　SDM。

7. 磺胺对甲氧嘧啶　SMD，又名长效磺胺、磺胺-5-甲氧嘧啶。

8. 磺胺脒　SG，又名磺胺胍、止痢片、消困定。

9. 酞磺胺噻唑　PST，又名羧苯甲酰磺胺噻唑。

10. 琥珀酰磺胺噻唑　SST，又名琥珀磺胺噻唑、丁二酰磺胺噻唑。

11. 磺胺米隆　SML，又名甲磺灭脓、磺胺苯酰、磺胺苄胺。

12. 磺胺嘧啶银　SD－Ag，又名烧伤宁。

13. 柳氮磺胺吡啶　SASP，又名水杨酸偶氮磺胺吡啶。

14. 磺胺多辛　SDM，又名长效磺胺 E、磺胺邻二甲氧嘧啶、磺胺-5，6-二甲氧嘧啶、周效磺胺。

15. 磺胺醋酰钠　SA，又名磺胺乙酰钠。

16. 磺胺苯吡唑　SPP。

17. 磺胺甲氧嗪　SMP，又名长效磺胺。

18. 酞磺醋酰　PSA，又名息拉米。

19. 磺胺　SN，又名消炎粉。

20. 磺胺喹噁啉　SQ。

21. 磺胺氯吡嗪　Esb_3。

22. 甲氧苄氨嘧啶　TMP，又名三甲氧苄氨嘧啶、磺胺增效剂、甲氧苄啶。

23. 二甲氧苄氨嘧啶　DVD，又名敌菌净、磺胺增效剂。

二、常用磺胺类药物

(一) 磺胺噻唑

为白色或淡黄色结晶、颗粒或粉末状，微溶于水。因本药的血红蛋白结合率和乙酰化率均高，乙酰化后在尿中溶解度低，易引起结晶尿和血尿，副作用较多，排泄快，属于短效磺胺。能抑制细菌的生长繁殖，有一定的抗菌作用和疗效，廉价易得。每只鸡用量为 0.2～0.3 克，每天 3 次内服，内服时应与等量的碳酸氢钠配合。

(二) 磺胺嘧啶

为白色或近于白色结晶粉末，其钠盐溶于水，抗菌作用比磺胺噻唑强。对各种感染疗效较高，副作用小，应用后吸收快，排泄慢，属中效磺胺。与血浆蛋白结合率低，易扩散进入组织和脑脊髓液。因此，是治疗脑部细菌性感染的首选药。又因为溶解度低，容易在尿中析出结晶，所以内服时应配合等量的碳酸氢钠。临床上常用于治疗鸡霍乱、鸡伤寒、鸡白痢、卡氏住白细胞虫病等。鸡首次内服用量每千克体重0.14~0.2克/次，维持量每千克体重0.01~0.1克/次，注射量每千克体重0.07~0.1克/次，每天2次。

制剂：

①增效磺胺嘧啶片（敌菌灵）：鸡内服量每千克体重30毫克/次，每天2次。

②增效磺胺嘧啶钠注射液：肌内注射量每千克体重0.17~0.2毫升/次，每天1~2次；也可每5毫升水中加1毫升混饮。

（三）磺胺甲基异噁唑

为白色结晶性粉末。不溶于水，抗菌作用强，临床应用时，与抗菌增效剂（TMP）合用，其抗菌作用更强，可增加数倍至数十倍疗效，临床应用广，主要用于鸡霍乱、禽副伤寒、鸡传染性鼻炎、禽慢性呼吸道病等。

因本药在尿中具溶解度低、血尿等不良反应，在临床应用时应与等量碳酸氢钠配合用为好。对产蛋高峰期的鸡使用后，可使产蛋率下降，应谨慎用。新诺明原粉拌料浓度为0.1%~0.2%，连用3天；增效新诺明片每千克体重20~30毫克/次。每天2次内服，连用3天；强力消炎片（每片30毫克）拌料内服，每千克体重0.5~1克/次，每天2次。

（四）磺胺二甲异噁唑

为白色或微黄色结晶性粉末。几乎不溶于水，其抗菌效力比磺胺嘧啶强。入体后，吸收快，排泄也快，而且在尿中的溶解度高。主要用于治疗泌尿道感染症。对其他感染也有效。

与二乙醇胺配制的灭菌水溶液，给鸡作肌内注射，每千克体重20~30毫克/次，每天3次，连用3天。

(五) 磺胺二甲嘧啶

为白色或微黄色结晶或粉末，其钠盐可溶于水，抗菌效力与磺胺嘧啶相近。吸收迅速而完全，排泄缓慢，在鸡体内能较长时间维持有效浓度，属中效磺胺类药物。不良反应较少，不易引起泌尿道损害。廉价易得，成本低，临床上除能治疗多种感染外，还可防治鸡球虫病，在实践中应用广泛。

混饲浓度为 0.02%～0.1%，混饮浓度为 0.1%～0.2%，限用 1 周。

(六) 磺胺间甲氧嘧啶

为白色至微黄色结晶，其钠盐溶于水，是一种较新的磺胺药物。抗菌作用强，大致与新诺明相同，列为磺胺药物的首位。较少引起泌尿道损害，内服吸收良好，血液中药物浓度较高，对鸡球虫病的治疗效果好。

鸡的一般性疾病可按每千克体重 0.05～0.1 克/次，每天 2 次；治疗鸡球虫病时，可按 0.05%～0.2%浓度混饲给药；预防鸡球虫病时，可按 0.05%～0.1%浓度混饲给药，连用 3～5 天。

(七) 磺胺对甲氧嘧啶

为白色或微黄色结晶性粉末，其钠盐溶于水。抗菌范围基本和磺胺二甲基嘧啶相似，但该药效果好，毒性低，不影响产蛋。

在尿中溶解度较高，主要用于泌尿道感染，也用于呼吸道、皮肤和软组织等感染。与抗菌增效剂（TMP）合用，其增效较其他磺胺药显著。本药制造工艺简单，价格低廉，是一种应用有前途的磺胺类药。

常用剂型为增效磺胺对甲氧嘧啶钠注射液，每 10 毫升中含本品 1 克，肌内注射量为每千克体重 0.1～0.2 毫升/次，每天 2 次；混饮给药，每升水中加入 0.2 毫升。

(八) 磺胺氯吡嗪

易溶于水，对鸡球虫有特效，优于磺胺喹恶啉和磺胺二甲嘧啶。临床上主要用于治疗鸡球虫病。混饮浓度为 75～600 毫克

/千克，连饮 3 天。

（九）磺胺间二甲氧嘧啶

属长效磺胺类药物，为白色或乳白色结晶性粉末。抗菌作用及疗效与磺胺嘧啶相似。进入动物机体内吸收快，排泄慢，不易引起泌尿道损害，对球虫、弓形虫、卡氏住白细胞虫等有明显的抑制作用。临床上主要用于治疗鸡球虫病，其剂量为 0.025%～0.05%浓度，混饮，连用 6 天。防治卡氏住白细胞虫病时，可混饲给药。此药常以 25～50 毫克/千克浓度与乙胺嘧啶 5～10 毫克/千克合用。

（十）抗菌增效剂

抗菌增效剂是一种新兴的广谱抗菌药物。可单独应用，亦可与磺胺类药物并用，或与多种抗生素类药物并用，均能达到提高疗效的目的，并扩大治疗范围，所以叫抗菌增效剂。常用的抗菌增效剂有：

1. 甲氧苄氨嘧啶　为白色或黄白色结晶性粉末，有不溶于水和溶于水的 2 种剂型。临床上单独应用时和磺胺嘧啶相似，但作用更强，其抗菌谱与磺胺类药物基本相似，而作用较强；如与磺胺类药物联合应用时，其抗菌作用可提高数倍至数十倍，并可呈现出杀菌作用，减少耐药菌株的形成。由于药物剂量的减少，从而使不良反应的发生率降低。对多种抗生素也有增效作用，如与四环素类抗生素配合应用，可大大提高疗效。与磺胺药物的复方制剂常用于鸡的呼吸道、消化道、泌尿道等多种感染，对大肠杆菌病、鸡白痢、禽伤寒、禽霍乱等疗效均佳，用量按每千克体重 10 毫克/次，每天 2 次。

本药因细菌极易产生耐药性，故很少单独应用。各种复方制剂的配合比例相同，即磺胺类药物与甲氧苄氨嘧啶的比例均为 5∶1。

本药复方注射液的碱性甚强，能与多种药物的注射液发生配伍禁忌。

2. 二甲氧苄氨嘧啶 性质和抗菌作用均与甲氧苄氨嘧啶相同。内服不易吸收，血中最高浓度仅为甲氧苄氨嘧啶的 1/5。在胃肠中保持较高浓度。因此，用作肠道抗菌增效剂比甲氧苄氨嘧啶好。临床上常用于鸡球虫病、鸡白痢、鸡霍乱等。

复方敌菌净是常用的剂型，是由敌菌净 1 份和磺胺对甲氧嘧啶或磺胺间甲氧嘧啶、磺胺脒、磺胺二甲嘧啶等 5 份组成，成年鸡内服量为每千克体重 20～25 毫克/次，每天 2 次。雏鸡内服日量：1～5 日龄 10 毫克/只，6～10 日龄 15 毫克/只，11～17 日龄 20 毫克/只。主要用于防治球虫病，也可压碎成粉混料，按 800 毫克/千克浓度喂饲，可防治瘟病和大肠杆菌病。

复方敌菌净预混剂，是由敌菌净 40 克、磺胺对甲氧嘧啶（或其他磺胺药）200 克与基质（淀粉）760 克组成，混饲浓度为 1 000 毫克/千克，用于禽肠道感染和球虫病。产蛋鸡禁用，屠宰前 10 天停药。

第四节 驱 虫 药

一、驱肠道线虫药

（一）左咪唑（左噻咪唑）

为人工合成的广谱驱虫药，对多数线虫都有驱除作用。其作用原理主要是通过拟胆碱样作用，兴奋虫体神经节，产生持续性肌肉收缩，继而麻痹，随粪便排出体外。临床主要用于驱除鸡的蛔虫、异刺线虫等。常用制剂主要是磷酸左咪唑片，拌料内服量按每千克体重 25 毫克，混饮时，溶于半量饮水中，在 12 小时内饮完。鸡对本药的耐受性大，应用治疗量时对鸡的产蛋率、孵化率、受精率均无不良影响，实为安全可靠的驱线虫药。

（二）噻咪唑（四咪唑，TBZ）

为广谱驱线虫药，能驱除肠道多数线虫，其药效为左咪唑的 1/2。本药为消旋混合物，常用其盐酸盐，为白色或微黄色晶粉。

无臭、味苦、易溶于水，又能溶于乙醇，性质稳定，鸡内服量为每千克体重20～40毫克。

（三）噻苯唑（噻苯咪唑）

为白色或微黄色结晶性粉末，无臭，味微苦，难溶于水，微溶于醇。本药是合成的苯并咪唑类广谱、高效、低毒驱虫药，并具有杀蚴和杀虫卵作用。在肠道中吸收快，并很快分布于机体大部分组织，投药后3～7小时血液中可达最高浓度，其代谢产物于3天内完全由粪尿排出。鸡常以此药为预防性药物，混饲浓度为0.1%，连用1～2周，又可消除鸡支气管交合线虫。

（四）甲苯咪唑（MBZ）

为白色或微黄色无晶形粉末，无臭，难溶于水和多数有机溶剂，易溶于甲酸、乙酸。本药是噻咪唑的衍生物，具有高效、低毒、广谱驱线虫作用，兼有驱绦作用。驱线虫作用原理在于引起肠细胞浆微管消失，阻断葡萄糖转运，导致虫体糖原和三磷酸腺苷耗尽；其驱绦作用原理在于延长了细胞内水解酶的存留，因而加速绦虫皮层的自身溶解。用量按每千克体重50毫克/次，每天1次或者按125毫克/千克混饲，连用2天，可有效地驱除鸡消化道、呼吸道寄生虫，如蛔虫、毛细线虫、气管比翼线虫等。

（五）硫苯咪唑（FBZ）

为噻咪唑的衍生物，为白色结晶性粉末。无臭，难溶于水，适口性好，对鸡多数线虫及其幼虫有较强的杀灭驱除作用。作用原理主要是干扰虫体能量生成的代谢，对鸡的消化道、呼吸道线虫可有效地驱除。鸡内服量按每千克体重8毫克/次，每天1次，连用6天。

（六）丙硫咪唑（ABZ）

为噻咪唑类药物。易由消化道吸收。作用原理在于抑制虫体延胡索酸还原酶，阻止虫体能量的形成，可驱除鸡体内混合感染的多种寄生虫，如肠道线虫、肺线虫、绦虫等。鸡用药后7小时开始排虫，16小时达高峰，32小时排完。内服剂量为每千克体重 10~20 毫克/次。因本药适口性差,混饲给药时应注意少添多喂,以保证疗效。

(七)噻咪啶(抗虫灵)

是一种新型、低毒、广谱驱虫药。鸡常用其双羟萘酸噻咪啶,内服量为每千克体重 15 毫克/次。使用时应按其有效成分碱基计算,即双羟萘酸噻咪啶 30 毫克等于碱基 10 毫克。临床上主要用于驱除鸡蛔虫,但对极度虚弱的鸡群,不宜与具有抑制胆碱酯酶作用的物质,如有机磷化合物一齐应用,防止毒性增加。

(八)其他驱线虫药

吩噻嗪(硫化二苯胺)0.5~1 克/(只·次)。哈乐松(海乐松)每千克体重 50~75 毫克/次;潮霉素 B 混饲 1~12 毫克/千克(1 毫克=1 064 单位);二硫化碳哌嗪混饲,每千克体重 0.15克/次;氟苯咪唑口服,30 毫克/千克。

二、驱绦虫药

(一)吡喹酮(环吡异喹酮)

为白色结晶性粉末,味苦,微溶于水,能溶于有机溶剂。本药是 20 世纪 70 年代合成的一种新型、广谱驱虫药,能驱除鸡的各种绦虫。内服量为每千克体重 10~30 毫克/次。

(二)氯硝柳胺(灭绦灵)

为淡黄色或灰白色轻质粉末或结晶性粉末,无味,几乎不溶于水。内服后难吸收,吸收后小部分可转变为无作用的氨基氯硝柳胺。对鸡的赖利绦虫有驱杀作用,其作用原理是抑制虫体细胞内线粒体的氧化、磷酸化作用。杀灭绦虫的头节及其近端,使绦虫从肠壁脱落而随粪便排出体外。内服剂量为每千克体重 50~60 毫克/次,于早晨喂料时给药,效果更佳。

(三)二氯酚

是酚的衍生物,由消化道吸收,毒性较低。主要对鸡赖利绦虫有效。作用原理与灭绦灵相似。本药为乳白色粉末,有酚臭,几乎不溶于水，易溶于乙醇。内服剂量为每千克体重 0.03～0.1 克。

（四）砷酸锡

为白色粉末，不溶于水，内服后对鸡赖利绦虫和膜壳绦虫有驱除作用。内服剂量根据鸡日龄计算，3～4 月龄 50 毫克/（次·只），5～6 月龄的鸡 70 毫克/（次·只），6 月龄以上130～180 毫克/（次·只）。本药毒性大，鸡的中毒量为 1.5 克，所以，用药后 8 日内的肉鸡不可食用。

（五）硫双二氯酚（别丁）

对鸡的吸虫和绦虫有驱杀作用。其机理是降低虫体葡萄糖分解和氧化代谢，特别是抑制琥珀酸的氧化，阻断了吸虫获得能量的机能。内服后，肠道吸收较少，胆汁浓度较高。

本药具有抑胆碱样作用，所以，服药后，常有下泻现象。驱杀吸虫剂量，混饲为每千克体重 100～200 毫克/次；驱杀绦虫剂量，混饲为每千克体重 200 毫克/次，间隔 4 天，再重复用药 1 次。

（六）六氯乙烷（吸虫灵）

对鸡的前殖吸虫有驱杀作用，但对幼虫无效，所以在初次用药后 1 个月，再重复用药 1 次。其内服用量 0.2～0.5 克/（只·次）。

（七）六氯酚

主要驱除鸡绦虫，内服量为每千克体重 25～50 毫克/次，因本药安全范围域窄，不可过量，避免产蛋率下降。

三、抗球虫药

抗球虫药的种类很多，各药有其特点。球虫病的发生，球虫的发育阶段，鸡体的免疫状况，均是在预防和治疗球虫病时选择药物应考虑的问题，以提高预防或治疗效果。如作用于球虫第一代无性增殖的药物，预防作用强，但不利于鸡体免疫力的形成；作用于球虫第二代裂殖体的药物，治疗作用强，对鸡体免疫力的形成影响不大；经常使用一种药物，易形成耐药性，其形成的快慢，因药物种类而不同。所以，在生产实践中要求经常更换所用药物，如对生命周期短的肉鸡，可持续应用预防性抗球虫药；对生命周期长的蛋鸡，为了提高经济效益，提高安全度，应致力于建立免疫力，可持续应用（14 周左右）预防性抗球虫药或在鸡群发病时进行药物治疗，一则可治病，二则可建立免疫机能。

（一）氯苯胍（罗苯尼丁）

是广谱、高效、低毒和适口性好的最新抗球虫药。主要是抑制球虫第一代裂殖体的生长繁殖。对第二代裂殖体也有作用，能抑制卵囊的发育，使卵囊的排出数量减少。其药作用的峰期是感染后第三天，作用机制在于干扰虫体胞浆中的内质网，影响虫体蛋白质代谢，使内质网和高尔基体膨胀、氧化、磷酸化反应和三磷酸腺苷酶被抑制。内服吸收后，在鸡体内被代谢成对氯甲苯等代谢物。因本药排泄缓慢，口服后 6 天可排出 99%，故肉鸡宰前 7 天停止用药。产蛋鸡禁用。

常用剂型为盐酸氯苯胍，系白色或微黄色结晶粉末，微溶于乙醇，有不快异臭。饮水投药时，制成混合剂疗效更佳，即 1.5 克氯苯胍、20 毫升丙三醇、200 毫升吐温 80 混合后加热到 37℃，制得澄清液，将澄清液配成 0.2%～0.4% 浓度饮水。混料喂服时，每吨饲料中加入 75～150 克原粉。

临床用药时要严格掌握剂量，不可过量，否则，易造成生长迟缓，饲料转化率低，鸡肉和鸡蛋有异臭。如能与磺胺二甲嘧啶等合用，则可减轻异臭，并能提高疗效。

（二）氨丙啉

剂型为盐酸氨丙啉，系白色粉末，带有酸味，无异臭，可溶于水和乙醇，对鸡的多种球虫都有作用，临床上可用于预防和治疗鸡球虫病。能抑制第一代裂殖体的生长繁殖，对性周期的配子体和孢子体也有一定的抑制作用。其作用机制主要是由于氨丙啉的化学结构与硫胺相似。在虫体的代谢过程中可替代硫胺，使球虫发生硫胺缺乏症干扰其代谢而致死。

最适合用于产蛋患鸡，125～240 毫克/千克混饲，60～240 毫克/千克混饮，连用 7 天后，浓度减半，再用 14 天。与磺胺喹噁啉等量混饲或 3：4 混饮，可扩大抗球虫范围，安全、高效。

乙氧酰胺苯甲酯是抗球虫药的增效剂，与其他一些抗球虫药合用，能起到协同作用。

(三) 硝苯酰胺 (球痢灵)

主要抑制无性周期的裂殖芽孢，其作用峰期为感染后第三天。对鸡的多种艾美耳球虫都有效。为淡黄褐色粉末，无臭无味，不溶于水，性质稳定。临床上常按 125 毫克/千克混饲，作为预防量。其治疗量按 250 毫克/千克，连喂 3～5 天。用药时球虫易产生耐药性，而且与硝基呋喃类药物有交叉耐药性。所以，临床上应予以充分注意，以保证疗效。

(四) 磺胺喹噁啉 (SQ)

抗球虫作用与磺胺类药物的抗细菌作用相似，主要作用于球虫的无性繁殖期，抑制第二次裂殖体的发育，其作用峰期为感染后第四天。当临床上第一次发现鸡的粪便中带血时，应用本药效果最佳。治疗时按 0.05%～0.1%混饲，或按 0.04%混饮；预防量可按 120 毫克/千克混饲，按 66 毫克/千克混饮。

用药注意事项：采用间断给药方法效果较好；连续用药可引起产蛋率下降，甚至发生中毒，有的还出现多发性神经炎和全身出血性变化；与氨丙啉合用可起到协同作用。本药排泄缓慢，宰前 10 天应停止投药。

(五) 氯羟吡啶 (球落)

主要作用于感染后的第一代无性繁殖期的初期，抑制孢子体的发育，其作用峰期为感染后第一天。因此，临床上应早期应用。常用为预防药物，按 125 毫克/千克添加于饲料中。连续应用，除预防球虫外，还可增加体重，提高饲料报酬。

本药为固体，难溶于水，有机溶剂溶解度不大，性质稳定。

应用时注意：产蛋鸡最好不用，肉鸡宰前 5 天停药。

（六）可爱丹- 25

本药 100 克中含氯羟吡啶 25 克，加淀粉或碳酸钙而成，临床应用广泛。按 500 毫克/千克混饲，宰前 7 天停药。

（七）尼卡巴嗪（双硝苯脲二甲嘧啶酚）

主要抑制第二个无性繁殖期裂殖体的生长繁殖，其作用峰期为感染后第 4 天，对球虫生活史的其他各期无效，在应用上受到了限制，只有当球虫对其他抗球虫药物产生耐药性时，可改用此药。其混饲浓度为 125 毫克/千克。产蛋鸡禁用，肉鸡宰前 4 天停药。

（八）球净- 25

本药 100 克中含尼卡巴嗪 25 克，乙氧酰胺苯甲酯 1.6 克，加赋形剂而成，按 125 毫克/千克混饲，对鸡球虫有良好的预防作用，停药期为 5 天。种鸡或高温季节慎用。

（九）常山酮

对鸡多种球虫有效，表现在对第一、第二代裂殖体的抑制作用。常制成二氢溴酸常山酮（速丹）制剂。是以碳酸钙作载体的氢溴酸常山酮散剂，3 毫克/千克混饲，与其他抗球虫药无交叉抗药性。

（十）其他常用防治球虫的药物

莫能霉素、盐霉素、拉沙里菌素、青霉素、二甲氧甲基苄氨嘧啶、磺胺二甲嘧啶、硝酸二甲硫胺等，依各药的性质，选择应用。

第五节　灭鼠药物

鼠类对养鸡危害很大，是鸡疫病的传染源、传递因素；偷吃饲料，增加养鸡的成本；惊吓鸡群，造成创伤和内脏伤害，导致皮肤感染或内脏破裂而急性死亡；影响雏鸡、青年鸡生长发育，使产蛋下降。总之，鼠类严重影响鸡场安全和经济效益。鸡舍内不可用天敌灭鼠，器械灭鼠效果不佳。鸡场用药灭鼠，必须慎重选择，以安全、隐蔽、高效为原则，避免误伤鸡和其他动物。

(一) 磷化锌

属于速效灭鼠药，又称单剂量灭鼠药。为灰黑色有光泽粉末，具有强烈的大蒜气味，不溶于水和乙醇，稍溶于油类。在干燥状态下毒性稳定，受潮或加水即可分解，使毒饵效力逐渐降低。因此，常用油做成黏着剂使用，可较长时间维持药效。

作用原理，主要是作用于鼠的神经系统，破坏鼠的新陈代谢机能。可杀灭多种鼠类，是广谱性灭鼠药。本药可做成3%～8%的毒饵、毒粉使用。

毒饵做法：用粮食5千克，煮成半熟晾至七成干，加食油100克，磷化锌125克，搅拌均匀即可。将毒饵投入到鼠洞内或经常出入的僻静处，每处放5～10克。

毒粉做法：取磷化锌5～10克，加干面粉90～95克，混合均匀，撒在鼠洞内，能黏在鼠的皮毛和趾爪上，鼠舔毛时即可中毒致死。

使用时现用现配，遇潮湿分解失效。严防鸡误食，误食中毒后可用解磷定解毒。

(二) 灭鼠安

为淡黄色粉末，无臭无味，性质稳定，不溶于水和油类，能溶于乙醇、丙酮等有机溶剂。与强酸作用后可生成溶于水的盐类。对鼠类能选择性地显示毒力，呈较强的毒杀作用。对鸡的毒性较低。鼠食入后抑制酰胺代谢，中毒鼠出现严重的维生素B缺乏症，后肢瘫痪，常死于呼吸肌麻痹。用药时配成0.5%～2%的毒饵，每堆投放1～2克。同样应避免鸡误食。

(三) 敌鼠钠盐

1. 性质 本药属于茚满二酮类抗凝血性灭鼠药，即慢性灭鼠药，其特点是作用缓慢，鼠类要连续数次食入毒物蓄积后方可中毒致死。采食吸收后，一则可破坏鼠血液中的凝血酶原，使凝血时间延长；二则损伤毛细血管，提高血管壁的通透性，引起内脏器官与皮下出血，最后死于内脏器官的大出血。

本药对人和畜禽毒性较低，对猫、犬、猪等毒性较强，可引起二次中毒。本药为黄色粉末，无臭无味，可溶于乙醇、丙酮等有机溶剂，稍溶于热水（100℃水溶解度5%），性质稳定。

2. 使用方法

（1）毒饵　称取敌鼠钠盐5克，加沸水2千克，搅拌均匀，再加入10千克杂粮，浸泡至毒水全部吸收后，加入适量植物油拌匀，晾干备用。

（2）混合毒饵　将敌鼠钠盐用面粉或滑石粉配成1%毒粉，再取毒粉1份，倒入19份切碎的鲜菜或瓜丝中，搅拌均匀即可。本品应现用现配。

（3）毒水　取1%敌鼠钠盐1份，加水20份即成。

使用时连续添药，以保证鼠吃入药量。投药后1～2天出现死鼠，5～8天可达死鼠高峰；死鼠可延续10天以上，效果比较理想。

用药时，应防止其他畜禽误食和发生二次中毒，一旦发生二次中毒，可采用维生素 K_1 解毒，效果可靠。

（四）氯敌鼠（氯鼠酮）

与敌鼠钠盐属于同一种类杀鼠剂，对鼠的毒性作用比敌鼠钠盐强，且对人、畜禽的毒性较低，使用时安全可靠。为黄色结晶性粉末，不溶于水，可溶于乙醇、丙酮、乙酸、乙酯和油脂，无臭无味，性质稳定。对鼠类适口性较好，为广谱杀鼠剂。

本品分为含量90%的原药粉、0.25%母粉、0.5油剂等3种，使用时常配成如下毒饵：

0.005%水质毒饵：取90%原粉3克，溶于适当热水中，待凉后，拌入 50 千克饵料中，晒干后使用。

0.005%油质毒饵：取 90%原药粉 3 克，溶于 1 千克热食油中，晾冷致常温，混于 50 千克饵料中，搅拌均匀即可使用。

0.005%粉剂毒饵：用含 0.25%母粉 1 千克，加入 50 千克饵料及少许植物油，充分搅拌混合均匀即可使用。

以上 3 种毒饵使用时，将任何一种毒饵投放到鼠洞或鼠活动场所即可。

（五）杀鼠灵（华法令）

为香豆素类抗凝血灭鼠剂，纯品为白色粉末，无味，难溶于水，但其钠盐可溶于水，性质稳定。鼠类对本药接受性好，甚至出现中毒症状后仍采食，对人和畜禽毒性小，解毒可用维生素K_1。目前市售为含杀鼠灵 2.5%母粉；应用此母粉配制毒饵如下。

0.025%毒米的配制：取 2.5%母粉 1 份，植物油 2 份，米渣 97 份，混合均匀即成。

0.025%面丸的配制：取 2.5%母粉 1 份，与 99 份面粉搅拌均匀，再加适量水，制成每粒 1 克重的面丸，加少许植物油即成。

一次投药灭鼠效果较差，少量多次投放灭鼠效果好。在鼠活动的场所，每堆投放 3 克，连续 3～4 天，可达理想效果。

（六）杀鼠迷（立克命）

亦属香豆素类抗凝血性杀鼠剂，纯品为黄褐色结晶粉末，无臭无味，不溶于水。适口性好，毒杀力强，很少发生二次中毒，是目前比较理想的杀鼠药。目前市售杀鼠迷的商品母粉浓度为0.75%，可做成固体毒饵和水剂毒饵使用。

固体毒饵：取 10 千克饵料煮至半熟，加适量植物油，取0.75%杀鼠迷母粉 0.5 千克混入饵料中，搅拌均匀即成。2 次投放，每堆 10～20 克即可。

水剂毒饵：目前市场有售，其有效成分含量为 3.75%。

（七）大隆（杀鼠隆）

杀鼠极具毒力，是目前抗凝血杀鼠药中毒力最大的一种，对各种鼠的口服急性致死量都不超过每千克体重1毫克。此外，本药还具有急性和慢性积累毒杀作用，能有效地毒杀具有抗药性鼠。有人称为第二代抗凝血剂，是目前较为理想的杀鼠药之一。市售粉红警戒色大米毒饵，每鼠洞投放5克，连投2天，15天后灭鼠效果可达92%。如制成蜡块，适用于潮湿地区。对人和畜禽毒性大，又可产生二次中毒，用时要慎重。若用在鼠类对其他灭鼠药产生耐药性的鸡场，则更为理想。

第六节　维生素类药物

维生素是鸡只维持正常生理机能不可缺少的物质，是鸡体内酶和辅基的组成成分。鸡对维生素需要量不大，但对体内蛋白质、脂肪、糖类、无机盐等物质的代谢却起着关键作用。

正常情况下鸡可从饲料中获得，一般不会造成维生素缺乏症。但在临床实践中却不然，经常见到笼养鸡因缺乏某种维生素而引起疾病，造成一定的经济损失。分析缺乏原因：①维生素质量差，不能正常发挥其生理营养作用，如按正常使用量加入饲料中，造成饲料中维生素含量不足，影响鸡体；②维生素贮存不当，如受热、受潮、日晒、保存期过久等，都会使维生素效价降低，造成饲料中维生素含量不足，影响鸡体；③配合饲料中维生素添加量不足；④配合饲料保存不当，受热、受潮、光照、日晒、存放过久，使其中的维生素破坏时也可造成维生素缺乏症；⑤鸡体对维生素的需要量增加时，如高温季节、产蛋高峰期、生长发育旺盛期、病后恢复期等，而配合饲料中仍按常量添加，则维生素不能满足鸡体需要；⑥鸡体某种疾病或某生理机能发生障碍时，对维生素的吸收不全，利用率降低，即造成鸡体维生素缺乏症；⑦配合饲料中的添加剂种类繁多，有些能影响维生素的功效，如饲料中添加的无机盐类硫酸锰，则能破坏维生素 D 和维生素 H；不饱和脂肪酸可与维生素 E 和维生素 H 结合；抗球虫药氨丙啉能影响维生素 B_1 的吸收等。所以饲养过程中应及时观察鸡群状态，及时补充相应的维生素，以治疗维生素缺乏症。

维生素分为脂溶性和水溶性两大类。

一、脂溶性维生素

维生素 A、维生素 D、维生素 E、维生素 K 等属于脂溶性维生素。在鸡的肠道中吸收与脂肪的吸收有密切关系，当肝脏或者胆囊疾病造成胆汁缺乏或脂肪吸收障碍时，则鸡体吸收本类维生素的能力降低；当饲料中含有大量钙盐时，也可使脂肪和本类维生素吸收减少。

(一) 维生素 A

维生素 A 纯品为黄色片状结晶，配成制剂后多为无色或淡黄色油状物。遇光、空气或氧化剂时，易分解失效；在有氧条件下受热或受紫外线照射时，亦被破坏失效。所以，应注意密封保存，放于避光、阴凉处。

1. 维生素 A 生理功能

(1) 维持视网膜感光功能：视网膜对光的感觉主要是靠视紫红质的光化学反应，而维生素 A 是视紫红质的组成成分。当缺乏维生素 A 时，鸡视觉障碍，流泪，眼睑内有干酪样物质，可使上下眼睑黏合，角膜混浊不透明，甚至软化或穿孔，造成失明。

(2) 维持上皮组织机能状态，参与组织间质中黏多糖的合成。当缺乏维生素 A 时，呼吸道、消化道、泌尿、生殖道黏膜、唾液腺、泪腺等上皮细胞萎缩，甚至角化变性。临床上可见呼吸困难，消化道机能障碍，干眼等症状。

(3) 促进幼禽生长发育，增强机体抗病能力，对预防呼吸道疾病效果显著。外用于局部创伤或烧伤时，可促进愈合。

2. 用量　每千克体重 500～4 000 国际单位（不同剂型均按

纯品量计算，1 国际单位约等于 0.3 微克）。

3. 注意事项

（1）贮存时避免光照、日晒和高温。

（2）拌入饲料后注意保管，防止发热、发霉和氧化。

（3）使用时不可过大剂量，以免中毒。

（二）维生素 D

维生素 D 在临床上常用的有 2 种，即维生素 D_2（骨化醇）和维生素 D_3（胆骨化醇）。植物性饲料中含有麦角固醇，经日光照射可转变为维生素 D_2。鸡皮肤中含有 7-脱氢胆固醇，经日光照射后转变为维生素 D_3，这就是平常所说的晒太阳可预防维生素 D 缺乏症的道理。所以，它是抗佝偻病、软壳蛋、腿软等症的物质。

维生素 D 常与维生素 A 共同存在于肝脏、蛋黄、乳、鱼肝油中。为了补充维生素 D 的不足，临床上常用维生素 A、D_3 粉，提高钙磷利用率，对产薄壳蛋、软皮蛋、产蛋率下降、软骨病不能站立、流泪失明、食欲减退等，都有显著疗效。临床上有时也用鱼肝油或浓鱼肝油，前者每克中含维生素 A 1 500 国际单位，含维生素 D 150 国际单位，按 0.5%～1%拌料；后者每克中含维生素 A 5 万～6.5 万国际单位，维生素 D 1 万～1.3 万国际单位，按每千克体重 0.4～0.6 毫升 1 次投药。精制鱼肝油粉，每千克中含维生素 A 1 000 万国际单位，含维生素 D_3 120 万国际单位，维生素 E 2.0 克，使用时每 500 千克饲料中添加本品 250克，连用 3～5 天。

注意事项：不可长时间超大剂量使用，避免产生高血钙、钙盐沉积和骨脱钙现象；保存时注意事项同维生素 A。

（三）维生素 E（生育酚）

能调节鸡的食欲，增强抗病能力，促进雏鸡生长发育；提高产蛋率，提高种鸡繁殖能力和种蛋孵化率。在脂肪酸的代谢过程中，可防止生成大量的不饱和脂肪酸过氧化物，维持细胞膜的完整与功能。临床上还用于雏鸡脑软化症和渗出性素质（皮下水肿）等症。

因临床用剂型较多，可依各种剂型的说明剂量参考使用。

（四）维生素 K

可促进肝脏合成凝血酶原，促进血浆凝血因子 VII、X、XI 在肝脏内合成。它是血液凝固的必需物质。维生素 K 是维生素 K_1、维生素 K_2、维生素 K_3、维生素 K_4 的总称。由于来源不同，故叫法不一。来源于苜蓿叶中的称维生素 K_1；来源于腐败鱼粉中的称维生素 K_2，它是细菌的代谢产物，在肠道中的细菌也能合成；人工合成的亚硫酸氢钠甲萘醌称维生素 K_3；合成的乙酰甲萘醌称维生素 K_4。在鸡场，常用的是维生素 K_3。

由于肝脏疾病引起的胆汁缺乏时，可使维生素 K 不易吸收，造成维生素 K 缺乏；由于长期使用抗菌素药物，抑制肠内细菌，亦致维生素 K 缺乏；长期使用水杨酸钠及其制剂，颉颃维生素 K 的作用，使维生素 K 不能发挥其正常功能。

维生素 K_1、维生素 K_2 是天然性的，属于脂溶性，在临床上使用时，只有肝功能正常、胆汁充足时，才能发挥强而持久的作用。人工合成的维生素 K_3、均为水溶性，使用方便，吸收率高，但作用较弱，而且具有刺激性，长期使用可产生蛋白尿，引起溶血性贫血和肝脏损伤。

本品为止血药。在雏鸡断喙时经常用以防止出血；在治疗球虫病时用作辅助药物；长期投服抗菌药物时，易造成鸡体本身合成本品障碍，引起本品的缺乏。所以，使用抗生素类药物的同时，应补给本品。

因本品种类与剂型不同，在临床应用时，应按厂家说明酌量使用。

二、水溶性维生素

（一）维生素 C（抗坏血酸）

维生素 C 是一种氧化剂，在机体内组成氧化—还原系统，参与很多生化反应。能促进细胞间质的合成，保持细胞间质的完整，增加毛细血管壁的致密度，降低其通透性及脆性，具有止血作用；可颉颃缓激肽和组织胺，直接作用于支气管的 β 受体，扩张支气管平滑肌；可抑制皮质激素在肝脏中的分解破坏，具有抗炎症、抗过敏作用；具有强还原性，保护酶系的巯基，以避免被毒物破坏，所以，它具有解毒功能，尤其解除重金属毒物的慢性中毒，效果更佳；可中和细菌内毒素，促进抗体生成，增强白细胞的吞噬功能，增强肝细胞抵抗力，促进肝细胞再生和肝糖原合成，改善新陈代谢，增加利尿作用，促进胆红素排出和肝脏解毒能力，消除黄疸，恢复肝功能，降低转氨酶，改善心肌和血管代谢，所以，它具有增强机体抗病能力的作用；能促进铁在肠内的吸收，促进叶酸形成四氢叶酸，使血液中网织红细胞激增，影响血红蛋白的合成和红细胞的成熟，所以具有抗贫血作用。

维生素 C 可在鸡体内合成，一般情况下能满足需要。但在高温季节、应激状态、长途运输、高密度饲养等不利环境中，鸡体内合成的能力下降，这时应及时补充。

维生素 C 有注射剂、片剂、散剂等不同剂型，易溶于水，性质不稳定，在碱性溶液或金属容器内加热易被破坏，易被氧化剂氧化破坏，在空气中易被氧化失效。

应用注意事项：

①对氨苄青霉素、头孢菌素（Ⅰ、Ⅱ）、四环素族类抗生素、红霉素、竹桃霉素、新霉素、卡那霉素、链霉素、林肯霉素等，有不同程度的灭活作用，不可混合注射。

②不可与碱性较强的注射液混合应用。

③混料、混饮投药时，应注意时间和环境不利因素的影响。

④密封、避光保存。

使用剂量：按 0.01%～0.03%拌料喂服。

（二）B 族维生素

1. 维生素 B_1（盐酸硫胺）　能影响神经组织、心脏和消化系统的代谢，是鸡生长发育必需的物质，如果鸡体内不足，则会引起鸡食欲不振，起立困难，痉挛，视力受阻，头向后仰等症状。另外，在使用磺胺类药物治疗球虫病和糖代谢率增高时，均可导致维生素 B_1 的缺乏，故应及时补充或增加。

在自然情况下，种子的外皮和胚芽、米糠、麦麸、酵母、大豆等常备饲料中都有维生素 B_1。临床所用维生素 B_1 多是人工合成的盐酸硫胺。

应用注意事项：

①因易溶于水，呈酸性反应，在碱性溶液中不稳定，易分解而失效。所以，临床应用时应避免与碱性药物合用。

②维生素 B_1 与氨苄青霉素、邻氯青霉素、头孢菌素（Ⅰ、Ⅱ）、制霉菌素、多黏菌素等有不同程度的灭活作用，在临床上不可混合注射。

③临床上常与其他 B 族维生素或维生素 C 合用，对代谢性疾病常有显著疗效。

使用剂量：肌内注射时，按 5～10 毫克/（只·次）；内服时，按每千克体重 2.5 毫克/次。

2. 维生素 B_2（核黄素）　在体内构成黄酶的辅酶，黄酶在机体生物氧化中起作用。协同维生素 B_1 参与糖和脂肪的代谢。能促进维护鸡体正常代谢、生长发育，防止眼、嘴和脚趾周围炎症，腿肢麻痹或瘫痪等症；最明显的是雏鸡脚趾向内侧弯曲、腹泻、生长停滞或突然死亡，常作为鸡场兽医诊断维生素 B_2 缺乏症的指征性症状。

易溶于水，在酸性溶液中稳定，耐热，易被碱和光线所破坏。在临床应用时，和维生素 B_1 一样，与氨苄青霉素、邻氯青霉素、四环素类抗生素、红霉素、卡那霉素、链霉素、新霉素、林肯霉素、多黏菌素、头孢菌素（Ⅰ、Ⅱ）等均有不同程度的灭活作用。因此，切忌混合注射。

治疗剂量：成年鸡内服 1～2 毫克/（只·次），雏鸡内服 0.1～

0.2 毫克/(只·次)。

预防剂量：按 $2\sim5$ 毫克/千克混饲。

3. 维生素 B_5（泛酸） 易溶于水，性质较稳定，是辅酶 A 的成分之一，对三大营养物质的代谢起乙酰化作用。

由于鸡体内不能合成维生素 B_5，常造成缺乏症，临床上出现皮炎、脱毛、肾上腺皮质和神经变性，运动失调等症，应注意补充。常用剂量为 8 毫克/千克混饲。

4. 维生素 B_6 易溶于水，在酸性水溶液中稳定，光、碱、高热等易被破坏。在体内能形成氨基酸代谢用的辅酶，与脂肪代谢有关系。鸡缺乏时常呈中枢神经兴奋症状。

应用剂量：注射剂量 $0.005\sim0.01$ 克/(次·只)；混饲量 $10\sim20$ 毫克/千克。

5. 维生素 B_{12}（氰酸钴维生素） 是含微量元素钴的维生素，具有广泛的生理作用。与血液的生成有密切关系，能加速血细胞的快速成熟，促进蛋白质在胃肠中的吸收，与碳水化合物和脂肪代谢也有密切关系，帮助叶酸循环利用，促进核酸的合成。是鸡生长发育、维持造血功能、上皮细胞生长、维持神经髓鞘完整和健康的必需物质，在鸡的营养中起着重要作用。临床上主要用于贫血、生长发育障碍、产蛋率下降、孵化率降低等症。

由于维生素 B_{12} 在体内吸收时要求胃幽门部形成的氨基多肽酶的存在和参与，所以注射用药为佳，剂量为 $2\sim4$ 微克/(只·次)。

6. 复合维生素 B 是由维生素 B_1、维生素 B_2、维生素 B_3、维生素 B_6、维生素 B_7、维生素 B_{11}、维生素 B_{12} 组成。它可提高产蛋率，有利于鸡体免疫功能的建立，增强抗病、抗应激的能力，改善由于缺乏所致的多发性神经炎、消化障碍、癞皮病、口腔炎等，并能保护肝脏，提高肝脏的解毒能力。

使用注意事项：与 B 族维生素相同，其应用剂量和给药途径，依厂家说明用药。

7. 氯化胆碱 为 B 族维生素的一种，是卵磷脂的重要组成部分。在鸡体内能促进脂肪代谢，提高氨基酸的利用率，加速生长发育，提高产蛋率，增强抗病能力，降低饲料消耗，是养鸡业不可缺少的珍品。

易溶于水，在碱性溶液中不稳定。应用时先把所需量与10倍量饲料混合均匀，再与饲料总量混合均匀。雏鸡600毫克/千克，母鸡、产蛋鸡、肉鸡按500毫克/千克，如预防脂肪肝，可按0.1%喂服。

(三) 维生素PP（烟酰胺与烟酸）

烟酰胺与烟酸（尼克酸）均溶于水，化学性质稳定，不易破坏，二者统称为维生素PP。烟酸在体内变为烟酰胺，烟酰胺在体内与核糖、磷酸、腺嘌呤构成辅酶Ⅰ和辅酶Ⅱ，这些都是许多脱氢酶的辅酶。在葡萄糖酵解、脂肪代谢、丙酮酸代谢和高能磷酸键的生成等方面发挥重要作用。成年鸡体内可合成一部分，不能满足代谢上的需要，尤其对雏鸡的生长发育，更需要补充。缺乏时，舌变黑，所以称黑舌病。

临床上应用时，有烟酰胺针剂、片剂，有烟酸（尼克酸）针剂、片剂。雏鸡混饲剂量为15～20毫克/千克。

(四) 维生素M（维生素Bc、叶酸）

难溶于水，在中性或碱性溶液中对热稳定，遇光则被破坏。在鸡体内可与某些氨基酸互变，并参与嘌呤和嘧啶的合成，与细胞的成熟和分裂关系密切。在鸡体内不能合成，主要来源于饲料，尤其是雏鸡更是如此，临床上应注意补充。雏鸡混饲剂量为10～20毫克/千克，注射剂量为50～100微克/（只·次）；育成鸡注射剂量为1 000～2 000微克/（只·次）。

(五) 维生素H（生物素）

能溶于水，对热稳定，易被氧化剂、强酸、强碱破坏。是鸡体内酶系统中的辅酶，是鸡体内各种生物氧化过程的必需成分，一旦缺乏，临床上表现出明显症状，如雏鸡衰弱，发育迟缓，脚、喙、眼睛周围皮肤炎症，甚至发生骨粗短症状；产蛋鸡产蛋率下降，种蛋孵化率降低，死胎增多，孵出的雏鸡畸形等。在鸡场，如饲料质量好，配方合理，采食量正常，一般不易缺乏。当特定环境条件下，可造成缺乏。临床应用时，常以山梨酸、糊精等为辅料制成2％生物素（即罗维素H-2），每吨饲料中含生物素100～250毫克，喂服。

［附］维生素的紧急应用

产蛋高峰期前后，补充维生素A、维生素C、维生素D；

强制换羽时，补充平衡多维；

强化蛋壳质量时，补充维生素E、维生素D；

接种疫苗时，补充维生素A、维生素D、维生素E、维生素C；

热应激时，补充维生素C、维生素E；

冷应激时，补充平衡多维和复合维生素B；

球虫病时，补充维生素K、维生素A、维生素C；

包含体肝炎时，补充维生素C、维生素K；

预防急性肝破裂时，补充维生素C、维生素D；

脂肪肝综合征时，补充维生素E、维生素B_{12}、氯化胆碱、肌醇；

产蛋鸡疲劳综合征时，补充维生素D、维生素A；

痛风症时，补充维生素A、维生素C；

磺胺药物中毒时，补充维生素C、维生素K、维生素B_{12}；

痢特灵中毒时，补充维生素C、维生素B_1；

喹乙醇中毒时，补充维生素C、复合维生素；

氨气中毒时，补充维生素A、维生素D_3；

食盐中毒时，补充维生素E、蛋氨酸、叶酸；

脱肛时，补充维生素A、维生素D。

第七节　饲料抗氧防霉药物

（一）维生素E（生育酚）

纯维生素E是微黄色、透明的黏稠液体，不溶于水，能溶于有机溶剂，如无水乙醇、乙醚、丙酮等。对饲料中脂肪的氧化有保护作用，主要是饲料中脂肪及脂肪酸自动氧化过程中起游离基、反应链裂剂的作用，防止产生大量的不饱和脂肪酸过氧化物。可作为肉鸡后期饲料即高脂肪饲料的抗氧化剂，也可作为预防、治疗蛋鸡、雏鸡的维生素 E 缺乏症。其用量饲料中按 100～500 毫克/千克加入，如饲料中脂肪含量超过 67％时，还可适量增加。

（二）丁羟基茴香醚（BHA）

有特异酚臭味，白色或微黄色蜡样结晶性粉末，是目前用量较多的油脂抗氧化剂。具较强的抗菌力，250 毫克/千克即可完全抑制黄曲霉菌生长，200 毫克/千克可完全抑制饲料中青霉菌、黑曲霉菌孢子的生长，对保证饲料的新鲜发挥作用。饲料中使用量每千克不超过 0.2 克，拌料时，应先将丁羟基茴香醚配成乳化剂，再与配合饲料中含油脂高的部分充分搅拌预混，然后再与其他成分混合均匀饲用。

（三）二丁基羟基甲苯（BHT）

无味、无臭，白色结晶或粉末。不溶于水及甘油，可溶于乙醇、植物油、猪油。主要用于长期保存的含油脂较高的饲料中。其添加量每千克饲料不得超过 0.2 克。

（四）苯甲酸钠（安息香酸钠）

无臭或微带安息香的气味。味微甜而有收敛性，易溶于水，在空气中较稳定。属于酸性防霉剂，在酸性环境条件，对大多数微生物有抑制作用，每千克饲料中添加量不得超过 0.2 克。

（五）山梨酸钾

为无臭或稍有臭气，无色或白色的鳞片状结晶或结晶性粉末。在空气中不稳定，能被氧化着色，有吸湿性，易溶于水。可选择性地抑制饲料中有害霉菌的生长，对饲料中一些有益的微生物却无影响。添加饲料中按 0.3％均匀混入。

（六）丙酸钙（露保细盐）

可抑制霉菌、细菌及酵母菌的生长发育，还可作为饲料中的钙质补充剂。其理化性质为近白色或淡黄色粉末或微粒。易溶于水，具有丙酸特异气味。使用时，每吨饲料均匀混入 3～7 千克。

（七）安亦妥

为灰白色粉末。表面积大，吸附力强，无异味，不溶于水，也不溶于一般有机溶剂。可吸附大分子细菌、霉菌毒素及其他杂质。用于预防霉变饲料导致的霉菌毒素中毒，对轻度霉菌毒素中毒的鸡也有一定的治疗作用。其预防量为每千克饲料 300～500 毫克，治疗量为每千克饲料 1 000～1 500 毫克。

第三章　鸡群传染病的诊断

第一节　临床诊断

一、观察群体

首先窥视鸡群中有无精神委靡，被毛松乱，动作迟缓，外貌异常，食欲不振或不饮、不食的鸡。然后惊动鸡群，观察鸡的动态。病鸡反应迟钝，乃至全无反应，瘫卧不起。对有患病可疑的鸡，立即剔除，进行个体检查。

二、个体检查

检查者以右手握持鸡的两翅，举起鸡体，从头到尾视检全身。其方法步骤如下。

(一) 视检头部

仔细观察头部冠、髯与无毛皮肤的色泽，有无苍白、发绀及变黑等现象；有无痘疮病变；眼睛、口腔、鼻孔有无异常分泌物与病变，并用右手拇指与食指压迫鸡的两颊部，或捏住鸡的肉髯，同时以中指顶住下颌，使鸡张口，观察口腔中有无大量唾液储积，黏膜有无充血、出血、肿胀等病变。咽、喉头部位有无灰白色假膜或干酪样凝块的栓塞物存在。

(二) 检查呼吸道

高举鸡体，检查者附耳于鸡的上颈部，听诊其呼吸有无水泡音或狭窄音等。随即以左手拇指、食指自颈的两侧捏压鸡的喉头与气管，观察是否容易诱发咳嗽。

(三) 检查体躯

视检体表，观察被毛是否清洁、紧密而具有光泽，注意胸部与肛门周围有无粪污或潮湿等现象；掀起被毛，检查皮肤，看有无充血、出血、瘀血、坏死及羽虱；触摸鸡的嗉囊，判断其充满程度及内容物的性质（固体、液体、气体）；触摸胸部、腿部肌肉，以测定其肥育程度；最后观察及触诊其四肢关节，有无肿大、愈着或骨折等现象，以及鳞皮样变化等。

上述只是一般的临床检查方法，有些特殊的传染病可以确定诊断，但多数情况是确定不了传染来源的。因为很多传染病特异的临床症状是在发病的中、后期才能表现出来。在病的初期，不同传染病常呈现出类似的临床症状，如体温升高，心跳加快，呼吸急促，食欲不振，精神委靡等。同时，因为病原体毒力的大小、机体抵抗力的强弱、病原体侵入的途径、环境条件的优劣等不同，可使鸡只表现出不同的临床症状。并不是所有传染病的经过都具有特征性症状。某些传染病表现为消散型、顿挫型或非典型型，有些传染病的经过是无症状的。所以，临床症状的观察不可能确定诊断，必须结合其他辅助诊断方法综合分析判断。

不过，有些疾病可根据临床表现出的一些症状，作为诊断依据。如中枢神经系统受阻时，雏鸡运动失调，可能与脑脊髓炎或脑脊髓软化症有关；鸡的翅膀和腿有不对称的麻痹或劈叉现象，可能与马立克氏病有关；鸡的头和颈部有痉挛或捻转现象，倒提鸡体，头部向下，从口腔中流出黏液或酸臭液体时，可能与新城疫有关；鸡脚的爪尖弯曲行走，严重时膝关节着地行走，甚至有两脚叉开卧地等症状，可能与维生素 B_2 缺乏有关；雏鸡腿麻痹，不能行走，严重时坐在屈曲的腿上，头用力向背部弯曲，呈角弓反张姿势，成年鸡的冠、髯变蓝色，这些表现可疑为维生素 B_1 缺乏症；鸡腿部关节肿胀、跛行，可能与关节滑膜炎有关。

鸡的皮肤上有异常变化时，如鸡体局部皮肤有糜烂，可能与葡萄球菌病、产气荚膜杆菌病有关；如鸡冠和无毛处皮肤有小结节，可能是鸡痘；如脸部肿胀，可能是流感或传染性鼻炎。

鸡冠、髯有变化时，如鸡冠苍白，脸面也苍白，可能是营养不良或寄生虫病；如冠的颜色由红转紫，可能与鸡霍乱、新城疫、败血型伤寒或中毒有关；鸡冠有鳞片状小结痂，可能是癣病；如鸡冠的颜色由红色转为苍白色，可疑为慢性鸡伤寒、淋巴细胞白血病或链球菌病、球虫病、维生素 A 缺乏症；若鸡冠苍白，肉髯肿胀较严重时，可能是鸡结核病；若鸡冠由红色转为紫红色，具有萎缩感时，可能与传染性滑膜炎有关；如鸡冠上长有一层薄的黑色痂皮，挑开痂皮便露出光滑的表面或有肉芽组织，与鸡葡萄球菌病有关；如鸡冠表面和脸部无毛处由灰色麸皮样转为粟粒状硬结节，则是鸡痘的可能；如鸡冠表面出现点状蓝色，则可能患有维生素 B_1 缺乏症。

鸡的呼吸状况有异常时，如鸡张口呼吸，可能是夏天的炎热症或黏膜性鸡痘、传染性支气管炎、传染性喉气管炎、传染性鼻炎、支原体病、霉菌性肺炎、新城疫等。

鸡的粪便性状也能反映鸡的疫病状态。雏鸡粪便正常情况下不应有白色混杂物，更不能全是白色或呈稀薄状态。如雏鸡粪便稀薄、白色，则是雏鸡白痢的表现；如鸡的粪便呈浅棕红色，泥土样稀粪，可能与大肠杆菌病有关；鸡霍乱时，病初为白色水样稀粪，后期变为伴有绿色或血色粪便；如果是黄绿色稀粪，可能与鸡伤寒有关；如果是浅绿色稀粪，可能与鸡副伤寒病有关；如伴有血丝或全是血粪，呈西瓜瓤状态，则是鸡盲肠球虫或盲肠肝炎病。如伴有血丝或呈浅绿色稀粪时，可能为新城疫；鸡法氏囊病时，粪便变稀或混有血丝，呈米汤样、水样白色稀粪。

若鸡蛋的性状改变，如产蛋率下降，且见有软壳蛋、薄壳蛋、畸形蛋、砂皮蛋等，可与减蛋综合征、维生素 A 和维生素 D 缺乏症、钙磷不足或比例失调、消化机能障碍、大肠杆菌病、沙门氏菌病、禽流感和变异传染性支气管炎有关。

[附] 鸡的生理常数（表 3-1 至表 3-4）

表3-1 鸡的心率

周龄	性别	平均心率（次/分）
7	公	422
	母	435
13	公	361
	母	391
22	公	302
	母	357

表3-2 鸡的血液白细胞总数及分类

性别	总数（个/毫米^3）	分类（%）				
		淋巴细胞	异嗜性粒细胞	嗜酸性粒细胞	嗜碱性粒细胞	单核细胞
公	16 600	64.0	25.8	1.4	2.4	6.4
母	29 400	76.1	13.3	2.5	2.4	5.7

表3-3 鸡的血浆蛋白含量（克/升）

生理状况	蛋白总量	白蛋白（A）	球蛋白（G）	A/G
母鸡（产蛋期）	51.9	25.0	26.9	0.92
母鸡（停产期）	53.4	20.0	33.4	0.60
公 鸡	40.0	16.6	23.4	0.71

表3-4 鸡的体温、呼吸率、红细胞总数

直肠温度（℃）	呼吸率（次/分）	红细胞总数（百万/毫米^3）		
		平均	最少	最多
39.6～43.6	公 12～20 母 20～36	3.5	2.5	5.0

第二节　流行病学诊断

当鸡场发生传染病时，从流行病学的角度做出诊断时，应考虑如下问题，即询问的有关问题。

一、疫病的发生、发展状况

每种传染病的流行过程和发病情况都有各自的特点，首先应考虑鸡群发病的日龄、性别和发病季节；考虑鸡群发病，其他的家禽和动物有无发病；是一栋鸡舍内发病还是全场几栋鸡舍内同时发病；考虑该传染病传播的速度快和慢，传播的途径和传播的方式可能有哪些。

二、鸡群的饲养管理状况

注意卫生制度执行情况，包括温度、湿度、光照、空气、粪便清理、消毒等。注意饲料来源地和饲料的配比情况。注意鸡的营养状态，鸡的食料量、饮水量。

三、鸡群的免疫状况

该鸡群做过哪些免疫接种，回忆疫苗的来源、使用方法、应用时间。

四、鸡群环境变更状况

该场内淘汰鸡的处理，新鸡的引进，饲养管理人员的更换，参观人员的进入等，都有可能带入病原体；天气的骤冷、骤热，雷雨闪电，飞禽和啮齿类动物的干扰等，都是强烈的应激刺激，都会降低鸡群的抗病能力。

根据上述有关情况，进行归纳分析，再结合临床表现，为进一步确定诊断找到依据。

第三节　剖检诊断

每种传染病由于致病因子不同，都有其特殊的病理变化，即信息性病变，所以剖检病鸡尸体，观察各部位呈现的变化，对于诊断有重大意义。有时为了及早做出诊断，虽无死鸡，还可选择若干只重病鸡宰杀剖检。有时剖检不见特征性病变，不能获得最后结论，这时可将病料送往化验室做病理组织学检查，进一步诊断。

一、病变器官与组织的描述

（一）病变器官和组织的重量

常用秤或普通天平称之，以克或千克为单位来计算。量取液体的多少，如腹腔积液、胸腔积液等，则以毫升为单位计算。

（二）病变脏器与组织的大小

即长×宽×厚，用米尺测量，以厘米为单位。测量时，长度是量病变脏器或组织的最长处，宽度则量其与长度垂直的最宽处，厚度量其最厚处。

（三）病变脏器或组织的大小

可用实物来比拟，但选用的实物，其大小必须是比较稳定的，同时要求须与相应病变的大小基本一致，如表示圆形病变体积时，常用小米粒大、高粱粒大、绿豆大、核桃大、拳头大、篮球大等；表示椭圆形病变体积时，常用黄豆大、鸡蛋大、鹅蛋大等。

（四）病变的面积

通常用米尺测其最长度和与长垂直的最宽度，以厘米为单位；圆形的病变仅测量直径即可。另外，也可用实物来比拟病变的面积大小，如一、二、五分人民币大，手掌大等。

（五）描述病变的形状

常用圆形、椭圆形、不正圆形、点状、线状、斑点状、树枝状、乳头状、指状等。

（六）描述病变器官或组织的色泽

如为复色，应分清主色和次色，一般次色在前，主色在后，如黄白色、黄红色、黄褐色、紫红色等。描述色泽也可用实物或液体色泽来形容，如黏膜呈青黑色时，可以形容为青石板色；淡红色的渗出液或腹水，可形容为葡萄酒样；出血的肠内容物可形容为红豆汤样。有时各种颜色交织在一起，可用斑纹状、斑驳状、大理石样、槟榔切面样花纹等来比拟。

（七）描述病变器官或组织的硬度

常用坚硬、坚实、脆弱、柔软等来形容，有时也用致密、疏松来表示。

（八）描述病变器官和组织弹性

常用橡皮样、面团样表示。

二、病死鸡的剖检技术与鸡病诊断

（一）病死鸡的外观检查

1. 观看异常姿势　如头颈扭转，角弓反张，可能有新城疫、脑脊髓炎、矿物质、维生素缺乏症等；两腿前后劈开，可能是马立克氏病等。

2. 手估体重大小　用手提起鸡可约知鸡的体重。如膘情好、体重大，则可能是急性疾病过程，如新城疫、霍乱、中毒、内出血等；鸡只瘦弱、重量小，则可能是慢性疾病过程，如沙门氏菌病、大肠杆菌病、呼吸道病、寄生虫病等。

3. 观察异常现象　如体表羽毛的多少，有无光泽，清洁度等，尤其肛门周围羽毛沾污状况。此外，体表有无充血、出血及外伤、骨折、肢翅不全，肛门是否外翻、充血、红晕、溃疡、坏死等，头部冠、髯、眼睑的色泽、肿大、坏死、疮痂、眼球的充盈度等。

（二）病死鸡的剖检术

1. 用常水或消毒药液浸湿体表羽毛，仰放并固定在解剖盘内。

2. 剪断大腿和腹壁之间的皮肤和筋膜，术者双手分别用力下压两大腿骨，使左右髋关节脱臼，目的是让两腿外展，使尸体平稳不翻转，便于剖检操作。

3. 由泄殖腔至喙端，沿腹正中线、胸、颈纵行切开皮肤。如羽毛稠密影响剪切，可用手分开羽毛或拔掉一部分羽毛再进行切开，并随即向尸体两侧剥离皮肤，使腹、胸、颈部肌肉和皮下组织充分暴露。

4. **观察肌肉与皮下组织状况** 如皮下脂肪有出血点，可能有传染病的败血症过程；如腿肌或胸肌有出血或瘀血斑，则可能是法氏囊病或住白细胞虫病所致；如皮肤上有肿瘤，则有皮肤型马立克氏病的可能；此外，皮下瘀血，皮下胶样浸润、坏死、化脓、肿胀等，根据其病灶范围和大小及轻重程度、腹部膨胀及性质，分析产生的原因。

5. 术者左手提起腹壁（或用镊子提起），在腹壁后部横切，沿腹壁切口部左右两侧向前剪断肋骨、乌喙骨，右手压住后臀部，左手即向前上方将整个胸廓掀开，这时胸腹腔完全暴露。

6. **观察胸腹腔和各器官的病理变化** 首先观察胸腹腔内积液的多少和性质，如色泽、黏稠度、纤维蛋白沉积、干酪样块状物、蛋黄散落物、油状物凝块等；再看胸膜、腹膜和气囊。注意胸腹膜是否光亮和存在有充血、出血、粘连、化脓、纤维蛋白沉着及珍珠样结节等病变。如胸腹膜有出血点，是传染病败血症过程；卵黄性腹膜炎常与鸡沙门氏菌病、大肠杆菌病、传染性支气管炎、新城疫、鸡霍乱和葡萄球菌病有关；如气囊壁增厚不透明，或有黄色油状物，则与支原体病有关；若雏鸡腹腔内有大量黄绿色渗出液，可能与硒—维生素 E 缺乏有关。

肝脏是鸡体内最大的消化腺体，有强大的解毒功能。肝脏又是一个重要的网状内皮系统器官，是对病理刺激最敏感的器官之一。所以，肝脏是经常出现病理变化的器官。因为肝脏覆盖在腹腔器官的表面，有优先检查的必要。如肝脏的形态、大小、色泽有无异常，肝被膜的厚薄、透明度与剥离的难易程度；触摸肝脏的弹性、硬度和脆性；肝脏表面有无充血、出血、瘀血、坏死、肿块、脓疱及范围；胆囊的大小和胆汁的性质等。当鸡患肝脏结核时，肝脏体积增大，肝脏内形成大小不一的灰白色或黄白色结核结节，小的只有针尖大，大的可达豌豆大以至核桃大，稍突起于肝脏表面，手触摸像念珠一样，结节多时可布满整个肝脏。当鸡霍乱时，在肝脏有点状坏死和实质性炎症，肝脏稍肿大，质地变脆，由于肝脏瘀血而大部分为暗红色，在肝脏表面和切面上可见散在着大量针尖至针帽头大的灰白色或灰黄色坏死点，坏死点周围不见充血带，有时因为肝脏变性显著，肝实质肿胀、发黄而将坏死点遮盖，不易分辨。如肝脏显著增大，有大的白色或灰白色油光发亮结节，见于急性马立克氏病和淋巴细胞性白血病，或者组织滴虫病。如肝脏表面有出血点或黄色、粟粒大坏死点，见于新城疫、副伤寒；如有散在的灰白色点状坏死灶，见于鸡白痢、包涵体肝炎；肝包膜肥厚，并有渗出物附着，见于鸡大肠杆菌病、沙门氏菌病等；肝脏肿大，肝表面有圆形或不规则形扣状坏死灶或大块溃疡及呈淡黄色或淡绿色、边缘稍微隆起，见于盲肠肝炎。此外，除细菌、病毒等病原微生物和寄生虫引起的肝脏病变之外，还应注意各种毒物引起的病变，如化学毒、代谢毒、植物性毒物和霉菌毒素等，引起肝脏的变性和坏死。

7. 剪断嗉囊前后的食管，取出嗉囊，并将腺胃、肌胃、肝脏、脾脏、肠管等内脏一并取出，逐项细致检查。消化道也是致病因子经常侵入机体的门户，强酸、强碱和其他化学毒的刺激，细菌、病毒的感染，寄生虫损伤，以及有毒饲料的侵害等很多疾病，可以在胃肠中造成特征性病变。检查时，首先观察其外形、色泽有无变化；浆膜有无充血、出血现象。必要时，要切开胃肠检查其内容物的性状，如色泽、充血、出血、胶样浸润、痈肿、糜烂、溃疡、化脓、结节、穿孔、机化等病变。食管和嗉囊壁有散在的小结节时，可能为维生素缺乏症；嗉囊中可能存在大量液体、气体或积食异物等。腺胃黏膜有出血点或出血斑，可能为新城疫、法氏囊病和禽流感等；腺胃壁增厚，腺胃体积增大，可能是腺胃性传染性支气管炎；有肿瘤时，可能为内脏型马立克氏病；肌胃内容物呈深绿色，可能有某种化学毒物；肌胃角质层表面有溃疡时，雏鸡可能为营养不良，成年鸡见于饲料中鱼粉与铜元素含量高；角质层有创伤可能有异物穿刺；角质膜萎缩时，多发生于慢性疾病或日粮中缺乏粗饲料；角质膜下黏膜有出血点，则可能是新城疫所致。肠管由于直接与外界相通，又与肝脏经门脉相连，是致病因素经常侵入的门户，所以很多疾病都能在肠管造成病变，剖检时应努力搜索信息性病变，如肠壁增厚，肠壁上有许多白色斑点与瘀血斑，可能是鸡小肠型球虫病；肠浆膜层有肉芽肿，见于鸡慢性结核、马立克氏病和鸡大肠杆菌病；肠道中常有绦虫、蛔虫寄生，盲肠中常有异刺线虫寄生；如盲肠中有血样内容物，是鸡盲肠球虫病；如小肠黏膜出血或形成出血斑时，可为小肠球虫、鸡新城疫、流感、霍乱与中毒；小肠中有卡他性炎症时，可为大肠杆菌病、鸡伤寒和线虫感染；雏鸡盲肠溃疡或有干酪样栓塞，见于雏鸡白痢的恢复期；盲肠出血性炎症，肿大似香肠样，则是组织滴虫病；直肠黏膜出血或坏死，盲肠扁桃体肿胀，则有新城疫的可能。

心脏是鸡体血液循环的枢纽，当鸡体患急性、热性传染病时，常引起心包、心内外膜、心肌出血。对心脏检查时，首先观察心包膜的状态，如心包膜的肥厚，纤维蛋白的沉着等。然后剖开心包膜，观察心包液的色泽、量和性状；观察心脏的形态、大小、色泽及心外膜状态，确定肌僵程度。剖开心脏，观察心内膜、心肌、心瓣膜及心腔内血液凝固状态。心包膜纤维蛋白沉着、增厚，心包腔有渗出物时，见于鸡白痢、鸡大肠杆菌病与支原体病等；心冠脂肪有出血点或出血斑，见于鸡霍乱、新城疫、流感、鸡伤寒等急性传染病和药物中毒时；心肌有出血点，见于新城疫；心肌有坏死灶，见于李氏杆菌病和弧菌性肝炎；心肌和心耳有肿瘤时则有马立克氏病的可能。

鸡的脾脏较小，含有少量小梁和肌纤维，却含有大量的淋巴组织，是体内最大的淋巴器官，也是血液循环系统中的主要器官。除了造血、毁血机能外，还能调节血量和血液生成，并能阻留进入血液中的致病因子，影响抗体的形成，同时还参与胆红素、蛋白质、糖和胆固醇的代谢过程。因此，鸡在发生疾病时，特别是在传染病流行过程中，鸡体发生的反应必然要通过脾脏表现出来，脾脏发生各种类型的病理变化，如肿大、充血、出血、脓肿、结节、坏死、肉芽组织增生等急性或慢性炎症过程。如脾脏显著肿大，紫色表面有油光发亮的大结节时，可能是淋巴细胞白血病或马立克氏病；如脾脏表面有细小白点，则可能是结核、白痢或者马立克氏病、淋巴细胞白血病；包膜增厚，有纤维蛋白沉着，可能为肠炎、腹膜炎、大肠杆菌病等；脾脏有肿瘤时，则为马立克氏病。

8. 取出胃肠道之后，肾脏、卵巢和输卵管则暴露无遗，可立即检查或剥离出放于手中检查。卵巢发炎、变形、退化、萎缩时，见于沙门氏菌感染、传染性支气管炎、新城疫、传染性喉气管炎等。如卵巢肿大，变紫色或形态改变，则有马立克氏病或淋巴细胞白血病的可能；输卵管萎缩，管腔狭小，可能为传染性支气管炎、减蛋综合征所致。输卵管炎症，充血红晕，可能与霍乱、新城疫、肠炎、腹膜炎有关。如输卵管管腔内有腐败恶臭的渗出物，则为沙门氏菌感染或大肠杆菌病所致。

肾脏是鸡体非常重要的器官，它是泌尿系统的中坚，通过泌尿，排出体内新陈代谢的产物，维持机体内环境的动态平衡、酸碱平衡等。肾脏本身具有强大的代偿能力，只有当肾脏遭受严重损伤时，才表现出机能不全症状。机体在各种疾病状态下，对肾脏的负荷加重，常以各种炎症形式表现出来。有些致病因子可单独侵害肾脏，使肾脏损伤严重，病理变化明显。所以剖检肾脏时应认真、仔细，比如肾脏的大小、形态、色泽、表面性状、病灶范围、充血、出血、瘀血、结石、囊肿、脓肿、肿瘤与尿酸盐沉积等，应考虑的疫病如肾脏肿大、肾小管及输尿管中有尿酸盐沉积，外观白色，此为大肠杆菌病败血症过程、肾型传染性支气管炎等。肾脏显著肿大，明显地凸入腹腔，呈不规则形状，色调灰暗，可为急性马立克氏病、淋巴细胞白血病导致。输尿管膨大，有白色干酪样尿酸盐结晶，有时尿酸盐沉积在肾脏表面，像石灰样絮状物覆盖，此时为肾型痛风的表现，有时中毒也有此情况。肾脏出血、肿大、呈暗红色，常见于鸡霍乱等。

9. 检查鼻腔、气管与肺脏 在鼻孔上端横断上腭，观察鼻腔，如鼻腔中有大量浆液性渗出液时，可能与传染性鼻炎、支原体病、鸡霍乱、新城疫有关；气管中有大量奶油状或干酪样渗出物时，可能与传染性喉气管炎、新城疫有关。如气管壁增厚，气管内混有血丝的分泌物，常见于传染性喉气管炎。如气管内黏膜上皮脱落或有假膜，可能是鸡痘或维生素 A 缺乏症；肺脏位于胸腔肋骨间，可剥离详细观察。肺脏由呼吸道与外界相通，又是接收全身来的血液与淋巴最早的器官，也是气体交换的器官。鸡无横膈膜，胸腹腔相通。因此，肺脏经常是病原微生物及其他致病因子侵入鸡只体内的门户，又受胸腹腔器官炎症蔓延影响，所以，肺脏经常受到侵害，出现相应的病理变化。检查肺脏时，首先观察其外貌，如形态、色泽、大小；然后触摸肺脏，注意其弹性，有无结节、坏死、化脓和充血、出血、肉变等；必要时要切开支气管，观察支气管内膜和管腔的性状。肺脏明显的炎症变化是充血潮红，可能与鸡霍乱有关。如呈灰红色，表面有纤维素沉着，可能与鸡大肠杆菌病有关；如果是霉菌性肺炎，则在肺脏表面有黄白色结节，且支气管、肺组织和气囊（特别是腹气囊）中有卡他性渗出物；如渗出物中只含霉菌的营养型，则呈灰色丝状物；如存在孢子，则渗出物变成明显的绿色。

10. 神经系统检查 打开头颅，检查脑髓，如有出血或软化时，可能与传染性脑脊髓炎或维生素 B_1、维生素 E 缺乏症有关；如坐骨神经变粗大、软化，见于维生素 B_2 缺乏症；如其他外周神经出血性炎症和肿胀，则与马立克氏病有关。

11. 将剪刀伸入左侧口角，向后剪开口腔、咽、食管，逐一检查。口腔内有酸臭液体，并由口角流出，可疑为新城疫；口腔中有血丝或血块，可能是传染性喉气管炎引起；口腔黏膜溃疡、糜烂或隆起，与鸡痘有关。咽喉部有大量黏性分泌物，黏膜出血，与新城疫、霍乱、传染性支气管炎、传染性喉气管炎、支原体病有关。咽喉部有肿块，是黏膜型鸡痘的表现。

12. 在检查十二指肠的同时，先检查胰腺，当微量元素硒和维生素 E 缺乏时，可表现出炎症、坏死等变化；在检查肾脏时，可同时检查睾丸，当患大肠杆菌病、沙门氏菌病、营养代谢病时，可见其肿大、萎缩或有化脓灶等。

（三）剖检记录

把剖检时的描述和诊断如实记录下来，是分析发病机制的依据，是今后工作的指南，是总结与提高的可靠的文字资料库。对于教学工作者、科研工作者和生产第一线的兽医工作者，均是非常宝贵的资料。所以，每做一次剖检诊断，均应按要求如实记录下来。

1. 按病变的器官与组织的描述方法进行记录，必须客观、真实、准确，使内行者一看就懂。

2. 切忌用诊断性语言与抽象的名词来代替，尽量用形容的方式描述和记录。

3. 记录的内容包括时间、地点、鸡主姓名、鸡的品种、日龄、性别、生前流行病学调查。病死鸡外部检查包括头、颈、躯体、肢翅、羽毛等；剖开皮肤，打开胸腹腔所观察到的异常现象；各器官系统所表现的变化，均应一一记录；成对器官先记录共同变化特征，再记录各自的特殊变化。

4. 最后做出诊断时，记录主要依据，如一些组织或器官的信息性病理变化，然后可用病理变化术语总结疾病性质和发病死亡原因。

由上可见鸡群传染病的确定诊断方法是一种综合性的诊断方法，因传染病的性质不同，所侧重的诊断方法亦异，但必须明确的中心问题应该是利用一切方法，迅速有效地工作，在最短的时间内获得正确的诊断，以便计划和实施防制措施。

第四节　病理组织学诊断

有些传染病的病理变化，外观很相似，单凭肉眼检查难以判断疾病的性质。这时，必须选取病理材料，及时固定，送至化验室或有关单位进行病理组织学检查，借以查明病因，做出正确诊断。

病理组织学检查时所制作的组织切片，能否完整地、如实地显示出原来的病理变化，在很大程度上取决于病料的选取、固定、包装和寄送。因此应注意：

1. 切取组织块的刀、剪要锐利，切取时必须迅速、准确，勿使组织受挤压或损伤，保持组织完整，避免人为病变。因此，对柔软、菲薄或易变形的组织，如胃、肠、胆囊、肺以及水肿的组织等的切取，更应注意。为了使胃、肠黏膜保持原来的形态，可将整段肠管剪下，不加冲洗或挤压，直接投入固定液内。黏膜面所附着的病理性产物，一经触摸即被破坏，故在切取过程中予以注意。水分的接触可以改变其微细结构，所以病料在固定之前，勿使沾水。

2. 选取病变显著部分或可疑病灶，切取要全面而具有代表性，并能显示出病变的发展过程。在一块组织中，既要包括病灶及周围的正常组织，又应包括器官的重要结构部分，例如，胃肠应包括从浆膜到黏膜各层组织，且能看到肠淋巴滤泡；肾脏应包括皮质、髓质、肾盏和肾盂；心脏应包括心房、心室及其瓣膜各部分。在较大而重要的病变处，可分别在不同部位切取组织多块，以代表病变各阶段的形态变化。

3. 组织块的大小，通常长、宽为1～1.5厘米，厚度为0.4厘米左右，不宜太厚，以便于固定。

4. 为了防止组织块在固定时发生弯曲、扭转，对易变形的组织如肠管、胆囊等，切取后将其浆膜面向下平放在硬纸片上，然后徐徐浸入固定液中；对于较大的组织片，可用2片细铜丝网覆于其内外两面系好，再行固定。

5. 当类似组织块较多、易于造成彼此混淆时，可分别固定在不同的小容器中，或将组织块切成不同的形状，使之易于辨认。此外，还可用铅笔标明的小纸片和组织块一同用纱布轻轻包裹再行固定。

6. 某些特殊病灶的组织切块时，需将病变显著部分的一面切平，另一面切作不平，以资区别，使包埋时不致倒置。

7. 切取的组织块要立即投入固定液中，固定的组织越新鲜越好。

8. 固定液的种类很多，不同的固定液各有其特点，可按要求进行选择。最常用的固定液是10％福尔马林液或酒精福尔马林液（福尔马林液100毫升与95％的酒精900毫升混合）。固定时间需12～24小时。固定液的量要相当于组织块总体积的5～10倍。容器不宜过小，其底部可垫脱脂棉，以防组织块粘贴瓶底或瓶壁，影响组织块固定不良或变形。当组织块漂浮于固定液表面时，可覆盖以薄片脱脂棉。

9. 组织块固定时，应将病例编号并用铅笔写在小纸片上，随组织块一同投入盛有固定液的容器中，同时，将所用的固定液、组织块数、编号、固定时间写在瓶签上。

10. 将固定完全的组织块用浸渍固定液的脱脂棉包好，放置于塑料袋内，将每袋口封固，再裹以多层油纸或塑料薄膜，然后装入大小适宜的木盒内，即可交邮寄送，并将整理过的检验记录及有关材料一同寄去。在送检单中说明送检的目的、要求、组织块的名称和数量及其他应说明的问题。

［附］

1. 中毒材料的选取与寄送　选取肝、胃、肠、血液或胃肠、膀胱内容物等，分别装入清洁的容器内，勿使这些材料与化学药剂接触，在冷藏条件下寄送。

2. 寄生虫材料的选取与寄送　蛔虫、吸虫、绦虫等大型虫体，收集后，在生理盐水中洗净，除去虫体上的粪便、黏液后投入 30℃左右的生理盐水中 30 分钟，使虫体松弛，然后保存于 70％酒精溶液中；细小的线虫由胃肠内容物中挑出后，用生理盐水反复洗净，投入煮沸的 5％甘油酒精溶液（甘油 5.0％，75％酒精溶液 95.0％）中，使虫体伸直，然后保存于甘油酒精溶液中；血液虫体一般可制成血涂片，用甲醇固定后保存，各个涂片之间用硬纸片隔开，用线扎紧；将含有虫卵的粪便用水洗沉淀法收集沉渣，加入 10％福尔马林保存。送检时，防止干燥，防止挤压损坏，填写送检单。

第五节　实验诊断

为了进一步确定诊断，可做实验室内检查。包括微生物学诊断、血清学诊断、变态反应学诊断、病理组织学诊断，必要时还可做生物学诊断。

一、微生物学诊断

普通的实验室内均可利用微生物学方法检出病原菌。涂片镜检，可知细菌的染色特征和细菌的形态结构；分离培养，可知细菌的生长特性，菌落形态特征，生化反应特征；小动物接种实验，可知对敏感动物的致病性，并可从中获得纯分离菌。通过上述几个步骤的工作，基本上可确定某种传染病。但是，有时也不尽如人意。这取决于病理材料的采取方法、保存、包装、运送的方法是否得当。为了使检验结果准确，必须注意其操作技术。

（一）病料的采取

1. 病料的采取时间　内脏病料的采取，须于病鸡死后立即进行，最好不超过 6 小时，如果时间过长，由于肠道微生物的侵入，使尸体易于腐败，有碍病原菌的检出。

2. 采取病料所用器械和容器的准备 刀、剪、镊子等用具可煮沸消毒 30 分钟。使用前，最好用酒精棉球擦拭，并在火焰上烧一下；玻璃制、陶制和珐琅制器皿要高压灭菌、干烤灭菌或放于 0.5%～1% 的碳酸氢钠水中煮沸；软木塞和橡皮塞置于 0.5% 石炭酸水溶液中煮沸 10 分钟；载玻片在 1%～2% 碳酸氢钠水中煮沸 10～15 分钟，水洗后再用洁净纱布擦干，将其保存于酒精或乙醚等溶液中备用；注射器和针头放入清洁水中煮沸 30 分钟即可。

为了提高检出率和准确率，采取一种病料使用一套器械和容器，不可再用其采取其他病料或容纳其他脏器材料，所以器械与容器准备要充分。

3. 各种脏器及组织材料的采取 鸡体型小，可将整尸用不漏水塑料薄膜、油纸或油布包裹好送往实验室，随取病料随检验，或整尸保存。有时需要时间较长，整尸不易保存，仍以单项采取病料、单项保存为好。另外，由于传染病的种类不同，采取病料的种类也不同。在没有确诊为哪种传染病时，尽可能全面采取。为了避免杂菌的污染，应先取病料再检查病变。

（1）脓汁的采取方法 用灭菌的注射器或用灭菌的吸管、灭菌的巴斯德毛细玻璃管抽取，或吸取脓肿深部的脓汁，置于灭菌试管中。若为开口化脓灶时，则用棉签浸蘸法，放入灭菌试管中。

（2）内脏器官的采取方法 将脾、肝、肺、肾等内脏有病变的部位剪取或整体取出，分别置于灭菌试管或平皿中。

（3）血液的采取方法 分以下 3 种情况。

①采取血清：以无菌操作吸取血液 10 毫升，置于灭菌试管中，待血液凝固析出血清后，吸出血清置于另一个灭菌试管中。

②采取全血：采取 10 毫升全血，立即注入盛有 5% 柠檬酸钠液 1 毫升的灭菌试管中，搓转试管，混合均匀即可。

③心血的采取：通常在右心房处采取。先用烧红的铁片或刀片，烙烫心肌表面，然后用灭菌的尖刃外科刀自烙烫处刺一小孔，再用灭菌吸管或注射器吸出血液，盛于灭菌试管中。

④胆汁的采取：先用烧红的铁片或刀片烙烫胆囊表面，再用灭菌吸管或注射器刺入胆囊吸取胆汁，盛于灭菌试管中。

⑤肠管及肠内容物的采取：用烧红的铁片或刀片将欲采取的肠表面烙烫后穿一小孔，持灭菌棉签插入肠内，采取肠黏膜及内容物；亦可用线结扎一段肠管的两端（约 6 厘米长），切取后置灭菌试管中。

⑥皮肤的采取：取大小约 5 厘米×5 厘米的皮肤一块，依用途不同，分别保存于 30％甘油缓冲液中，或饱和盐水溶液中。

⑦骨头的采取：将附着的肌肉和韧带等全部除去，不使骨髓腔暴露，用消过毒的油纸、纱布等包好，送往实验室即可。

⑧脑、脊髓的采取：作病毒检查时，可将脑、脊髓浸入灭菌的 50％甘油盐水中，或将整个头部割下，包于浸过 0.1％升汞液的纱布中，装入木箱或铁桶中送检。

4. 供显微镜检查用的脓汁、血液及黏液抹片的制作　先将材料置玻片上，再用一灭菌玻棒均匀涂抹或用另一玻片抹之。组织块、致密结节及脓汁等亦可压在 2 张玻片之间，然后沿水平面向两端推移。用组织块作触片时，持小镊子将组织块的游离面在玻片上轻轻涂抹即可。

（二）病料的保存

病料的正确保存方法，是病料保持新鲜或接近新鲜状态的根本保证，是病料最后确诊无误的重要条件。

1. 常用的保存剂

（1）供细菌学检验的材料保存剂　常用的有灭菌液体石蜡、30％甘油缓冲盐水或饱和氯化钠溶液。

供细菌学检验的液体材料，可用封闭的巴斯德毛细玻璃管或试管运送。运送肠道时，先清除肠内粪团，用灭菌生理盐水清洗后，置于盛有上述保存液的试管中即可。生前由直肠中采取的粪便，可移入灭菌容器中运送。

（2）供病毒学检验的材料保存剂　常用灭菌的50％甘油缓冲盐水或鸡蛋生理盐水溶液。

[附]

①供病理组织学检验的材料保存剂：常用10％福尔马林液，亦可用95％酒精溶液等。这些保存液的用量均需比标本大10倍。如用10％福尔马林液固定组织时，经24小时应更换新液1次。神经系统组织（脑、脊髓）要固定于10％中性福尔马林液中。其配制方法是在福尔马林液的总容积中加5％～10％的碳酸镁。在寒冷季节，为了避免病料冻结，在运送前，可将预先用福尔马林液固定过的病料置于含有30％～50％甘油的福尔马林溶液中。

②供血清学检验的材料保存剂：固体材料可用硼酸或食盐处理；液体材料（如血清等）可在每毫升中加入3％～5％石炭酸溶液1～2滴。

2. 常用保存剂的配制

（1）30％甘油缓冲盐水溶液　纯中性甘油30毫升，氯化钠0.5克，碱性磷酸钠1克，0.02％酚红1.5毫升，中性蒸馏水加至100毫升，混合后在103.4千帕高压灭菌器中灭菌30分钟。

（2）50％甘油缓冲盐水溶液　氯化钠2.5克、酸性磷酸钠0.46克、碱性磷酸钠10.74克溶于100毫升蒸馏水中。纯中性甘油150毫升及中性蒸馏水50毫升混合，分装后，在103.4千帕高压灭菌器内灭菌30分钟。

（3）饱和食盐水溶液　取一定量的蒸馏水加入纯氯化钠，不断搅拌至不可溶解为止（一般需38％～39％），然后用滤纸过滤，其滤液即是。

（4）鸡蛋生理盐水溶液　先将新鲜鸡蛋的表面用碘酒消毒，然后打开，将内容物倾入灭菌的三角烧瓶中，加灭菌生理盐水（占总量的10％），摇匀后，用无菌纱布过滤，然后加热至56～58℃30分钟，第二天及第三天照上法再加热1次，即可应用。

（三）病料的记录、包装及运送

所采病料与保存的病料，如本场无条件进行有关的检验项目，就需送往有条件的单位进行，并附上送检单，包装妥当再运送。

1. 送检单 病料送检时应附送检单或送检说明书，一式 3 份。其中 1 份自存备查，另 2 份随病料送化验室，待检验完毕后，退回 1 份。其送检单见表 3-5 的格式，供参考。如写送检说明书，亦应符合送检单所列内容。

表 3-5 家禽病理材料送检单

送检单位		地址		送检单位		材料收到日期	年　月　日　时	
病鸡种类		发病日期	年　月　日　时	检验人		结果通知日期	年　月　日　时	
死亡时间	年　月　日　时	送检日期	年　月　日　时	项目	血清学检验	微生物学检验	病理组织学检验	
取材时间	年　月　日　时	取材人员						
疫病流行简况				检验名称				
主要临床症状								
主要剖检变化								
曾经何种治疗				诊断和处理意见				
病料序号名称		病料处理方法						
送检目的								

2. 病料的包装和运送

（1）液体病料　如黏液、渗出液、胆汁等。收集在灭菌的细玻璃管中，管口用火焰封闭。将封闭的玻璃管用废纸或棉花包裹，装入较大的试管中，再装入木盒中运送。用棉签蘸取的脓汁和鼻液等物，可置于灭菌试管内，剪去多余的签柄，严密加塞，用蜡封闭管口，再装入木盒中寄送。

（2）盛装组织或脏器的玻璃容器　包装时力求致密而结实，最好用双重容器。将盛病料的器皿加塞用蜡封口后，置于内容器中，内容器中衬垫废纸。当气候温暖时，需加冰块，且忌病料与冰块直接接触，以免冻结。将内容器置于外容器中，外容器内置以废纸、木屑及石灰粉等，再将外容器封闭好。内外容器间所夹废纸等物之量，以盛病料的容器万一破碎时，能完全吸收其液体为度。外容器上需注明"上方向"，并写明"病理材料"、"玻璃器皿"、"小心轻放"等字样。也可用广口保温瓶装病料寄送，最好在保温瓶中放一些氯化钠，冰块置于氯化钠之上，如此可使冰块维持48小时不融化。无冰块，可在保温瓶中放入氯化铵450～500克，加水1 500毫升，也可使保温瓶内温度保持0℃达24小时。

（3）病料送检　病料装于容器内至送到检验部门的时间应越快越好。运送途中，避免病料接触高温和阳光，以免病料腐败或病原体死亡。

现将鸡的几种传染病病料的采取方法列于表3-6中，供参考。

表3-6　鸡传染病病料的采取

病名	病料的采取		备注
	生　前	死　后	
鸡白痢	①血液作全血平板凝集反应 ②粪便供细菌学检查	①雏鸡：心血、肝、脾、肾及未吸收的卵黄 ②成鸡：心血、胆汁、肝、脾、变形卵巢	—
副伤寒	①急性病例采发热期血液、粪便 ②慢性病例采关节液、脓肿中的脓汁，分离细菌，测血相	①血液、肝、脾、肾、胆汁供细菌学检查 ②有病变的肺、肝、脾、肾供病理组织学检查	

病名	病料的采取		备注
	生　前	死　后	
鸡新城疫	①血清，供血清学检查 ②血液、粪便，供鸡胚感染	脑、脊髓、脾脏、长骨各2份，分别供鸡胚感染和病理学检验	
马立克氏病	①血液供动物接种和病毒学检验 ②腋下羽毛的毛根，供琼脂扩散实验 ③血清，供血清学检验	肝、脾、肾脏、腔上囊、腰荐神经，供病理学检验 动物接种和病毒学检验	
霍乱	血液涂血片数张，发现巴氏杆菌	心血、肝、脾、肺及涂片数张，发现巴氏杆菌	
法氏囊病	翅静脉采血与分离血清，作血清学检验（琼扩）	有病变的法氏囊和脾脏经处理后分离病毒	

（四）玻片书写液的配制方法

需要保存的病理组织切片和微生物抹片，都应在玻片的一端贴上标签，但往往因为标签纸被磨损或受液体浸渍而使字迹模糊。为此，配制书写液用钢笔尖蘸取直接写在玻片上。这种书写液使用方便，干燥快，不受水或酒精等有机溶剂的影响，且时间越久越牢固，不易脱落。其配方：火漆（研成细粉末状）8～10克，水泥（研成细末过筛）0.5克，苏丹Ⅲ1.5克，汽油50毫升。将上述4种成分放入广口瓶中振荡均匀，置于37～60℃温箱中，待汽油挥发净后，成为干燥的块状物，取出研成粉末，放入瓶中备用。用时取出粉末20克，加入加拿大树胶40毫升，二甲苯60毫升混匀即可。字迹为红黄色，清晰可辨，久之呈棕红色。

二、血清学诊断

这种诊断方法广泛用于鸡病生前诊断和抗体监测，如新城疫、法氏囊病的凝集试验、凝集抑制试验、琼脂扩散沉淀反应试验等都属于血清学诊断方法。其操作技术见各病试验诊断。

三、生物学诊断

利用病理材料，研磨、稀释之后（固体材料）接种于易感实验动物，以期获得实验性发病来证实诊断。应该注意的是在接种易感动物时，一定要把环境控制好，避免散毒，避免成为疫源地。

[附] 临床特征与疾病的简称

白冠病——住白细胞虫病

黑头病——组织滴虫病（鸡盲肠肝炎）

黑舌病——维生素 PP 缺乏症

蓝冠病——火鸡冠状病毒性肠炎

蓝翅病——雏鸡病毒性贫血

蜷爪病——雏鸡维生素 B_2 缺乏症

穿靴样——骨化石病（脆性骨质硬化型白血病）

白喉——黏膜型鸡痘

口角挂血——喉气管炎

大肝病——淋巴细胞白血病

白肌病——硒和维生素 E 缺乏症

肥胖症——胆碱缺乏症

头颈震颤——传染性脑脊髓炎

雏鸡大肚脐——大肠杆菌病

产蛋鸡企鹅状（腹下垂）——成鸡白痢

矮小苍白——肉鸡苍白综合征

软颈病——肉毒梭菌中毒

雏鸡糊屁股——雏白痢

蛋壳褪色——禽流感、新城疫、变异传染性支气管炎、减蛋综合征、热应激、老龄鸡

喙触地（嘴交错）——叶酸缺乏症

第四章 鸡的重要传染病

随着养鸡业的迅速发展，购销旺盛，交流频繁，造成当前禽病发生与流行有如下特点。

1. 禽病的种类增多 现有 80 多种，以传染病最多，约占 75%。

2. 新的禽病不断出现 如鸡传染性贫血、禽流感、肾型和腺胃型传染性支气管炎、鸡病毒性关节炎、包含体肝炎、肠毒综合征、产蛋减少综合征、雏鸭病毒性肝炎、番鸭细小病毒病、鸭传染性浆膜炎、肉鸡腹水综合征、隐孢子虫病等。特别是禽流感、鸡传染性贫血和肾传支。

3. 出现非典型发病 如非典型新城疫、法氏囊病、马立克氏病等，使某些原有的旧病以新的面貌出现，所以，诊断防治应格外注意。

4. 某些细菌性疾病和寄生虫病的危害加大 如大肠杆菌、沙门氏菌、绿脓杆菌病、支原体病、小鸭传染性浆膜炎、鸡球虫病、鸡住白细胞虫病等。这些病原体存在广泛，传播途径广，再加上破坏免疫系统疾病（法氏囊、传染性贫血）的流行，滥用抗菌药，所以上述疫病容易发生。

5. 混合感染使疾病复杂化 并发病、继发感染和混合感染的病例增多，如混合感染的有新城疫和法氏囊、传染性支气管炎、流感、大肠杆菌病、慢性呼吸道病；大肠杆菌病和沙门氏菌病、慢性呼吸道病等。

6. 营养代谢性疾病和中毒性疾病增多。

7. 发病时间提前。

8. 免疫鸡群仍然发病。

根据以上特点，鸡场兽医应特别重视如下疾病：

病毒性疾病：马立克氏病、法氏囊病、传染性支气管炎、传染性喉炎、流行性感冒、新城疫、脑脊髓炎、病毒性关节炎、减蛋综合征、鸡痘。其中新城疫为重中之重。

细菌性疾病：大肠杆菌病、沙门氏菌病、葡萄球菌病，其他如巴氏杆菌病、链球菌病、绿脓杆菌病也不可忽视。

支原体和球虫病危害很大。

霉菌毒素感染越来越多。

营养代谢性疾病：B族维生素缺乏症，钙磷比例失调，重金属量超标、痛风症等经常发生。

第一节 禽 流 感

本病是由 A 型流感病毒引起的鸡和其他禽类的一种急性、热性、高度致死性的传染病，历史上称为鸡瘟。主要特征为呼吸道症状、消化道症状和头颈部水肿、麻痹。本病传播迅速，危害严重，给养鸡业带来极大威胁。有的血清型还可感染人类和其他家畜，是公共卫生上的重要疫病，应引起特别关注。

一、诊断要点

（一）病原学特征

本病的病原体是正黏病毒科禽流感病毒属 A 型流感病毒。

禽流感病毒有囊膜，膜的棘突上有血凝素（H），可凝集鸡和其他动物的红细胞，本病毒可在鸡胚和组织细胞中繁殖。本病毒另一重要成分是神经氨酸酶（N）。血凝素（H）已发现有 16 种（即 H1～16），神经氨酸酶（N）已发现 11 种（即 N1～11）。由于 H 与 N 的不同组合，形成若干亚型。自 20 世纪 90 年代以来，全球很多国家发生禽流感并分离到不同亚型的毒株。我国存在的禽流感亚型主要是 H9N2、H5N1 和 H9N7 亚型。

由于自然环境的变迁和饲养环境的改变，以及人类对禽流感防控意识的加强，可以预料，还会发生新的毒株亚型，构成对养鸡业的灾难和对人类健康的危害。

禽流感病毒抵抗力较强，尤其对酸性消毒药，而且耐低温（在−20℃可存活几年）、耐潮湿；存在于鼻腔和粪便中的病毒，因为有机物的保护，增强了抵抗力；在干燥的尘埃中可存活两周；不耐高温，加热56℃30分钟、70℃2分钟即可灭活，因此，经过充分加热后的食品中不存在禽流感病毒；对紫外线也敏感，直射日光40～48小时即灭活；酸性以外的消毒药均能很快将其杀死，如含氯制剂和酚类消毒药；由于本病毒是囊膜病毒，对去污剂等脂溶性的药剂敏感。

（二）流行病学特征

1. 发病季节　本病四季均可发生，但以早春、晚秋以及冬季天气寒冷和气候多变季节多发。这是因为该病毒耐低温，可随风和候鸟迁徙传播，气候对鸡本身的应激刺激使鸡的抵抗力降低。近年来的实践证明，炎热的夏季也可发生禽流感，同样会造成重大的经济损失。

2. 传染来源　病鸡和带毒的禽类是本病的传染来源，它们的羽毛和分泌物（鼻涕、眼泪、唾液等）、排泄物（粪便）以及血液中含有大量病毒。

3. 易感动物　鸡、鸭、鹅、鸽子等多种禽类都有易感性，其中鸡和火鸡最易感，不同日龄、性别和品种的鸡都可感染发病，以产蛋鸡群最多发生，而且最先发生。

4. 传播途径　本病可直接接触传播和间接接触传播，如被患病者分泌物、排泄物污染的饲料、饮水、空气和用具构成传播因素，野禽和水禽以及候鸟的迁徙、观赏鸟类的销售运输，也是本病的传播途径。

本病主要经呼吸道和消化道传播。实验证明，本病可垂直传播。

对于温和型禽流感（如我国发生的 H9N2 亚型），由于经过缓慢，采取治疗、消毒等措施，可促使病毒变异，使该病毒的抵抗力加强，毒力加大，可能成为下一批鸡的危险疫源地，从而引起高致病性禽流感的发生。

（三）临床症状

其临床症状依感染病毒毒株的毒力大小，鸡的种类、日龄，有无并发症、继发感染，鸡群营养状况、饲养管理精细程度，环境因素的优劣以及采取的防控措施是否得当等的不同而表现各异。

在正常情况下，高致病性禽流感病毒所致的急性型，主要侵害产蛋鸡群，鸡群可能暴发流行，潜伏期甚短，多不见症状而迅速死亡。

温和型禽流感表现精神沉郁，独处一隅，垂头缩颈，闭眼似睡，采食量减少，鼻腔肿胀，分泌物增多，眼结膜充血，流泪，头部肿胀，冠、髯呈紫红色，咽喉部、前胸部肿胀，腿部无毛处有出血斑。病鸡呼吸困难，有啰音，有时张口伸颈，有时发生尖叫声。病鸡腹泻，拉黄、白、绿色相间的稀粪，常带有未消化的饲料。病后期，出现明显的神经症状，兴奋、癫狂和痉挛，有的作圆圈运动，四肢麻痹，运动失调，产蛋率下降 20%～50%，甚至达 90% 以上，下降幅度与鸡群状态、防控措施是否得当有关，较长时间出现软壳蛋、褪色蛋、畸形蛋、特小蛋，蛋的品质低劣。

（四）病理变化

1. 高致病性毒株引起的禽流感可见以下一种或几种病理变化。

（1）头面部水肿，鼻窦炎，冠、髯充血、发紫。

（2）喉部有出血点，气管充血或出血，内有黏性分泌物，有时见两侧支气管内充满黄色干酪样物。

（3）内脏器官的浆膜面和黏膜面有出血点，心冠脂肪、腹部脂肪有针尖大小的点状出血。

（4）腺胃乳头出血，黏膜上有脓性分泌物，肌胃角质膜易剥离，皱褶处有出血斑。

（5）肠道有广泛性出血炎症，有时充满脓性分泌物，呈胶冻状。

（6）产蛋鸡的腹腔内有破裂的卵黄，或出现典型的腹膜炎，并有大量的干酪样物。卵泡变性、坏死、充血、血肿，严重的卵泡变黑。输卵管和子宫黏膜水肿、出血，内有白色黏稠分泌物，有时呈胶冻状。

（7）胸肌、腿肌、心外膜、颅骨出血，胰腺管有灰白色坏死灶。

2. 低致病性毒株引起的禽流感可见以下一种或几种病理变化。

（1）病死鸡常见机体消瘦，严重脱水，皮肤干燥，羽毛蓬乱，冠髯发紫，有时肿胀变厚，有时头面部肿胀。

（2）鼻腔有黏液，喉头有出血，并附有黏液，气管环充血，黏膜水肿，有浆液性或干酪样分泌物，气囊增厚混浊，附有纤维性或干酪性分泌物。

（3）产蛋鸡最明显的病理变化在泌尿生殖系统。发病前期，卵泡充血、出血，呈紫黑色，有的卵泡变性、坏死或破裂，流入腹腔形成腹膜炎；输卵管炎性水肿，质地脆弱，极易撕裂，内有白色胶冻样分泌物，有时还可见包埋的卵子硬结块；肾脏肿大、变性，有大量的尿酸盐沉积。随着疾病的发展，卵泡数量减少，变小，呈米粒样白色颗粒；输卵管变细、变短、萎缩，呈弯曲、皱褶的虾样，完全丧失了其生理功能。如果病毒毒力不强，饲养管理合理，防控措施得当，及时合理救治，病鸡是可以康复的，卵泡开始新生并逐渐发育，原有变性、坏死部分逐渐萎缩、消失，输卵管、子宫炎症消失，30～60 天恢复产蛋。

（4）口腔有黏液，嗉囊充满液体，倒提或挤压时流出，具有酸臭味；腺肾乳头出血，有脓性分泌物，与肌胃交界处有出血斑点；肌胃角质膜易剥离，膜下有出血斑，肌层断面可见出血；肠卡他性炎症，有脓性分泌物，肠黏膜有条纹状出血；泄殖腔有严重的充血、出血，呈紫红色，有时存有黄、白、绿色的稀粪；全身脂肪有出血点或出血斑；内脏器官的浆膜面和黏膜面有不同程度的出血点；心肌变薄，收缩无力，心包肥厚，心包腔常有大量橙黄色积液；心外膜和肝表面可见黄色坏死灶。

（五）诊断

在生产实践中遇到的禽流感，某些临床表现与鸡新城疫、一氧化碳中毒、痢特灵中毒、小鹅瘟、鸭瘟、鸭传染性肝炎、鸡传染性鼻炎、鸡传染性法氏囊病、禽霍乱等相似，尤其容易和新城疫混淆。为了确诊，应采病料送检，可采取病死鸡的鼻腔渗出液和气管分泌物、全血、实质脏器等，送至国家指定监测单位进行检测，也可采取急性期或恢复期双份血清送检。

［附］温和型禽流感（A1）与新城疫（ND）的鉴别

1. 临床症状区别

（1）呼吸道异常很难区分，但新城疫初期以咳嗽为主。

（2）新城疫病鸡不排橘黄色粪便。

2. 剖检病变

（1）颈部胸腺的病变　新城疫的病变仅在1～4对胸腺，出血或肿大。禽流感的病变在下几对胸腺。

（2）腿脚部鳞片、胰脏病变　禽流感鳞片出血，胰脏出血、坏死。新城疫无此病变。

（3）盲肠扁桃体变化　新城疫肿大，坏死或严重出血。禽流感一般不见此病变，个别出现肿大、出血。

（4）腹膜炎病变　感染禽流感时，肉鸡见黄色纤维素性腹膜炎；蛋鸡发病前期有些变化，后期出现卵黄性腹膜炎。新城疫则不见上述病变，后期可出现轻微的卵黄性腹膜炎。

（5）腺胃乳头的变化　新城疫时腺胃乳头尖部有出血。禽流感时腺胃乳头基部有出血或整个乳头出血，或整个乳胃黏膜发红、出血。

（6）头部的变化　禽流感时头部呈苍白色硬肿，一般肉垂不单独肿胀或不肿胀。新城疫时没有肿头、肿脸现象。

（7）肠道变化　禽流感时肠道有一个或多个像小米粒样的出血点，刀刮有明显渗血感觉。新城疫则没有上述变化。

二、防制措施

（一）疫情报告

禽流感是人、畜、禽共患的头等烈性传染病，严重威胁养殖业发展和人类健康，是公共卫生极为重要的问题，所以，一旦在某地发生禽流感，应及时向当地兽医主管部门报告疫情，以便及时采取措施，扑灭疫病，降低损失。

根据禽流感流行情况，将其分为四级：

Ⅰ级（特别重大疫情）：在21日内相邻省份有10个以上县（市、区）发生疫情；或本省内有20个以上县（市、区）发生疫情；或10个以上县（市、区）连片发生疫情；或在数省内呈多发事态。

Ⅱ级（重大疫情）：在21日内本省有2个以上设区、市行政区域内发生疫情；或本省内有20个以上疫点；或本省5个以上、10个以下县（市、区）连片发生疫情。

Ⅲ级（较大疫情）：在21日内本省有1个设区、市行政区域内有2个以上县（市、区）发生疫情，或疫点数量达到3个以上。

Ⅳ级（一般疫情）：省内有一个县（市、区）内发生疫情。

（二）综合防控

1. 加强饲养管理　做好鸡舍保温工作，确保鸡舍空气流通，供给全价营养、清洁的饲料和饮水，及时清理粪便，坚持定期带鸡消毒，除虫灭鼠，防止各种应激，提高鸡群自身主动免疫能力。

2. 制定合理的免疫程序　选择正规厂家生产的疫苗，规范操作。因禽流感病毒有很多亚型，疫苗的种类再多，新疫苗的研发速度再快，也赶不上病毒变异的速度，所以，虽然鸡群经过免疫，但仍有感染发病的可能。临床实践证明，凡是按时、规范免疫过的鸡群，即使感染发病，也比较轻微。蛋鸡 H9N2 亚型禽流感的参考免疫程序为：7～10 日龄首免，35～45 日龄二免，开产前 2～4 周三免，产蛋高峰过后加强免疫一次，在环境严重污染的地区或秋冬季节，可于 14 周龄前后再免疫一次。肉仔鸡于 5 日龄免疫一次即可。

3. 加强生物安全措施，实行封闭饲养　饲养场应尽量与外界隔绝，避免与野禽接触，饲养场内或周围不饲养鸭、鹅、猫、狗等动物，谢绝外来人员入内，饲养管理人员注意个人卫生，鸡舍和周围环境定期消毒，粪便要进行生物热消毒，对病鸡及时隔离治疗，对死鸡及时无害化处理。

（三）治疗

本病无特效治疗药物。发现低致病性禽流感病鸡时才采用支持疗法，发病前期可应用抗病毒药、抗菌药控制病情，防止继发感染，配合解热镇痛药缓解症状，同时配合维生素、微量元素、电解质多维等增强抵抗力。后期可用中药制剂，促进恢复。

选用药物时应注意，不用免疫抑制性药物，不用抑制产蛋的药物，不用残留量大的药物，不用易产生抗药性的药物。

第二节　鸡新城疫

病原体是新城疫病毒（NDV），分为 9 个种。不同种毒株诱发疾病的严重程度不同，临床表现各异，可归纳为 5 种类型。

①可致各种年龄鸡急性、致死性感染，表现为消化道出血性损害，又称嗜内脏速发型新城疫（VVND）。

②使各种年龄鸡急性、致死性感染，以出现呼吸道和神经症状为特征，故又称嗜神经速发型新城疫。

③速发型嗜肺脑型新城疫（NVND），主要引起幼禽死亡。

④表现轻微的或不明显的呼吸道感染，发展缓慢。

⑤无症状——肠型，主要是肠道感染，不明显发病。

一、诊断要点

（一）流行病学特征

各种品种、各种日龄鸡，在不同季节均可感染，并且具有较高的发病率和死亡率，尤其是嗜内脏速发型新城疫，发病率和死亡率可达 100%。即使是死亡率不高的其他类型，成年鸡的产蛋率明显下降。本病是鸡的重要传染病之一，严重威胁着养鸡业的发展，给养鸡业带来惨重的经济损失。

（二）临床症状

潜伏期 2～5 天，感染后症状出现的早晚，取决于病毒感染的途径、感染的剂量、宿主种类、年龄、免疫状态、环境条件及其合并感染与否。

病鸡表现为呼吸困难，腹泻，粪便呈绿色，精神沉郁及神经症状（斜颈，腿与翅麻痹，肌肉震颤，转圈或前冲运动，体态失去平衡等），头部、面部和肉髯肿大，产蛋停止。在流行初期，常表现为急性暴发，可不见任何症状而死亡。

（三）病理变化

肉眼所见的病理变化取决于感染病毒的毒株。所以，剖检时，有时以肠道出血性损害为主，全部消化道都有炎症；有时肌胃角质膜下层及腺胃乳头、十二指肠黏膜上均有大小不等的出血点、出血斑或溃疡；有时在盲肠基部的孤立淋巴结肿大、出血或坏死；卵巢血管充血、水肿和出血；上呼吸道黏膜充血、水肿；肝脏有小的局灶性坏死；有时胆囊和心脏伴有出血，全身脂肪组织有针头大小出血点；有时只见两盲肠间的回肠和直肠黏膜有出血性炎症，非典型性鸡新城疫常有此病变。

二、实验诊断

（一）红细胞凝集试验

其操作方法按第一章第一节免疫部分（HA，表1-2）进行。将各试验材料加入各试管中，混合均匀，置室温（20℃）15分钟后，每5分钟观察1次，观察1小时，判定结果。

凡能使鸡红细胞完全凝集的病毒最高稀释倍数，称为该病毒的血凝滴度。

（二）红细胞凝集抑制试验

单纯地使用血凝试验还不能做准确的诊断，因为还有其他病原也能引起红细胞凝集，如引起鸡慢性呼吸道病的禽败血支原体等，故尚需用已知的抗血清做血细胞凝集抑制试验，以做诊断。用于血凝抑制试验的病毒需含4个血凝单位，即将1个血凝单位的稀释度增加4倍浓度，如1个血凝单位为1：320，4个血凝单位则为320/4＝80倍的稀释度。其操作见第一章第一节免疫部分（HI，表1-3）。

凡能使4个凝集单位的病毒凝集红细胞的作用完全受到抑制的血清最高稀释倍数，称为血凝抑制价（血凝抑制滴度）。如果已知阳性血清，对已知鸡新城疫病毒参考毒株和被检病毒都能以相近的血凝抑制价抑制其血凝作用，而都不被已知阴性血清所抑制，则可将被检病毒鉴定为鸡新城疫病毒；反之，也可用已知病毒来测定病鸡血清中的血凝抑制抗体，但不适用于急性病例，因为通常要在感染后的5～10天或出现呼吸症状后2天，血清中的抗体才可达到一定水平。如果同一病鸡发病初期和发病后期的血清，其血清抑制价升高4倍，如由 2^1g_2 升高为 4^1g_2，则可诊断此鸡自然感染了鸡新城疫病毒。再结合流行病学、临床症状和病理解剖变化，则可做出明确诊断。

也可用全血进行快速平板血凝抑制试验，用血凝价在1：

1 000以上的含病毒鸡胚液 25 毫升，加 25％枸橼酸钠溶液 1 毫升，生理盐水 74 毫升制成试液。取此液 0.1 毫升于载玻片上或瓷板上，再取翅静脉血液约 0.02 毫升混合，经 2～3 分钟，检查红细胞是否被凝集。如果不被凝集，则为阳性反应。这种血凝抑制试验不能区别人工免疫或近期感染，是其缺点。

在血凝和血凝抑制试验中，当红细胞出现凝集以后，由于鸡新城疫病毒囊膜上的刺突神经氨酸酶裂解红细胞膜受体上的神经氨酸，结果使病毒粒子重新脱落到液体中，红细胞凝集现象消失，此过程称为洗脱。试验时应注意，以免判定错误。

用于血凝实验的病毒材料也可自制。制作方法：取 9～10 日龄鸡胚 5～10 个，每个注射 10 倍稀释的Ⅳ系苗 0.2 毫升于绒毛尿囊膜或尿囊腔内，观察 5 天（120 小时）。24 小时开始收集死亡鸡胚的尿囊液和羊水。如 24 小时之内无死鸡，5 天后开始收集，每个鸡胚约收集 10 毫升尿囊液和羊水，分别装入 5 毫升青霉素瓶中，每瓶 2 毫升，贮存在冰箱中备用。

用于血凝实验红细胞的制备：从健康鸡的翅静脉或心脏采血，放入装有抗凝剂 4％柠檬酸钠溶液的试管内（按每毫升血加抗凝剂 0.2 毫升计）。使用时以灭菌生理盐水，每次以 3 000 转/分离心，10 分钟洗涤 4～5 次（以上清液完全清澈透明为度），弃去上清液，取沉积在离心管底的红细胞，用生理盐水配成 0.5％悬浮液即可使用。所采健康鸡血如当时不用，可加入倍量的红细胞保存液，保存在 0～4℃温度下 10 天。

红细胞保存液的配制方法：葡萄糖 2.05 克、柠檬酸钠 0.80克、柠檬酸 0.055 克、氯化钠 0.42 克、蒸馏水 50 毫升，充分溶解后，移入 100 毫升容量瓶中以蒸馏水定容至刻度，然后分装，压力高压灭菌 10 分钟。

被检血清的制备：根据实验的不同目的，随机选鸡或发病鸡采血分离血清。

三、防制措施

（一）严格贯彻执行综合防疫灭病措施

如果已经发病，要立即报告疫情，隔离、消毒，防止病原扩散。死鸡销毁，病鸡隔离，万万不可销售病死鸡。有条件的可以急宰；有病变的肉尸、内脏连同羽毛等副产品要销毁；污水要消毒后排放。对未发病的假定健康鸡或全群，作Ⅰ系苗紧急预防注射。注射后，对于处于潜伏期的或发病的鸡，可以引起死亡。但为了保护大群，终止疫情，这样做是有益的。此外，在条件允许时可注射卵黄抗体（双抗），这对保护鸡群也有好处。

（二）加强免疫程序的制定和执行

目前，全国各地的免疫程序和方法很多，但不同的免疫程序和方法其效果不同，要根据本地疫病流行情况、生产条件来应用，比如疫苗种类、鸡龄、母源抗体水平、机体健康状况、环境条件等因素。

为了免疫效果确实可靠，在条件允许的情况下，先作抗体监测，然后确定免疫时间。抗体监测的操作方法即新城疫病毒红细胞凝集试验与凝集抑制试验，如前所述。经验说明，血凝抑制价在1：80以上就有保护力。

［附］非典型新城疫

1. 流行特点　多发生于免疫后的鸡群，尤其二免前后的雏鸡或产蛋前后的成鸡，其发病率和死亡率均低，传播慢，每日或隔日死亡数只或数十只。其症状和病变主要在呼吸道，常与法氏囊病、传染性支气管炎、大肠杆菌病等混合感染。

2. 临床症状　日龄小的鸡症状明显，但病情缓和。患鸡病初表现出明显的呼吸道症状，张口伸颈，咳嗽、喘气，有"呼噜"声，呼吸困难，口鼻炎性渗出物增多，不时甩头，企图将渗出物排出，此时有零星死亡。一周左右，大部分病雏趋向好转，而少数鸡扭颈歪头，头向后仰呈观星状，站立不稳，平衡失调，翅下垂，若遇惊扰，各种异常的神经症状反复出现。

采食量减少，排黄褐色或绿色稀粪，死亡率可达 15%～25%。成年鸡或开产鸡症状不明显，主要表现为产蛋率急剧下降，下降幅度可达 40%～70%，同时，软壳蛋、畸形蛋、小型蛋增多，维持 10～20 天后回升。

3. 病理变化　不见腺胃乳头出血、肠出血及溃疡等，以呼吸道为主的病变，主要见气管腔内有多量黏液，气管黏膜肥厚，气囊混浊，气囊膜增厚，并有干酪样渗出物，盲肠扁桃体肿大、充血，有时见轻微出血；直肠出血或见溃疡。随病程延长，病鸡出现神经症状时，可见肠道某段出现枣核样肿大和出血。产蛋鸡腹腔内可见液状卵黄物和松软的卵黄滤泡，有时可见卵黄破裂，引发腹膜炎。

4. 发病原因分析　在兽医和养殖户的鸡病防疫中，都把鸡新城疫病视为重中之重对待，从 7 日龄，甚至 3～5 日龄开始，一直到淘汰处理鸡，经过多次活毒疫苗的滴鼻点眼或饮水免疫，以及灭活菌的多次注射免疫，但非典型新城疫仍然不断出现，危害鸡群健康，分析其原因，可能与下列因素有关：

（1）客观环境条件不良　在广大的农村养殖户中，一家一户一个院落中，饲养着不同来源、不同品种、不同日龄、不同免疫程序的鸡，育雏、育成和成年鸡相对集中，饲养人员进出各个鸡舍，无法执行兽医卫生隔离、消毒和全进全出的基本卫生措施。对于一个村庄或一个饲养小区更是如此。这就为新城疫的传播创造了条件。

（2）饲养管理不善　饥饿、寒冷、过热、拥挤、霉变饲料、中毒、通风不良等不良因素的刺激等均能抑制机体的体液免疫和细胞免疫，导致应答反应下降，使免疫失败。

（3）免疫方法不可靠　养鸡的历史教训已经证实，鸡新城疫活毒疫苗饮水免疫效果不佳，但养殖户为了省工省力不只一次地应用饮水免疫。在当前新城疫病毒普遍存在的情况下，无力控制新城疫的发生。

（4）滥用Ⅰ系冻干苗　当育成鸡群发生散发性新城疫时，均超大剂量使用Ⅰ系冻干菌肌内注射作紧急免疫，剂量大到 5～6 倍，甚至 8～10 倍，误认为只有用毒力强的、大剂量的疫苗才能控制住疫情，殊不知Ⅰ系苗是中强毒株，当鸡群中出现散发性新城疫时，再大剂量注射Ⅰ系强毒株，等于使已感染新城疫的鸡群又接受了一次强毒攻击，7～10 天鸡群状态不见好转，死亡率降不下来，而且其活毒进入鸡体之后，会随粪便排出体外，污染周围环境，在鸡舍内也可感染抗体水平低的鸡，人为造成新城疫病毒在鸡群中传播，难以控制。另外，由于鸡舍中不断产生中强毒力的病毒，使鸡体频繁地接受新城疫病毒的刺激，尤其是幼鸡，则导致产生免疫耐受现象，当再次接种相同的疫苗时，就不能产生应有的免疫应答反应，即免疫麻痹。

(5) 首免和二免不当及母源抗体的干扰　首免的目的是为了获得良好的局部免疫效果，如用活毒苗滴鼻点眼，但免疫持续期不长，仅维持3周，不过这足以与母源抗体一起保护鸡只，这时，母源抗体的高低，对局部免疫干扰不大。经过基础免疫的雏鸡，如7日龄用活毒苗做基础免疫，二免时母源抗体已下降，因此，二免时，既要产生局部免疫反应，也要产生体液免疫反应。良好的体液免疫应答，只能等母源抗体滴度降到$2^{3\sim4}$时进行接种才能产生。因为鸡的免疫系统到三周龄时才发育完善，所以二免应在21日龄进行，并以活毒苗滴鼻点眼，同时以灭活苗注射，才能获得高水平的HI抗体，持续期长，免疫效果好。生产实践证明，仅用活毒苗免疫，HI抗体无明显变化，保护率很低。

(6) 免疫抑制性疾病对新城疫免疫效果的干扰　如禽流感、传染性法氏囊病、传染性贫血病、呼肠孤病毒、网状内皮组织增生病、肿头综合征、马立克氏病、鸡白痢、传染性腺胃炎、球虫病、传染性胃肠炎、淋巴细胞白血病等的存在，即鸡群非健康状态下免疫，无论用什么疫苗用什么方法，均不会收到理想的免疫效果，在生产实践中应特别关注。

(7) 法氏囊病免疫不当　在对雏鸡进行法氏囊免疫时，选用高毒力的单价或多价活毒疫苗，虽然法氏囊病得以控制，但引起鸡法氏囊萎缩，40～60日龄的青年鸡，法氏囊萎缩到小米粒大，势必影响新城疫的免疫应答。

(8) 疫苗质量问题　活毒疫苗的制备需要SPF蛋，冻干需要低温，又需要高的乳化技术，这些基本的生产工艺，小厂或零散个体生产单位和个人是无法实现的，这就保证不了所需要的正常效价，这样的产品应用于生产，效果难以置信。

(9) 超强毒的存在　在免疫的重压下，新城疫病毒也要适应环境的变化，发生遗传和变异，不断演变，这是物种进化和生存的基础。从病原的基因分析上看，表现为F基因序列的变异，即组成病原F基因的核苷酸的改变，导致F蛋白氨基酸发生变化，而这种变化随年代不同而异，出现了F基因Ⅱ—Ⅷ型，新城疫强毒株目前多为F基因Ⅶ型。决定新城疫病毒毒力强弱是依抗原位点的位置和数量决定的，同属F基因Ⅶ型的新城疫病毒其抗原位点位置和数量也不同，这就是高 HI 抗体鸡群不能抵御超强毒新城疫病毒的根本原因。

（10）缺乏坚强的呼吸道黏膜免疫系统　多数养鸡户在二免之后，只用活苗、灭活苗饮水和注射的免疫方法，造成整个呼吸道黏膜免疫系统的空白。实验证明，用滴鼻、点眼免疫方法，10 天后，其分泌型（SIgA）抗体仅发现于鸡的气管部分，而气雾免疫方法其分泌型（SIgA）抗体，不仅在气管而在支气管（深入在肺脏内的细支气管）也存在。同时，用气雾免疫方法免疫的鸡，在血液中尚未测到有 HI 抗体时，在气雾免疫 48 小时后，在鸡的气管中其分泌型（SIgA）抗体就已经产生。所以，气雾免疫是在鸡群中出现散发性新城疫时紧急免疫的最佳方法。

总之，如果我们只用注射新城疫灭活苗、冻干苗和饮水免疫冻干苗这种途径进行新城疫免疫，只能在血液中产生以 IgG 为主的免疫球蛋白和消化道黏膜上的分泌型（SIgA）抗体，如果此时体内循环抗体已很高，可以阻止病毒从血液侵入中枢神经系统，但由于没有建立呼吸道黏膜免疫，所以就不能有效地预防新城疫病毒的感染。就新城疫而言，黏膜免疫是至关重要的，通过气雾免疫方法，可以使鸡产生良好的呼吸道黏膜免疫。此外，须知气雾免疫期短，维持高 HI 抗体水平只有 2～3 个月，所以气雾免疫应多次进行，按照合理的免疫程序与灭活苗同时使用，则可有效预防非典型新城疫的发生，如单纯的灭活苗免疫，虽然 HI 抗体水平高，也难以预防非典型新城疫的发生，在生产实践中应注意到体液免疫与呼吸道黏膜免疫的密切关系。

5. 非典型新城疫的防制措施

（1）建立严格的隔离、消毒等卫生制度，妥善处理病死鸡。

（2）加强饲养管理，营养价全，防止饥饿，防止寒冷和过热，密度合理，防止拥挤，不喂发霉变质的饲料，保证空气流通，通风良好。

（3）选择优质的疫苗。

（4）建立合理的免疫方法和程序。

①少用、禁用饮水免疫。在种鸡或蛋鸡开产前 120 日龄注射新城疫灭活苗或含有新城疫的联苗，同时用Ⅳ系苗滴鼻或气雾免疫，在产蛋期出现由非典型新城疫引起的产蛋下降或产蛋率上不去的症状时，可用气雾免疫的方法做紧急免疫，如无法做气雾免疫，要用Ⅳ系或 C0～30 滴鼻，可控制疫情。

②免疫时要活苗（弱毒株）与灭活苗同时应用。

③在新城疫高发区，45 日龄以上的鸡可 2～3 个月气雾免疫一次，或定期用弱毒株活苗滴鼻，建立良好的呼吸道黏膜免疫。

④免疫程序（参考）：

7 日龄，用Ⅳ系或 C-30 弱毒活苗滴鼻或点眼。

20 日龄，用Ⅳ系苗滴鼻，多价双相油乳剂灭活苗半剂量肌内注射。

60 日龄，用Ⅳ系苗滴鼻，灭活苗皮下注，Ⅰ系肌内注射。

120 日龄，用Ⅳ系苗气雾免疫，活苗皮下注，Ⅰ系肌内注射。

以后每 2～3 个月气雾免疫 1 次（Ⅳ或 C-30）。

（5）免疫时，鸡群健康，防止免疫抑制性疾病的干扰，禁止使用免疫抑制性药物，如磺胺类药物、庆大霉素、地塞米松等。

（6）随时观察鸡群，如有散发性新城疫发生，立即用Ⅳ系或 C-30 进行气雾免疫，能降低死亡率，迅速控制疫情发展。

第三节 鸡 霍 乱

本病是由多杀性巴氏杆菌引起的鸡和多种家禽共患的一种急性出血性败血症。

一、诊断要点

（一）流行病学特征

多种家禽共患。在饲养管理条件差的环境如拥挤、寒冷、潮湿、空气污浊、营养不良等情况下容易发生。主要通过呼吸道、消化道以及皮肤创伤感染。病鸡的尸体、分泌物、排泄物和被污染的场地、饲料、饮水、用具等都是重要的传染源与传递因素。

（二）临床症状

发病之初呈最急性经过，病鸡可以不表现任何症状而死亡。随着时间延长，病鸡的症状越来越明显，呈急性经过，如精神委靡，孤立一隅、垂翅、缩颈、闭眼、弓背或头藏于翅下。常有剧烈的腹泻，粪便呈灰黄或绿色，肛周的羽毛黏有粪便，体温升高，食欲废绝，渴欲增加，冠、髯呈黑紫色，呼吸加快，鼻腔分泌物增多，张嘴呼吸，很快死亡。如转为慢性，则冠、髯水肿，关节肿胀，行走不便，有时呈蹲卧姿势。

（三）病理变化

内脏器官均有大小不等的出血点，肝脏稍肿大，表面有灰白色或灰黄色针尖大小的坏死灶；卵巢出血，卵黄囊破裂，腹腔脏器表面附着干酪样的卵黄样物质。

二、实验诊断

采集病死鸡血液或肝脏做成抹片，用美蓝或瑞氏染色法染色镜检，可见两极着色的短小杆菌即巴氏杆菌，就可做出确诊。

因为鸡的其他一些病可继发感染巴氏杆菌，这时，要结合临床症状、病理变化等综合分析判断。

三、防制措施

平时加强饲养管理，注意环境卫生，及时消毒，按时接种菌苗，提高免疫力。本病容易控制，只要措施得当，不易造成流行和大的经济损失。

发病后，抗生素类药物均有疗效，如青霉素、链霉素、土霉素等。大群防治时，可用土霉素按 0.05％～0.1％ 比例拌料，连喂 5 天；喹乙醇配成 0.04％ 的比例连喂 2 天，均有理想的效果。

第四节　鸡马立克氏病

是由疱疹病毒群的 B 亚群疱疹病毒引起的鸡肿瘤性传染病。以鸡的外周神经、性腺、内脏器官、虹膜、肌肉和皮肤等组织形成淋巴性肿瘤为特征。鸡感染本病后死亡率高，产蛋率下降，免疫抑制及进行性衰弱，是鸡的重要传染病之一。一旦发生，给养鸡业带来重大损失。

一、诊断要点

(一) 流行病学特征

鸡最易感，各种日龄的鸡均可感染，但自然感染最早发生于3～4周龄，一般多发于2～5月龄。病鸡和带毒鸡是本病重要的传染来源，主要经呼吸道传染。各种应激因素和免疫抑制性疾病均可促使本病的发生。

(二) 临床症状及病理变化

根据病毒侵害部位不同，其临床表现分为4种类型。

1. 神经型 病鸡运动障碍，坐骨神经受侵害时表现劈叉姿势；前臂神经受侵害时，则该侧翅下垂。受侵害神经失去光泽，呈淡黄色，肿胀变粗，横纹消失。

2. 内脏型 病鸡精神沉郁，食欲减退，冠和肉髯苍白或有萎缩，有时腹泻，渐进性消瘦，多种内脏器官肿大，以肝脏、脾脏、肾脏、卵巢、睾丸等多见，尤以肝、脾脏明显，见有形态、色泽、大小各异的肿块。

3. 眼型 视力障碍，虹膜呈灰色，瞳孔边缘不整、呈锯齿状，俗称灰眼病或白眼病。

4. 皮肤型 在腿、颈、躯干和背部的羽囊形成小结节或瘤状物。

二、实验诊断

(一) 材料准备

1. 器材 1毫升注射器，6～9号针头，10毫米×100毫米小试管，直径6～8毫米、长约16厘米的玻璃棒，微量移液器及滴头，烧杯或瓷缸，直径85毫米培养皿，孔径4毫米和3毫米的打孔器。

2. 琼脂扩散抗原　系冻干制品，使用时用蒸馏水恢复到原分装量。

3. 阳性血清　系冻干制品，使用时用蒸馏水恢复到原分装量。

4. 琼脂凝胶平板　用含 8% 氯化钠的磷酸盐缓冲液（0.01摩尔/升，pH7.4）配制 1% 琼脂糖溶液，水浴加温使之充分熔化后，加入培养皿，每皿约加 20 毫升，平置，在室温下凝固冷却后，将琼脂板放在预先绘好的 7 孔形图案上，用打孔器按图形准确位置打孔，中心孔的孔径为 4 毫米，周边孔的孔径为 3 毫米，孔距约 3 毫米。小心挑出孔内琼脂，勿破坏周围琼脂，而后倒置放入普通冰箱内，保存 3~5 天备用。

（二）操作方法

1. 检测血清抗体（被检鸡血清）

（1）用微量移液器分别将各被检血清按顺序在周边孔中每间隔一孔加一样品。

（2）向中心孔内滴加琼脂扩散抗原。

（3）向空下的周边孔内加入阳性血清。

以上各孔均以加满不溢出为度。

（4）将加样完毕的琼脂板加盖后，平放于带盖的湿盒内，置 37℃ 温箱中，24 小时观察并记录结果。

2. 用阳性血清检测病毒抗原（被检鸡的羽髓浸液）

（1）选拔含羽髓丰满的翅羽或身体其他部位的大羽数根（幼鸡 8 根，中、成鸡 3~5 根），剪下羽根部分，并按编号分别收集于相应的小试管中。

（2）向每试管内滴加 2~3 滴蒸馏水（羽髓丰满时也可不加），然后用玻璃棒挤压羽根，以适当的压力转动玻璃棒，倾斜试管，并用玻璃棒导流，使羽髓浸液流至管口，另一人用加样品的吸管将其吸出，加入外周孔 2 中。

（3）以同样操作浸提其他样品，依次加入外周孔 3、5、6 中，如此每个 7 孔型图案可检测 4 份样品，如图 4-1 所示。

（4）向中心孔滴加阳性血清。

（5）向空下的1、4孔内滴加已知琼脂扩散抗原。

以上均以加满不溢出为度。

（6）将加样完毕的琼脂板加盖后，平放于带盖的湿盒内，置37℃温箱中，24小时观察并记录结果。

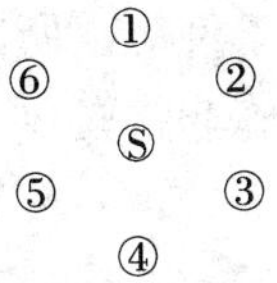

①
⑥　②
Ⓢ
⑤　③
④

图4-1　琼脂平板检测法

（三）结果判定

1. 被检样品孔与中心孔之间形成清晰的沉淀线，如与周边已知抗原或阳性血清孔的沉淀线相互融合，则为阳性；不出现沉淀线的，则判为阴性。

2. 已知抗原与阳性血清孔之间所产生的沉淀线末端弯向被检样品孔内侧时，则该被检样品判为弱阳性。

3. 有的受检材料可能会产生2条以上的沉淀线，其中一线与已知抗原—阳性血清的沉淀线融合者，仍判为阳性。

三、防制措施

1. 加强环境管理　加强鸡场环境卫生管理与消毒工作，防止雏鸡早期感染。

2. 加强饲养管理　加强饲养管理，提高机体抗病能力。

3. 实行"全进全出"制度　实行"全进全出"，防止不同日龄的鸡混养。

4. 防止应激刺激　防止应激因素的刺激和预防能引起免疫抑制的疾病。

5. 免疫接种是控制本病的基本措施　目前使用的疫苗有很多种，如火鸡疱疹病毒疫苗（HVT苗），或称3型疫苗、2型疫苗、1型疫苗（如CV1988疫苗、814疫苗）等；有进口苗和国产苗。但它们的保护率均达不到100%，究其原因，可能是多方面的，如疫苗的质量、1日龄雏鸡的免疫技术、生长发育阶段的环境条件等。所以为了防制本病，减少经济损失，采取综合性防制措施非常必要。

第五节　鸡淋巴细胞白血病

是由类黏液病毒引起的多种肿瘤性疾病。临床上常见的是鸡淋巴细胞性白血病，通称大肝病。本病主要对产蛋鸡造成重大经济损失。

一、诊断要点

（一）流行病学特征

鸡淋巴细胞白血病在自然条件下仅感染鸡。病鸡和带毒鸡是本病的主要传染源。病毒可经卵垂直传播，也可经呼吸道、消化道感染。在鸡群中多呈散发形式，发病年龄多为 16～20 周龄以上，往往在开产前后鸡群中有相当数量的鸡出现临床症状，其发病率与雏鸡的来源有密切关系，如果种鸡场存在这种病，其孵化的雏鸡在发育成熟过程中，则难免遭此袭劫。

（二）临床症状与病理变化

食欲减退，消瘦，冠、髯干皱，腹部膨大，触摸即可感觉到肿大的肝脏。肉眼可见的肿瘤，约在 4 月龄以后出现，主要侵害肝脏、肾脏、脾脏和法氏囊，其他器官也可能侵害，可呈结节型、粟粒状、弥散性或混合性病变。在肝脏中的肿瘤结节有时像玉石一样镶嵌在组织中，有光泽，油光发亮。

临床和肉眼可见的病理变化，与马立克氏病的内脏型难以区别，但法氏囊多明显肿大，而不是性成熟后的生理萎缩。

二、实验诊断

（一）琼脂平板的制备

1. 取优质琼脂，用含万分之一硫柳汞的 pH8.6 硼酸缓冲液制成 1% 琼脂液,在热水浴中熔化,以 10 层纱布过滤,除去不溶性物质。

2. 将直径 90 毫米的平皿置于水平台上,每皿倒入热琼脂液 15～18 毫升(约 2.5 毫米厚),注意不要产生气泡,冷凝后加盖,将平皿倒置,放于 4℃保存,供 2 周内使用。

3. 打孔,反应孔现用现打。打孔器外径为 5 毫米,孔距 2 毫米。根据检验样品的多少,可按 7 孔型图案或连 7 孔型图案打孔(图 4 - 2),将孔内切下的琼脂用眼科镊子取出,勿使琼脂膜与平皿底面脱离。

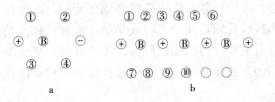

图 4 - 2　打孔型
a. 7 孔型　b. 连 7 孔型

(二)抗体

每瓶加蒸馏水 1 毫升,充分溶解后使用。

(三)抗原

1. 标准抗原　每瓶加蒸馏水 15 毫升,充分溶解后使用。

2. 被检样品　主要被检材料是鸡的羽髓。在特殊情况下可以用肝脏或其他材料。

2 周龄以内的雏鸡可直接在新生的翅膀上选择 4～6 支,成年鸡在翅膀上选择 1～2 支或其他部位 4～5 支带有羽髓的羽轴基部,置于小试管中加生理盐水 0.1～0.2 毫升,用玻璃棒将羽髓压出;冻融 3 次。

(四)抗体及抗原的添加

将制完孔型的平皿用橡皮膏标明方向,写清日期及编号。添加的原则是 7 孔型的中央孔加抗体,两侧相对孔加标准抗原,其余 4 个孔加被检样品。连 7 孔型图案，B 孔加抗体，+孔加标准抗原，带编号的孔加被检样品。每个孔要加满且不可外溢，勿有气泡。平皿加盖后置于 37℃ 温箱中，孔中液体吸干后将平皿倒置，经 24～48 小时观察结果。

（五）判定

在标准抗原孔与抗体之间出现明显沉淀线时判定，观察时用 8 瓦日光灯即可，背景最好是黑暗的。

阴性：被检样品与抗体孔间不形成沉淀线，且毗邻的标准抗原与抗体孔间形成的沉淀线直伸向该被检样品孔。

阳性：被检样品与抗体孔间形成沉淀线，此沉淀线又与标准抗原和抗体孔间形成的沉淀线相接，或被检样品与抗体孔间虽未形成沉淀线，但标准抗原与抗体孔之间形成的沉淀线在该被检样品侧向抗体孔偏弯，且超过抗体与被检样品孔间的中心连线。

疑似：被检样品与抗体孔间不形成沉淀线，毗邻的标准抗原孔与抗体孔间形成的沉淀线向抗体侧偏弯，但不超过抗体与被检样品孔间的中心连线。

（六）溶液的配制

1. pH8.6 硼酸缓冲液　四硼酸钠 8.8 克，硼酸 4.85 克，无离子水（重蒸馏水）加至 1 000 毫升。

2. 1% 硫柳汞溶液　硫柳汞 1 克，重蒸馏水加至 100 毫升。

保存：冻干抗原、抗体可在普通冰箱保存，溶解后的抗体、抗原需冻存于 -20℃ 以下。

三、防制措施

无特异的治疗与预防方法，鸡群中如发现本病，病鸡应立即淘汰，场内、舍内要彻底消毒。由于该病可以通过垂直和水平传播，所以严格执行种鸡群和孵化的综合防疫措施是很重要的。

第六节 鸡 白 痢

是由白痢沙门氏菌引起的鸡常见传染病。主要侵害 3 周龄以内的雏鸡，以白痢为特征，成年鸡多为慢性经过，并可经病鸡所产种蛋传染下代，构成链锁传染。

一、诊断要点

（一）流行病学特征

雏鸡最易感。3 周龄以内的雏鸡发病率和死亡率均高。

病鸡和带菌鸡是重要的传染源，既可水平传播，也可垂直传播，主要是经卵、消化道、呼吸道、生殖道传播。病鸡或带菌鸡的排泄物、分泌物污染的饲料和饮水、用具，可使同群鸡感染。此外，交配和经媒介苍蝇、麻雀也可传播本病。尤其是雏鸡的饲养管理不良，温度忽冷忽热，拥挤，运输不合理，饲料营养价不全等因素，均可促成该病的发生，并提高发病率和死亡率。

（二）临床症状

1. 雏鸡　垂直感染的雏鸡生活力弱，大部分于 7 天内死亡；同群受感染的雏鸡，于 2～3 周龄内出现死亡。雏鸡患病后怕冷，常拥挤在一起，翅下垂，精神不振，食欲减退或不食，排出白色粪便，粘在臀部羽毛上，甚至糊住肛门，影响排便，排便时痛苦尖叫，腹部膨大。当肺部感染时会出现呼吸困难。有的引起关节炎，可见关节肿大，出现跛行。不死的雏鸡生长发育受阻。

2. 成年鸡　感染后常不表现急性传染病症状，可以耐过。卵巢发病时，可致产蛋率下降，带菌蛋的孵化率降低，或孵出感染病雏。有的成年鸡感染后有一定的临床症状，如精神委靡，食欲废绝，缩颈，翅下垂，肉垂呈暗紫色，排出泥样粪便，有时可见腹部下垂、进行性消瘦、贫血等症状。有的死亡，有的可耐过。

(三) 病理变化

7日龄以内的雏鸡，因是急性败血症经过，病变轻微，只见肝脏肿大、充血或有条纹状出血。日龄稍长的病例，肝脏、肺部、心肌、肠及肌胃上有黄色坏死小点或结节等特征性病变。盲肠膨大，其内容物有干酪样物阻塞。心肌上的结节增大时，能使心脏显著变形。肾脏呈暗红色或苍白色，肾小管和输尿管扩大，充满尿酸盐。

成年鸡感染后，常见卵巢变形，呈囊肿状；有时卵泡落入腹腔被脂肪包埋，有时排卵机能失调，输卵管可能阻塞而致泛发性腹膜炎及腹水，腹腔器官粘连。公鸡主要为睾丸与输精管病变，可见睾丸萎缩，呈青灰色，输精管内有干酪样物充塞而膨大；有时肝脏肿大、质脆或破裂，发生内出血而突然死亡。

二、实验诊断

(一) 快速全血平板凝集反应诊断法操作技术

1. 主要材料

抗原：鸡白痢沙门氏菌培养物加甲醛溶液杀菌，制成每毫升含100亿菌的悬浮液。

其他用具：玻璃板（或载玻片）1块，不锈钢金属丝环针（长约6.5厘米，一端为环状，直径4.5毫米；另一端为针尖状，相当于22号针头，针尖端约1毫米长做直角弯曲，刺破翅静脉放血时用之，如无此金属丝环针，可用注射器针头或铂金耳代替）；滴管（垂直时每滴液量为0.05毫升）。

2. 操作方法 先将抗原充分振荡均匀，用滴管吸取抗原垂直滴1滴于玻板上，随即用针头刺破被检鸡的翅静脉，使之出血，以不锈钢丝环蘸取血一满环（约0.02毫升）放于玻板上，与抗原搅拌均匀，并散开至直径约2厘米为度。

3. 结果判定

（1）抗原与血液混合后，于2分钟内出现明显的颗粒凝集或块状凝集的为阳性反应，记录符号为"＋"。

（2）在2分钟内不出现凝集，或仅呈现均匀一致的微细颗粒，或在边缘处由于干涸前形成细絮状物等，均判为阴性，记录符号为"一"。

（3）在上述反应以外，不易判定为阳性或阴性者，判为可疑，记录符号为"±"。

4. 注意事项

（1）抗原应保存于8～10℃阴暗干燥处，使用时要充分振荡均匀。

（2）本抗原适用于产蛋母鸡及1年以上的公鸡，幼龄鸡敏感度较差。

（3）操作应在20℃以上温度下进行。

（4）操作时用过的器材，必须经消毒后再用。

（二）血清凝集反应操作技术

1. 血清试管凝集反应

（1）主要材料

被检鸡血清样品：以20号或22号针头刺破鸡翅静脉，使之出血，用一洁净、清毒、干燥的试管靠近流血处，使血流入试管约2毫升，摆斜面，凝固，析出血清（防止溶血），保存于冰箱内待检。

抗原：作为试管凝集反应用的抗原，需具有各种代表性的鸡白痢沙门氏杆菌菌株的抗原成分，对阳性血清有高度凝集力，对阴性血清无凝集力。固体培养基洗下的抗原需保存于0.25%～0.3%的石炭酸生理盐水中，使用时将抗原稀释成每毫升含10亿个菌，并把pH调至8.2～8.5，稀释的抗原限当天使用。

（2）操作方法　在试管架上依次摆上试管3支，以吸管吸取稀释抗原2毫升加入试管1中，在试管2和试管3中分别注入稀释抗原1毫升。然后以另一支吸管吸取被检血清0.08毫升注入试管1中，反复吹吸几次，使抗原与血清充分混合，然后从试管

1 中吸出抗原血清混合液 1 毫升，注入试管 2 中，并反复吹吸使试管内混合液充分混合。自试管 2 中吸取混合液 1 毫升注入试管 3 中，依上法混合后吸出混合液 1 毫升弃去，最后将血清管振荡数次，使抗原与血清充分混合后，在 37℃温箱中放置至少 20 小时后观察。

（3）结果判定　试管 1、2、3 中血清稀释倍数依次是 1∶25、1∶50、1∶100。凝集阳性者，抗原显著凝集于试管底，上清液透明；阴性者，试管内混合物仍均匀混浊；可疑者，介于阳性和阴性之间。在鸡 1∶50 以上凝集者判为阳性。

2. 血清平板凝集反应

（1）主要材料　血液采取和血清析出同试管法。抗原与试管凝集反应者相同，但其浓度比试管法大 50 倍，悬浮于含石炭酸 0.5% 的 12% 氯化钠溶液内。

（2）操作方法　取一块玻板，以蜡笔按约 3 厘米^2 画成若干方格，1 个方格检查 1 只鸡的血清样品。每个方格加被检鸡血清 1 滴和抗原 1 滴，用牙签将抗原与血清充分混合。

（3）结果判定　观察 30～60 秒，凝集者为阳性，否则为阴性。此试验应在 10℃以上室温下进行。

（三）病原菌的分离、培养与鉴定

于病鸡翅静脉采血 5 毫升，注入胆汁葡萄糖肉汤中，置于 35～37℃温箱中增菌培养，每天观察，阳性管多在 2～4 天内胆汁葡萄糖肉汤呈咖啡色沉淀物于管底或黏附于管壁。

钓取上述培养液画线接种于营养琼脂平板培养基上，于 35～37℃温箱中培养 18～24 小时，则长成大、灰白色、湿润、光滑、边缘整齐的菌落，即阳性菌落。

取营养琼脂平板培养基上的典型菌落涂片，革兰氏染色，呈现革兰氏阴性短粗杆菌。

经过分离、培养和镜检，可初步确诊为沙门氏菌。是否为鸡白痢沙门氏菌，还需作全面生化反应试验和类似菌的鉴别试验以及因子血清凝集试验（略述）。

三、防制措施

治疗本病的特效药几乎没有，但应用抗生素类药物作为预防性治疗可大大降低发病率和死亡率，如氨苄青霉素每千克体重5～20毫克/次，每天1～2次，饮水1周；或用0.1%土霉素拌料喂服等，均可控制本病的发生。

加强鸡场的卫生管理，保证种鸡健康，保证种蛋安全，保证孵化室不被污染，育雏期、种鸡舍和设备要严格消毒，饲养管理人员专门化，所用器具、工作服等要专用并及时消毒。

加强育雏阶段饲养管理，保证育雏室温度非常重要，防止室温忽高忽低。饲料营养全价，保证质量，保证清洁卫生，避免污染。抗生素饲料添加剂视情况应连续不断地使用。

本病虽然是雏鸡的重要传染病，但只要预防措施得当，完全可以控制本病的发生。

第七节　鸡传染性法氏囊病

本病是由双股双节 RNA 病毒引起的育雏中、后期雏鸡的一种急性、高度接触性传染病。临床上以法氏囊肿大、肾脏损害和股肌、翅肌、胸肌的瘀血斑为特征。本病一旦发生，不但死亡率高，而且还会引起雏鸡的免疫抑制，对很多种疫苗的免疫接种反应能力降低。所以，本病给养鸡业可能造成重大经济损失。

一、诊断要点

（一）流行病学特征

3～6周龄雏鸡多发，高度接触性传染，经呼吸道、消化道、种蛋可感染，但主要通过被污染的饲料、饮水、粪便、尘土、用具、人员衣物、昆虫等途径传播。各品种的鸡均可感染，感染率几乎 100％，发病率高达 30％，其死亡率依发现早晚，急救措施得力与否而异，如早期发现、早期采取得力措施，死亡率可控制在 10％以内。本病的发生没有季节性，育雏期均有发病的危险。

（二）临床症状

潜伏期短，发病突然。早期症状是自啄泄殖腔。发病后，病雏出现下痢，排白色米汤样或淡绿色稀粪，排泄物含有尿酸盐，肛周羽毛被粪污染。随着病程的发展，饮食欲减退，逐渐消瘦，畏寒，身体发抖，步态不稳，精神委靡，头下垂，闭眼昏睡，羽毛无光泽，松乱，脱水，眼窝下陷，最后因极度衰竭而死亡，5～7 天死亡达到高峰，以后开始下降，病程一般 5～10 天。在临床上最明显的发病特征是突然发病，感染率、死亡率高，且很快达到高峰，然后迅速恢复。本病一旦发生，虽然迅速康复，但呈隐性感染，在鸡群中长期存在，常成为危险的疫源地，应引起特别注意。

（三）病理变化

病死雏呈现脱水、干枯现象；胸肌色暗，腿肌、翅肌、胸肌常见出血斑点或斑块；肠道内黏液增加，肾脏肿大，颜色苍白，有尿酸盐沉积；法氏囊变化最为特征，见有肿大，有时出血和带有淡黄色的胶冻样渗出物，有时有坏死灶，在黏膜表面有点状出血或瘀血性出血，或者呈弥漫性出血。需要注意的是病毒变异株引起的法氏囊变化，初期肿大和胶冻样淡黄色渗出物不明显，只是法氏囊萎缩。

另外，有时看到脾脏轻度肿大，表面有弥散性灰白色的点状坏死灶，腺胃和肌胃结合部有出血点。

二、防制措施

本病没有特效的治疗药物。为了减少本病造成雏鸡的大量死亡，或者补充母源抗体的不足，使雏鸡度过生理性免疫缺陷期，可用卵黄抗体给鸡注射，用于高发日龄前后或发病早期，有一定效果。注射卵黄抗体应注意的问题：鸡患传染性法氏囊后，注射卵黄抗体或免疫血清是特异疗法，但应注意 3 个问题。

①把握适当的注射时机。发病后第二天为宜，或采食量下降 5％时。此时大群已感染，抗体已产生，死亡率不高。如果过早注射，则 7～10 天后可能复发；如过晚注射，高峰死亡开始，已无必要。

②不到万不得已不要注射卵黄抗体。因为卵黄抗体并非 SPF 种蛋制造，其中可能带有其他病原体，法氏囊病控制后可能暴发另一种疫病，如大肠杆菌病、新城疫、球虫病等。

③注射卵黄抗体时不要加入庆大霉素、卡那霉素等药物，因为它们会加重肾脏的损害，不利于康复。

目前使用的疫苗多数是活苗，有的属弱毒苗，有的属中毒苗，近年又推出二价苗和三价苗等，但使用要合理，严格按疫苗的使用说明操作，才能收到理想效果。免疫程序的建立要在抗体水平监测的基础上进行，以便有效地发挥疫苗的保护作用。种鸡可在 2 周龄用弱毒苗首免；5 周龄二免，20 周龄和 38 周龄各注射油佐剂灭活苗 1 次，肉用雏鸡和蛋用雏鸡在 2 周龄用弱毒苗首免，5 周龄时用中毒苗二免。对于严重污染区、本病高发区，雏鸡首免可直接选用中毒力疫苗，而且首免最好用滴口的方法，不用饮水方法，避免鸡群抗体水平不一，抗感染能力不强。

为了防制本病，最根本的是要加强环境卫生管理，防蝇灭鼠，严格消毒等综合防制措施，才能控制本病的发生与发展。

[附]

(一) 琼脂扩散沉淀反应监测法氏囊抗体操作方法

1. 器具与药品

(1) 抗原　由兽医生物药品厂供应，也可自行制备。

(2) 标准血清　可购买，也可自行制备。

(3) 被检血清　鸡翅静脉采血，分离血清，血清勿加防腐剂和抗凝剂，要保证血清不腐败，不溶血。

(4) 仪器　试管（附架），1 毫升吸管（附架），反应管（附架），琼脂，直径 6～9 厘米平皿，100 毫升三角瓶，氯化钠（CP），蛋白胨（CP）。pH 比色计，盐酸（CP），氢氧化钠（CP），直径 6 厘米玻璃漏斗，纱布，脱脂棉，打孔器，白纸，小镊子，直尺，微量注射器（附针头），灭菌生理盐水，恒温培养箱，干烤箱，高压锅，电炉，酒精灯等。

2. 操作

(1) 琼脂板的制备　取市售的条状或片状琼脂，经自来水搓洗后装入纱布袋，流水冲洗 24 小时，取出挤干，再用蒸馏水反复挤压，洗涤 3～5 次，挤干后立即用吹风机吹干（注意夏天腐败变质），剪碎后装瓶，即用作制备琼脂板。

(2) 反应孔现用现打　在纸上画好 7 孔图案（图 4-1）放在带有琼脂板的平皿下，照图案在固定位置用打孔器（直径 2～3 毫米的不锈钢管）打孔。将切下的琼脂吸出或用针头挑出，外周孔径约 2 毫米，中央孔径约 3 毫米，孔间距 3 毫米。

(3) 抗原及血清的滴加　中央孔加抗原 0.02 毫升，1、4 孔加阳性血清，2、3、5、6 孔各加入待检血清，添加至孔满为止。待孔中液体吸干后将平皿倒置，在 37℃ 条件下进行反应，逐日观察 3 天，并记录结果。

(4) 判定阳性　当标准阳性血清与抗原孔之间有明显致密的沉淀线时，受检血清与抗原孔之间形成沉淀线，或阳性血清的沉淀线末端向毗邻的受检血清孔内侧偏弯时，则此受检血清判为阳性。阴性：受检血清与抗原孔之间不形成沉淀线，或阳性血清的沉淀线向毗邻的受检血清孔处直伸或外侧偏弯者，此受检血清判为阴性。

(5) 注意事项

①制备琼脂板时，不要产生气泡。

②打孔后，吸出或挑出切下的琼脂时，不要使琼脂板与平板脱落，以防加样后下面渗漏。若琼脂板与平皿脱离，可在酒精灯上稍稍加热封底，或滴入少许融化的琼脂。

(二) 非典型法氏囊病

近年来，鸡的法氏囊病出现了新的情况，即发病率低，死亡率低，临床症状不明显，病理变化不典型等重要特征。经实验诊断和综合评定，确证是法氏囊病，所以称为非典型法氏囊病。

1. 流行病学特点　正常情况下普遍认为法氏囊病的高发期为 20～50 日龄，近年来调查发现，发病日龄提前，19 日龄之前的发病率占 14%。另外，呈隐性发病，发生于免疫鸡群，多在首免之后和二免之前发病，零星死亡，其死亡率低（0.1%～5.3%），病鸡与正常鸡区别不大，鸡群缓慢康复。一般发病越早，其病程越长，则法氏囊被破坏的程度、体液免疫和局部免疫应答的损害越重，继发感染率越高，机体的抗病能力越弱，治疗效果往往不佳。

2. 临床症状和病理变化　本病病势缓和，零星死亡，往往被忽视。发病后，可见病雏精神不振，采食减少，羽毛蓬乱，轻度水泻，有的鸡伏卧闭眼呈昏睡状态，驱赶时还能运动，也能采食饮水。有的只是腿肌或胸肌局部充血，有的法氏囊不见明显病理变化，有的稍微肿大、潮红或充血，或表面稍有一层白色或茶色假膜状渗出物。总之，看不到典型法氏囊病那样的明显症状和病理变化。当非典型法氏囊病和新城疫、白痢、大肠杆菌病、球虫病混合感染时，则容易混淆而忽略本病，应引起重视。

3. 防制措施

(1) 执行严格的生产管理制度　如执行"全进全出"防止交叉传染，饲养员、兽医和参观人员等进入鸡舍要彻底消毒，防止带入病毒，饲料、饮水、用具等防止污染，按时清洗消毒，定期清理粪便，定期环境消毒和舍内带鸡消毒，保温、通风、全价营养，提高机体抗病能力。

(2) 合理免疫　由于母源抗体的存在和过去本场发病情况的影响，其免疫程序不是固定不变的，必须根据本场发病史和本地区的流行情况制定合理的免疫程序。据有关报道，母源抗体在 1∶500（酶联免疫吸附实验即 ELISA 值）以下时可免疫，1∶350 为首免最适时机。其计算公式：最适免疫日龄＝（1～2 日龄 ELISA 抗体值平方根的均值 22.36）÷2.82＋1。免疫程序一般为 7～14 日龄首免，26～32 日龄二免。免疫时注意疫苗的选择，如果某场未发生过法氏囊病、又有母源抗体时，可选择中毒或中强毒疫苗，不可选用强毒疫苗，否则，可引发非典型法氏囊病，或对法氏囊造成损害；如果一个发生本病的鸡场，可选强毒疫苗，既能克服母源抗体的干扰，又能获得好的免疫效果。

(3) 发病后的治疗　发现初期症状，有发病可疑时，应尽早应用高免血清或卵黄抗体，应用越早越好。同时，在饮水中添加糖、电解多维和抗病毒、抗菌药物，防治继发感染。在高免血清或卵黄抗体注射后 7 天，再用中毒力疫苗免疫一次，防止复发。

第八节　鸡传染性支气管炎

是由冠状病毒属传染性支气管炎病毒引起鸡的一种急性、高度接触性呼吸道、泌尿生殖道、消化道和神经系统疾病。

一、诊断要点

（一）病原特征

本病病原为冠状病毒属鸡传染性支气管炎病毒，主要存在于病鸡的呼吸道分泌物、肾、肝、脾、血液、腔上囊等。本病毒耐酸碱，不耐热，对酒精、乙醚、氯仿、胆盐敏感，对一般消毒药均敏感，如 1% 来苏儿、0.01% 高锰酸钾、70% 酒精、1% 福尔马林，数分钟即可灭活。

本病毒血清型较复杂，现已分离出 100 多个株，已有 30 种血清型。现已知本病毒有 11 个呼吸道血清型，16 个肾病变血清型，国外又分离出肠型。除可引发呼吸道、生殖道和肾病变外，还可造成严重的肠道损伤。还有产蛋鸡的变异毒株。英国又发现了引起腹泻和肌肉病变而呼吸道病变不明显的毒株。我国分离出四个病理型：Ⅰ型不引起呼吸道症状，只引起喉和气管的组织学变化；Ⅱ型引起明显的呼吸道症状及上呼吸道组织学变化；Ⅲ型引起明显呼吸道症状以及上呼吸道和支气管组织学病变；Ⅳ型引起所有呼吸道症状与病变以及间质性肾炎。我国分离到的致腺胃病变的毒株是传染性支气管炎病毒快速变异的结果。

临床上常见的有引起雏鸡、青年鸡的传染性支气管炎、产蛋鸡的变异传染性支气管炎、幼鸡肾型传染性支气管炎、幼鸡腺胃型传染性支气管炎等。本病毒还将会出现很多变异毒株，因此，免疫时用常规的疫苗如 H_{120}、H_{52}，还有 M_{A5}、4/91 等，很难奏效，这也是临床上对传染性支气管炎不易治愈的原因。所以，只有临床取样分离毒株制备组织灭活苗或油乳剂灭活苗才见实效。

（二）流行病学特征

仅发生于鸡，其他家禽均不感染，各种年龄的鸡均可发病，但以雏鸡较为严重。主要通过呼吸道排除病毒，经空气、飞沫传给易感鸡，也可通过污染的蛋、饲料、饮水、用具等经消化道感染和垂直传染，传染性极强，易感鸡与病鸡同饲，可于48小时内出现症状。过热、严寒、拥挤、通风不良以及营养缺乏等饲养管理不当，均可促进本病的发生。四季均可发生，但以冬季最为严重。

（三）临床症状

病鸡常不见前驱症状，突然出现呼吸道症状，并迅速波及全群。病鸡表现精神沉郁、伸颈、张口、喷嚏、咳嗽、喘息、气管啰音和流鼻涕，发出特殊叫声。随着病情发展，病鸡全身衰弱，食欲不振，羽毛松乱，翅下垂。2周龄以内的雏鸡鼻窦肿胀，流鼻涕，多眼泪，逐渐消瘦；成年鸡产蛋率迅速下降，并产软蛋、畸形蛋等，病愈后，很难恢复到原来的产蛋率。

感染侵害肾脏的毒株时，可引起肾炎、肠炎，并有急性下痢等，有的同时还有上呼吸道症状。

感染侵害生殖系统的毒株时，可破坏卵巢，停止发育，使母雏终身不产蛋，成年鸡产蛋率下降或停产。

感染侵害神经系统的毒株时，可出现与鸡新城疫相似的神经症状。

病程一般1～2周，雏鸡死亡率可达25%，6周龄以上的鸡死亡率低，若继发感染支原体、大肠杆菌时，则死亡率会很高。

（四）病理变化

支气管、鼻腔、鼻窦中有浆液性、卡他性或干酪样渗出物，气囊混浊，表面有黄色覆盖物，在大的支气管周围，可见小面积的肺充血。产蛋鸡腹腔内可见液体状的卵黄物质，卵泡出血、充血、变形；雏鸡有时可见输卵管发育异常。

感染侵害肾脏的病毒株时，引起肾脏肿大、苍白，呈花斑肾，肾小管、输尿管常充满尿酸盐结晶，扩张，增粗，直肠末端膨大充满大量石灰样稀便；有的心包膜、肝被膜有灰白色尿酸盐沉积；喉头有黏液，气管、支气管充血，有灰白色黏性分泌物。

感染侵害腺胃的病毒株时，最明显的特征是腺胃极度肿胀，约为正常腺胃的2～5倍，腺胃壁增厚，黏膜水肿、充血、出血，腺胃乳头初期水肿发亮，中期凹陷破溃，后期溃疡出血，有时腺胃乳头可挤出脓性液体，有的腺胃乳头可见肉芽肿样病变。个体变小，体重减轻。

感染侵害输卵管的病毒株时，幼鸡的输卵管损害，使输卵管发育不全，失去产蛋能力；如开产前后感染，则产蛋期推迟，产异常蛋，减产或停产，剖检见输卵管发育不良，短小，管腔变细，闭塞或形成囊泡，其壁变薄，内含透明液体，呈球形或柱状。

二、实验诊断

(一) 中和试验诊断

1. 将已知毒价的病毒原液用生理盐水稀释，使每0.1毫升中含有100个LD_{50}的病毒量。

2. 将被检血清用生理盐水作4倍、8倍稀释。

3. 将稀释的各组血清与等量的病毒稀释液混合，于37℃温度下作用1小时（30分钟摇1次），中和后，每个稀释度的血清接种10日龄鸡胚5～6个，每个鸡胚尿囊腔接种0.2毫升，37℃培养鸡胚6天。

4. 同时设已知的阳性血清对照和病毒对照，并设5～6个健康鸡胚对照。

5. 结果判定。将接种后第2～6天死亡的鸡胚及在6天内仍能存活的鸡胚，但其胎儿具有失水、蜷缩、发育小（接种胎儿重量比健康对照胚最轻胎儿重量少 2 克以上）等特异性病痕鸡胚的总和计算。4 倍稀释血清组的鸡胚发病和死亡总和达 3/5 以下者为可疑；8 倍稀释血清组达 3/5 以下者为阳性。病毒对照组鸡胚发病和死亡应达到 3/5 以上。传染性支气管炎病毒各型之间无交叉的中和反应，所以上述中和试验只能测知自己所具备的已知的血清型。

（二）间接红细胞凝集试验

1. 种毒　IBV - H_{52} 是荷兰进口的弱毒株。

2. 抗原　将毒株接种于 9～10 日龄鸡胚尿囊腔中，经 18～48 小时收集鸡胚尿囊液，3 000 转/分离心 30 分钟，吸取上清液分装安瓿后冻干，保存于普通冰箱中。使用时按分装量浓缩为 5 倍稀释，离心后用上清液。

3. 兔红细胞　无菌操作由兔心脏采血，按 1：10 加入 5％枸橼酸钠溶液抗凝。

4. 红细胞醛化　将采集的兔红细胞用生理盐水洗涤 3 次，把沉积的红细胞置冰箱中冷却，用 1％戊二醛溶液将红细胞稀释成 1％悬液，放于 4℃条件下醛化 40 分钟，不时摇动混匀，然后离心沉淀，沉积的红细胞用生理盐水洗涤 5 次后，再用蒸馏水洗涤 5 次，最后用蒸馏水稀释成 30％悬液，加 0.01％硫柳汞防腐（1％戊二醛溶液的配制方法：将 pH8 的 0.15 摩尔/升的磷酸盐缓冲液 1 份、生理盐水 9 份、蒸馏水 5 份混合后放冰箱中冷却，然后用来稀释戊二醛成 1％溶液）。

5. 红细胞鞣化　将醛化的红细胞用 pH7.2 的磷酸盐缓冲液（PBS）洗涤后，配成 2.5％红细胞悬液，加等量新配制的 1：10 000 鞣酸溶液，放置于 37℃水浴中作用 30 分钟，用 pH7.2 的磷酸盐缓冲液洗涤，制成 2.5％的鞣化红细胞悬液。

6. 致敏　将浓缩 5 倍的抗原（即每瓶分装 5 毫升抗原，冻干后加 1 毫升稀释液）3 000 转/分离心 10 分钟，吸取上清液 1

份，加 2 份 2.5％鞣化红细胞和 2 份 pH6.4 的磷酸盐缓冲溶液，在 37℃水浴中作用 30 分钟，1 000 转/分离心 3 分钟。沉积的红细胞用 0.4％明胶磷酸盐缓冲液处理 10 分钟，离心沉淀后，再用 0.4％明胶磷酸盐缓冲液制成 1％或 2.5％致敏红细胞悬液备用。对照用的健康鸡胚尿囊液和鞣化红细胞在同样条件处理。

7. 血清　健康鸡血清为阴性血清，免疫鸡的血清为阳性血清。

8. 试验操作

（1）白瓷板法　2.5％的致敏红细胞和血清按 1：1 滴入，充分振荡均匀，在 20～25℃温度下经 2 分钟后判定。同时设下列各组对照：鞣化红细胞对照组（即鞣化红细胞加被检血清）、致敏红细胞对照组（即致敏细胞加明胶磷酸盐缓冲液）、健康尿囊液致敏红细胞对照组（即健康尿囊液致敏红细胞加被检血清）、阳性血清对照组（即阳性血清加致敏红细胞）、阴性血清对照组（即阴性血清加致敏红细胞）。

判定结果：

艹：红细胞凝集成颗粒，细胞周围液体清晰。

＋＋＋：红细胞凝集成颗粒，但比上者小，周围液体清晰。

＋＋：红细胞凝集成颗粒，周围液体稍有混浊。

＋：红细胞呈小颗粒状凝集，周围液体混浊。

－：红细胞不凝集，呈均质状态沉下。

（2）聚氯乙烯微量塑料板法　将供试验用的血清用 pH7.2 的磷酸盐缓冲液 2 倍递减稀释，每孔 0.025 毫升，然后加 2.5％的致敏红细胞 0.025 毫升，用微量搅拌振荡器振荡 30～60 秒，在 20～25℃温度下，2 小时后判定结果。试验对照组同白瓷板法。

判定结果：

艹：孔底呈均匀状态，无红细胞沉下。

＋＋＋：孔底有少许下沉的红细胞，周围呈均质状态。

＋＋：红细胞下沉比上者大，周围呈均质状态。

＋：孔底有红细胞沉积，周围液体稍有混浊。

±：孔底有红细胞沉积，周围液体比上者清晰。

一：孔底红细胞沉积，周围液体清晰。

三、防制措施

严格执行检疫、隔离、消毒等卫生防疫措施，鸡舍要保温，通风换气，防止拥挤，加强饲养管理，增强机体抗病能力。

按时接种和正确使用疫苗，对本病防制有一定作用，40 日龄之内在适当时机先用传染性支气管炎 H_{120} 滴鼻首免，60 日龄后在适当时机用传染性支气管炎 H_{52} 苗饮水二免，于 110 日龄时再用 H_{52} 苗重免。现用的肾型传染性支气管炎苗对预防肾株病毒感染有较好的保护作用，可按厂家说明使用。

第九节　鸡传染性喉气管炎

是由 A 型疱疹病毒引起的鸡的一种急性，接触性传染病。以呼吸困难、咳嗽、咳出血样渗出物为特征。喉部和气管黏膜肿胀、出血并形成糜烂。本病传播快，死亡率高，产蛋率下降，给养鸡业造成重大损失。

一、诊断要点

（一）流行病学特征

各种日龄鸡均可感染发病，尤其是成年鸡的症状最具有特征性。病鸡和康复后带毒鸡是主要传染源。自然感染途径以上呼吸道和眼内为主，此外，污染的垫草、用具等也可成为传播媒介；种蛋也能传播病毒；饲养管理不良、卫生条件极差，如拥挤、通风不良、冷热不均，尤其夏季高温等均可促进本病的发生。本病在易感鸡群中传播快，感染率可达 90％～100％，死亡率 5％～70％不等，一般为 10％～20％。耐过本病的鸡可获得长期免疫力。由于康复鸡有的带毒可达 2 年之久，并随时排毒污染环境，可以引起本病的再度暴发流行，应引起鸡场重视。

本病一年四季均可发生，但以晚秋、冬、早春和炎热的夏天为主要流行季节。

（二）临床症状

自然感染的鸡其潜伏期约为 1 周左右。全群发病初期只见少数鸡出现流泪，并有个别的鸡只突然死亡。随后鸡群呈急性流行性特征，出现特征性的呼吸道症状，病鸡鼻孔有分泌物，有湿性啰音，有咳嗽、喘气，严重病鸡呼吸困难，张口呼吸，咳出带血黏液，有时会窒息死亡。开口检查喉部时，可见喉部黏膜上有淡黄色或带血的凝固物附着，不易擦去。病鸡迅速消瘦，冠髯发紫，有时排绿色稀粪，最后衰竭死亡。一般病程 2 周左右，有的逐渐恢复则成为带毒鸡。

症状轻微的病鸡只限于生长迟缓，产蛋减少，流泪和结膜炎等症状，多数可于 2 周内恢复。

（三）病理变化

在病鸡喙的周围常附有带血的黏液，喉头和气管黏膜肿胀、充血、出血，甚至坏死，气管腔内常充满血凝块、黏液、淡黄色干酪样渗出物或气管栓塞。有些病鸡渗出液出现于气管下部，并使炎症扩散到支气管、肺和气囊。轻症病鸡只出现眼结膜和眶下窦上皮水肿和充血。

二、实验诊断

用小毛刷将可疑的含毒材料（如气管分泌物等）涂擦接种于健康鸡的泄殖腔黏膜上，经 24～48 小时检查，泄殖腔黏膜出现水肿、充血等炎症变化者，判为阳性反应。

三、防制措施

治疗本病的药物有中药、西药多种，但没有一种是特效治疗药物。发病后可采取对症治疗法，如用棉拭子或镊子取出病鸡喉部或气管的堵塞物并涂以碘甘油；也可以用红霉素、庆大霉素、泰乐菌素、恩诺沙星等药物治疗，以防细菌继发感染；中成药可减缓症状，对轻症病鸡也有治愈希望，如双炎散、喉管宁、喉毒灵等。

平时要加强饲养管理，改善鸡舍通风条件，注意环境卫生，不引进病鸡，并严格执行消毒制度等综合防制措施。

免疫接种是防制此病的重要方法，在育成期用弱毒苗点眼、滴鼻免疫，可收到理想的效果。因疫苗中的含毒量、接种途径和疫苗毒株的不同，免疫期不同，从6周到1年不等，所以，本病流行区域内的鸡场在50日龄和100日龄2次免疫，基本上可控制本病的流行。

在使用鸡传染性喉气管炎疫苗的实践中，有些鸡场存在着恐惧心理，流传着"不使用不得，使用就得"的说法。实际上这是一种错觉。不使用疫苗免疫，一有流行就难以逃脱；使用过疫苗之后，即使当时有轻微反应，但不会酿成大祸。至于使用后造成的损失绝非疫苗问题，而是免疫方法不对，免疫的时间不对，免疫操作不严谨，人员、用具、场地消毒不严造成的。非疫区的鸡缺乏免疫力，尽管疫苗是弱毒，鸡的感染力也很强，所以免疫过程中散毒是重要的原因，如1996年冬至1997年夏鸡传染性喉气管炎流行时，有些鸡场就免遭其害，保护率达95%～99%。

本病对养鸡业危害甚大，用疫苗免疫是不可缺少的保护措施。

第十节　鸡葡萄球菌病

是由金黄色葡萄球菌引起的各种日龄和品种鸡的一种多发型传染病。在生产实践中，往往由于发现晚，采取措施不及时，造成很大的经济损失。

一、诊断要点

（一）流行病学特征

本病病原体为金黄色葡萄球菌，在自然条件下广泛存在，尤其鸡的体表、羽毛等，自然带菌现象非常普遍。各种日龄和品种的鸡都有易感性。所以，当笼具、网具等因素使鸡体遭受机械性损伤时，使皮肤、黏膜完整性遭受破坏时，就成为发病诱因。饲养人员也可能带菌，也可成为传染来源或传递因素。此外，饲养管理不良，环境卫生差，如饲料配比不当，缺乏维生素、矿物质，拥挤、通风不良、氨味过浓等，都可以促进本病的发生。本病还可继发于鸡痘。鸡痘造成的皮肤损伤，常成为本病的感染途径，临床上见于鸡痘流行过程中或流行后期，使病情恶化，死亡率提高，损失严重。

（二）临床症状

各种日龄鸡患病后所表现的临床症状有时相同，有时各异。

新生雏鸡常表现为脐带炎，呈败血症经过，迅速死亡。

呈败血症经过的病鸡，初期食欲下降，精神不振，缩颈呆立等一般症状，很快即可见胸腹部、头部、四肢内侧和趾部皮肤等处湿润、肿胀、紫红色、皮下疏松、结缔组织中有积液，触之有波动感。破溃后流出褐红色液体。有时在翅尖、尾尖、冠髯、背部、腿部及皮肤发生出血、糜烂或炎性坏死，局部干燥结痂，呈暗紫色。

本病有时表现为关节炎型。可见跗关节、肘关节、趾关节等肿胀，有热有痛，行走困难，跛行或蹲伏不动，表现出痛苦的神态。

（三）剖检变化

局部皮肤增厚，肿胀，紫红色，皮下有数量不等的紫红色积液。胸腹部肌肉出血、溶血，红色深重，如同红布一般。有的胸腹部或腿、翅内侧皮下有灰黄色胶冻样的水肿液。当发生多发性关节炎时，可见关节囊、滑液囊和腱鞘有浆液性或浆液性纤维素性渗出液，甚至可见化脓或干酪样坏死物。有的关节软骨处出现糜烂和干酪样物。

（四）细菌镜检

取病变明显处的组织涂片、染色、镜检，可见大小均等的革兰氏阳性球菌，无荚膜、无芽孢、无鞭毛，多数呈葡萄状堆积。

二、防制措施

加强饲养管理，保证全价营养，搞好环境卫生。用 0.2% 过氧乙酸定期带鸡消毒，及时检修笼具，防止炸群，作好鸡痘的免疫工作，这样可以大大减少发病机会。注意观察鸡群，及早发现病鸡，早期治疗。发病初期有食欲时，应立即全群用药，可口服抗生素类药物，如氟哌酸等，使鸡体内达到有效药物浓度；如食欲不振，口服不能达到有效药物浓度时，则可迅速肌内注射抗生素类药物，如庆大霉素、卡那霉素、链霉素等，首次用药采用突击量，并连续用药，避免产生抗药性。

本病已有菌苗应用于临床，有一定的保护作用，可根据本场情况试用。

另外，需要提及的一个问题，即金黄色葡萄球菌能产生葡萄球菌肠毒素，是引起人类毒素性食物中毒的重要原因之一，故患本病肉尸严禁出场销售，禁止食用。

第十一节　鸡 伤 寒

是由禽伤寒沙门氏杆菌引起的，主要危害成年鸡的一种败血性传染病。

一、诊断要点

（一）流行病学特征

病鸡和带菌鸡是主要传染来源，由粪便排出病原菌污染饲料、环境、饮水和用具等，经消化道感染。其他野禽、苍蝇等可成为本病的传染媒介。此外，也可经卵传染，种蛋带菌感染雏鸡，或在孵化过程中互相传染。

（二）临床症状

发病初期，病鸡精神不振，食欲下降，活动能力差，很快出现头、翅下垂，贫血，冠、髯苍白，羽毛松乱、无光泽，食欲废绝，口渴，饮水量增加，排出淡黄色粪便，沾污肛门周围的羽毛。病鸡患腹膜炎时，呈犬坐姿势，多数情况 2～5 天死亡。也有康复鸡，但成为带菌者。雏鸡感染本病时精神不振，生长发育不良，排出白色稀粪，呼吸困难，食欲废绝，多数死亡。

（三）剖检变化

急性病例病变不明显，病程稍长，可见黏膜及冠、髯苍白，肝、脾脏肿大 2～4 倍，充血，呈棕黄色稍带绿色，甚至古铜色，肝脏表面有针尖大小灰白色坏死小点，胆囊扩张，充满胆汁；心包炎，心包积浆液性、纤维素性渗出物，心肌表面有灰白色坏死小点；卵泡出血、变形、变色，有时破裂并发腹膜炎；肾脏肿大、充血；小肠卡他性炎症，肠道内充满黏稠、多胆汁的内容物。

（四）细菌学诊断

其方法见鸡白痢。

二、防制措施

不从病鸡场进种蛋，不从管理差、消毒不严的孵化场进雏鸡，保证雏鸡健康不带菌；淘汰病鸡，妥善处理死鸡，环境彻底消毒，消灭传染源与传播媒介；及时发现病鸡，及时全群用药预防和治疗，抗生素类药物、磺胺类药物、呋喃类药物等均有效，视病情轻重，可口服、饮水或注射给药，保证鸡体内药物浓度。

第十二节　鸡副伤寒

是由沙门氏菌属中的一些细菌引起的，主要侵害幼鸡的一种急性或慢性传染病。

一、诊断要点

（一）流行病学特征

病鸡和其他带菌动物是传染来源，经粪便排出病原菌，污染饲料、饮水、用具和环境，经消化道感染。本病也可经种蛋垂直传播；带病菌的飞沫可经呼吸道传播。

本病属于人和畜禽共患病。人和畜或其他禽类都能相互传染，鼠类、苍蝇也能成为传递因素。雏鸡最易感，常暴发流行。4～5日龄和10～12日龄易感多发，死亡高峰可延长到20日龄。

鸡场饲养管理不善，环境卫生差，如温度忽高忽低，拥挤，空气污秽，营养不足等均可促进本病发生。

（二）临床症状

4～5日龄雏鸡多呈急性败血症经过，有时不见症状而死亡。10日龄以上雏鸡症状明显，表现精神不振，低头、缩颈、垂翅、怕冷、拥挤成堆，食欲降低或废绝、渴欲增加、羽毛松乱无光泽、下痢、排水样粪便，污染肛门周围羽毛；有时表现眼结膜炎、流泪；有时可见呼吸困难。病雏多于1～2天死亡。随着日龄增大，症状缓和，病程稍长，但体质下降，群势不佳。结膜炎、鼻炎、肠炎、下痢，肛门周围羽毛粘有粪便等仍然存在。

成年鸡常呈隐性或慢性经过，是危险的带菌者，症状轻微，主要症状是消瘦，下痢，结膜炎，产蛋率下降，种蛋孵化率降低。

（三）剖检变化

急性死亡者病理变化不明显。发病过程稍缓和的可见十二指肠、空肠、回肠充血，出血性炎症，肠壁增厚，肠淋巴滤泡肿大；肝肿大、充血和出血性条纹，并有针尖大至粟粒大灰白色坏死小点；脾脏肿大；胆囊肿大并充满胆汁；心包炎，心包膜和心外膜粘连，心包液增多；肾脏充血，肿大；有的见肺炎病灶。成年鸡表现为消瘦，肠炎，肠黏膜坏死溃疡，腹腔积水，输卵管炎，卵巢炎，肝、脾、肾脏肿大，心肌有坏死性小结节，有时可见关节炎。

（四）细菌学诊断

参阅鸡白痢。

二、防制措施

加强种鸡场卫生管理，使种鸡健康；种蛋入孵前要彻底消毒；孵化室、孵化器、出雏器要保持清洁；防止鼠类、野禽和闲杂人员入舍；加强育雏期饲养与卫生管理，饲料营养全价，温度、湿度适宜，空气新鲜，环境卫生好，合理使用预防药物；发现病情要及时治疗，金霉素、土霉素或四环素按 0.4% 拌料喂服，疗效较好。如食欲不振，可适当增加拌料浓度。氨苄青霉素每只每天口服 500 国际单位，连用 3 天，也很理想。如喂服不行，则可肌内注射链霉素或卡那霉素每只每次 2 毫克，每天 2 次，连用 3 天。

本病病原体是人类细菌性食物中毒常见病原菌之一。因此，本病肉尸和蛋要无害化处理后，小心食用。

第十三节　鸡大肠杆菌病

本病是由某些致病性血清型大肠杆菌引起的各日龄鸡均可发生的不同类型疾病的总称。患病时，可引起心包炎、肝周炎、气囊炎、腹膜炎、输卵管炎、滑膜炎、大肠杆菌性肉芽肿、败血症、肠炎、心肌炎、眼炎、关节炎、脐炎、肺炎、卵巢炎等病变。由于日龄的不同，其易感性不同，其表现形式多样，如 2～

7 日龄易感，多是由于垂直传播所致，以肠炎下痢为主；15～20日龄易感，多是由于新城疫和传染性支气管炎诱发，以气囊炎为主；25～35 日龄，多是由于卫生管理不善引起，以肝周炎、心包炎、气囊炎、腹膜炎多见。产蛋期也容易并发或继发卵巢炎、输卵管炎、卵黄性腹膜炎。

一、诊断要点

（一）病原特性

革兰氏染色阴性，需氧与兼性厌氧，对营养要求不严，最适pH 为中性，最适温度为 37℃。具有中等抵抗力，60℃30 分钟可杀死，对氯十分敏感，所以常用漂白粉、次氯酸钠、二氯异氰尿酸钠等消毒，5％石炭酸、3％来苏儿、5 分钟也可杀死。其敏感的抗生素类药物有磺胺脒、链霉素、红霉素、庆大霉素、卡那霉素、新霉素、多黏菌素、金霉素、奇放霉素等。近年来，由于抗菌药的滥用，使其耐药菌株增多，使该病呈蔓延之势。本菌易形成耐药性，所以治疗、预防用量要保持一定血药浓度，并及时换药。

（二）流行病学特征

本菌在自然条件下广泛存在，鸡场内各生产单位分布普遍。本菌又是体表和肠道中常在菌，因此，对鸡场养殖全程都构成威胁。当卫生条件差，通风不良，饲养管理不善或由于其他疾病，使之抵抗力降低时，易造成危害。肠道中的大肠杆菌随粪便排出体外，污染周围环境、饲料、饮水、垫料、用具和空气。还可以通过粪便污染蛋壳或感染卵巢、输卵管而进入蛋内，带菌种蛋孵出的雏鸡为隐性感染，条件恶劣时，则发展为显性感染；并可以水平传播方式感染健康雏鸡。消化道、呼吸道是感染门户，交配也可造成传染。环境不卫生，过冷、过热或温差大（大于 2℃）时，可促进本病的发生。球虫病在本病的发生上具有重要意义，因为球虫破坏肠黏膜上皮细胞，使肠黏膜的完整性遭到破坏，失去屏障机能，本菌则通过受损的肠黏膜侵入毛细血管，进入血液循环，分布到全身而呈败血症的过程。本病一年四季均可发生，但以冬、夏季多发，肉仔鸡最易感。本病常继发或并发于支原体病、禽霍乱、传染性支气管炎、新城疫等疾病，有时相互促进，使死亡率提高。

（三）症状

1. 急性败血症　病原菌从损伤部位侵入血液，引起全身器官组织广泛出血而急性死亡，不死者可引发眼球炎、输卵管炎、滑膜炎、脊髓炎等，病鸡精神不振，采食量减少，腹泻，拉黄白色或黄绿色稀粪，呼吸困难，最后衰竭而死。

2. 雏鸡脐炎　俗称大肛脐。带菌的种蛋孵出的雏鸡不死也是弱雏，一般在一周内因脐带炎而死亡。病雏表现精神委顿，羽毛蓬乱，翅膀下垂，闭目呆立，不食，呈昏睡状态，腹部膨大，脐部红肿，有的破溃，多在2～3天死亡。

3. 气囊炎　大肠杆菌在自然界中广泛存在，其中鸡舍内空气尘埃中大肠杆菌的含量每克约10万个，鸡体呼吸时直接进入气囊，并定居繁殖，引起气囊炎。另外，受损伤的呼吸道黏膜对大肠杆菌的侵入十分敏感，由此引起的气囊炎可扩散至相邻组织，常见的有肺炎、胸膜炎、心包炎、肝周炎等。当患新城疫、支原体病和传染性支气管炎等呼吸道病时，可继发大肠杆菌性气囊炎，使病情加重，死亡率增高，临床上表现有明显的呼吸道症状，可见呼吸啰音、咳嗽、呼吸困难、食欲减少，逐渐消瘦、生长发育受阻，有时因心包炎严重而突然死亡。

4. 全眼球炎　本症多由败血症引起，多发生于一侧，也有两侧的，表现为眼皮肿胀、流泪、闭眼，眼内有脓性分泌物，角膜混浊，严重时失明。病鸡精神不振，采食困难，不爱活动，最后衰竭死亡。

5. 关节炎　常为败血症的后遗症，主要是由于病原菌侵害腿部关节发生滑膜炎，引起肿胀，跛行。多见于跗关节和趾关节肿大，有大小不一的水疱和脓疱。

6. 大肠杆菌性肉芽肿 多为散发，呈慢性经过，以心脏、肠系膜、胰脏、肝脏、肠管多发，可见这些器官有粟粒大的肉芽肿结节；有时肠系膜由于淋巴细胞、粒性细胞增生、浸润而呈油脂状肥厚。结节的切面呈黄白色，略显放射状、环状波纹或多层性。

7. 脑炎 是大肠杆菌病近几年出现的新表现型，主要表现为神经症状、蹲伏、垂头、闭眼、昏睡，有的歪头、扭脖、共济失调、不能站立，常一侧倒地、抽搐、最后死亡。由败血症引起脊髓炎后也出现相应的神经症状。

8. 皮肤炎 也是新出现的表现型，表现为皮肤发炎、坏死、溃烂，最后形成紫黑色痂，似葡萄球菌病。

9. 种鸡输卵管炎和腹膜炎 是由败血症引起，临床上表现为精神沉郁，饮食减少，逐渐消瘦，产蛋停止，腹部膨大，变成大肚子鸡，俗称裆鸡。

（四）剖检变化

初生雏鸡以下痢为主要症状时，可见卵黄吸收不完全，肠道卡他性炎症，肝脏肿大，其表面有散在的黄色坏死灶，肝包膜增厚；心包膜炎，心包膜增厚，心包腔积有淡黄色液体。发生脐炎时可见脐孔周围皮肤水肿，皮下瘀血、出血、水肿。混合感染时，可见相应的病理变化。成年鸡多表现为卵巢炎、输卵管炎，黏膜充血，管腔内充满干酪样恶臭分泌物，常见有卵黄性腹膜炎，腹腔内有蛋黄液布满肠道表面，甚至见到腹膜粗糙，发生肠粘连。此外，肝包膜炎性增厚，肝脏呈绿色，常见有白色坏死灶、出血点、出血斑；脾脏肿大、质软、充血；肾脏肿大、充血，肾小管、输尿管有尿酸盐沉积；经呼吸道感染时，常见气囊炎病变，有混浊渗出物，气囊壁增厚，气囊内有大小不等的干酪样团块；大肠杆菌性肠炎时，可见肠道上 $1/3 \sim 1/2$ 黏膜充血、出血、黏膜增厚；滑膜炎、关节炎时，可见腱鞘、关节肿大。大肠杆菌性肉芽肿时，可见沿肠道和肝脏发生结节，状似结核。有时可见个别鸡出现单侧眼前房积脓。混合感染时，常见相应疫病的病理变化。总之，本病症状多样，病变复杂，诊断时应仔细分辨，找出发病原因和机理。

（五）实验诊断

1. 大肠杆菌形态观察　无菌钩取鸡心血或肝、脾及肠内容物直接涂片，革兰氏染色，镜检，大肠杆菌为革兰氏阴性短杆菌。

2. 增菌培养　无菌采取病死鸡肝、脾适量，于无菌乳钵中研磨细碎，以普通肉汤作10倍稀释混合均匀，取混悬液10毫升接种于10毫升煌绿—麦康凯肉汤增菌液中，在37℃温箱中培养24小时。

3. 分离培养　钩取增菌培养液，分别接种于SS、麦康凯琼脂培养基上，再于37℃温箱中培养24小时后观察生长情况，其菌落形态特征为圆形、隆起、湿润、边缘整齐的红色菌落。

4. 生化鉴定　由SS、麦康凯培养基上挑选红色菌落作涂片，革兰氏染色，镜检为革兰氏阴性短杆菌时，分别接种于普通琼脂培养基、蛋白胨水培养基和各种单糖培养基（葡萄糖、乳糖、麦芽糖、蔗糖、甘露醇）和柠檬酸盐培养基中，37℃温箱中培养24小时，对葡萄糖、乳糖、麦芽糖、甘露醇发酵、产酸、产气，不发酵蔗糖，不利用柠檬酸盐。同时作靛基质试验、硫化氢试验、MR与VP试验和运动性观察，其结果能产生靛基质，不形成硫化氢，MR试验阳性，VP试验阴性。从普通培养基钩取培养物接种于普通肉汤中，37℃培养24小时后压片镜检，观察其运动性为阳性。

5. 毒力试验　取健康小鼠9只，每3只为一组，随机取2株纯培养物，第一、二组每组接种1株，每只小鼠腹腔注射肉汤培养物0.1毫升，第三组为对照组，注射灭菌生理盐水。24小时后第一、二组全部死亡，第三组健活。剖检死鼠可见腹部皮下有出血点，实质脏器呈现不同程度的出血。再无菌取肝、脾组织进行病原菌的分离与鉴定，应该与病死鸡检出的病原菌完全一致。

6. 血清学试验　利用购买的致病性大肠杆菌多价血清与所

分离的纯培养物进行平板凝集试验加以判断。如需定型，仍需单因子血清继续作凝集反应试验。

二、防制措施

加强种鸡场饲养管理与兽医卫生防疫工作，避免垂直传播与环境污染，保证出售健康雏鸡。加强育雏阶段、育成阶段及成年鸡的饲养管理与防病灭病工作，避免原发病与混合感染，增强鸡的体质，在高温、闷热季节应注意防暑降温，定期带鸡消毒，改善环境卫生条件。

预防用药和治疗用药时，可选本菌敏感的药物。在使用药物前，有条件的鸡场应做药敏试验，避免用药不当，延误病情。另外，用药量要足，保证鸡体内药物浓度，避免产生抗药性。也可选用本场不经常使用的药物，达到理想目的。

实验证明：环丙沙星、氟哌酸、磺胺增效剂、庆大霉素、头孢曲松、头孢噻肟、头孢西丁、美罗培南等疗效甚好。为了控制本病，现已有菌苗供应，但在应用过程中往往效果不佳，主要原因是本菌种类繁多，抗原结构复杂多样，现已发现 173 个 O 抗原，74 个 K 抗原，55 个 H 抗原，17 个 F 抗原等，由此而组成了数万个不同的大肠杆菌血清型。现已证明，不同血清型之间无交叉免疫力，所以，任何一种菌苗用来免疫，保护力均不理想。因为制作菌苗的菌种不可能全部包括。最好的菌苗也只有几个菌种，每个鸡场发病的病原体不一定包括在菌苗之中，所以达不到理想效果。最好的办法是本场自己分离菌株，自制菌苗，应用于本场，如果没有另外因素干扰时，能达到 100% 的保护作用。

第十四节　雏鸡传染性脑脊髓炎

本病是由一种滤过性病毒引起的、主要侵害雏鸡神经系统的一种地方流行性传染病。

一、诊断要点

(一) 流行病学特征

以冬春季多发，1～2 日龄雏鸡易感，7～14 日龄雏鸡最易感。其传播途径，一是经卵传播，种鸡带毒，所产种蛋也带毒，孵出的雏鸡先天性感染本病毒而发病；二是水平传播，雏鸡患病后由粪便排毒，污染环境，被污染的饲料、饮水、用具、人员等成为传递因素，经消化道感染。本病传播迅速，雏鸡的发病率与死亡率较高，一旦发病，损失严重。

(二) 临床症状

本病的主要表现是神经系统紊乱。初期，见病雏精神沉郁；随后出现共济失调，前后倾斜左右晃动，跌倒，伏卧或侧卧，或跗关节着地呈蹲伏姿势；进而反应迟钝，全身颤抖，转圈运动或头颈扭转。水平感染时，症状多不明显，常被人忽略。成年鸡感染时，只有产蛋率暂时性下降，耐过之后，产蛋率逐渐恢复。

(三) 剖检变化

本病不具有肉眼可见的病理变化，有时能见到心肌、肝脏切面上出现不甚明显的白斑、不足以作为诊断依据。本病与具有肿瘤病变的鸡病鉴别见表 4-1。

表 4-1 传染性脑脊髓炎与具有肿瘤病变的鸡病鉴别

病　名	马立克氏病	淋巴细胞白血病	传染性脑脊髓炎
病原	病毒	病毒	病毒
发病日龄	65～180	140 以上	2～20
病程	多为急性	多为慢性	慢性
死亡情况	有死亡	慢性死亡	不易死亡
神经症状	有	无	有
眼睛病变	虹膜病变	无	无
皮肤肿瘤	皮肤型有肿瘤	无	无
内脏肿瘤	内脏型有肿瘤	有	无

二、防制措施

本病无药可治，只可姑息疗法，对病雏加强护理，创造优越的环境条件，顺其自然，多数可以恢复，继续生长发育。

为了防止本病的延续，最好更新鸡群或淘汰病鸡，全场彻底消毒，不再从有病种鸡场进种蛋和雏鸡。

加强饲养管理，执行严格的兽医卫生防疫制度，杜绝水平传染，确保鸡群健康。种鸡视情况进行本病的免疫接种，保护鸡群，提供优质种蛋和雏鸡。

第十五节　鸡传染性鼻炎

本病是由鸡副嗜血杆菌引起的育成鸡和产蛋鸡的一种急性呼吸道传染病，临床上以传播迅速、肿脸、呼吸困难为特征。

一、诊断要点

（一）流行病学

育成鸡和产蛋鸡最易感，一年四季均可发生，但以寒冷季节、气温多变时多发。环境条件改变，应激刺激频繁，如饲养管理不良、环境卫生恶劣时，亦容易发生。病鸡、带菌鸡是主要的传染来源。本病主要通过污染的饲料、饮水、用具等经消化道感染。发病率高，当有继发感染时，可加重病情，并使病程延长。如饲养管理不良，本病可在鸡场反复发生，病愈后还可再感染发病。

（二）临床症状

突出的临床症状是鸡的颜面肿胀，鼻孔有浆液性分泌物，一目了然。此外，有的病鸡患结膜炎，流泪；有的冠、髯肿大、变厚；病鸡食欲不振，产蛋率下降，严重时甚至停产。早期发现疫情，及早采取措施，加强饲养管理，合理治疗，产蛋率会随病情好转、食欲的增加而回升。育成鸡恢复得快些。

(三) 剖检变化

本病发病率高，但死亡率低。除颜面肿胀、鼻炎、结膜炎外，很少具有内脏器官的特征性病变。当有继发感染时，使病情加重，甚至死亡，此时可见继发病的病理变化，如传染性支气管炎、传染性喉气管炎、慢性呼吸道病、大肠杆菌病、霍乱等。痊愈鸡有时颜面肿胀部位皮下留有硬痕，突出于表面，成为永久性肿物，改变了鸡的面貌，但不影响食欲和产蛋。

二、防制措施

平时加强饲养管理，控制或减少温度、湿度、气味等应激刺激，及时定期消毒，使鸡群健康，增强抗病能力，对防制本病的发生具有重要意义。

及早发现病情，及早采取合理防治措施，在加强饲养管理、改善环境条件的同时，要以特效药物进行治疗，链霉素对本病原体有较强的杀灭作用，是首选药，成年鸡每天肌内注射 100～200 毫克，症状轻的每天注射 1 次，重症者注射 2 次，连续 3 天见效；若口服，每只鸡每天 200 毫克。

为了方便起见，大群用药可将磺胺嘧啶或磺胺二甲嘧啶配成 0.05%～0.1% 溶液饮水，上午和下午各饮 1 次，连用 5～6 天，有治疗和预防作用。此外，临床上常用新诺明，按时、按量投服，即可很快控制疫情，虽然用药后影响产蛋，但能迅速缓解病情，防止继发感染，减少死鸡，恢复快，产蛋率会很快回升，能达到减少损失的目的。如发现疫情较晚，鸡群食欲明显下降时，喂服给药常达不到药物浓度，治疗效果不明显，可用其他抗生素，如青霉素、红霉素、土霉素等肌内注射。

鸡群发病后，康复的鸡仍带菌，是危险的传染来源，如不彻底消毒，淘汰病鸡，鸡群仍有复发或威胁其他鸡群的危险，所以应执行全进全出的制度，鸡舍和环境彻底消毒，才能较有把握地控制本病。

我国生产的传染性鼻炎苗已在临床上应用，有一定的保护性，可依本场情况选用。

第十六节　鸡慢性呼吸道病

本病是由败血支原体引起的各种日龄鸡的一种呼吸道疾病，所以实践中又称为鸡支原体病。本病死亡率不高，但病程长，影响生长发育，饲料报酬低，胴体重降低，是代价最高的疾病之一。

一、诊断要点

（一）病原特征

本病病原体无细胞膜结构，所以作用于细胞膜的抗生素类药物无效，如青霉素。本病原体抵抗力不强，常用消毒药均有较好地杀灭作用。

（二）流行病学特征

本病是鸡场常发病之一，雏鸡和中雏易发生。因为本病是经卵传染，鸡场带菌现象较为普遍，本鸡场就有传染源存在。所以，当鸡场管理水平低下，不能控制温度、湿度、鸡群密度、空气污染等应激刺激时，使鸡体适应能力差，抗病能力降低，就会成为本病的诱因，促进本病的流行。在临床上，本病流行主要见于气候多变和寒冷季节。此外，常继发于其他呼吸道疾病，如传染性鼻炎、传染性支气管炎、传染性喉气管炎，使病情加重。本病常与大肠杆菌病混合感染，使病情恶化。

（三）临床症状

初期能够观察到的就是呼吸道症状，呼吸音粗厉，尤其在夜间查群时可听到少数鸡的喘鸣声。随着病情的发展，病鸡精神不振，食欲、饮欲降低，低头缩颈，双眼紧闭，咳嗽、喷嚏、甩鼻、鼻塞，听诊有啰音，并见流泪，眼睛红肿，突出，似金鱼眼。有的眼睑肿胀，眶下窦肿胀，甚至颜面肿胀，常由鼻孔流出浆液性或黏液性分泌物。生长发育受阻、产蛋率下降。当本病与大肠杆菌病混合感染时，使病情恶化。本病病程较长，病后如措施不当，病鸡可逐渐消瘦，最后因衰竭而死亡。

（四）剖检变化

病死鸡发育不良、消瘦，剖开胸腹腔能清楚地看到气囊壁增厚，混浊不透明，囊内积有多量黄色鸡油样渗出物或干酪样物，严重者，黄色干酪样物可挤压内脏器官，但内脏器官不见明显病理变化。病死鸡的所有呼吸道均有变化，如鼻腔、鼻窦、喉头、气管、支气管有明显的卡他性炎症，黏膜肿胀，灰白色，分泌物增多，有的呈纤维素性，有的形成干酪样物堵塞喉裂；眶下窦内积有多量黏液或干酪样物；眼内也有干酪样物；本病如与大肠杆菌混合感染，则见有大肠杆菌病的病理特征，如心包炎、心外膜炎、肝包膜炎等；本病如继发于其他呼吸道病，亦可见原发病的病理特征。

（五）实验室诊断

1. 全血平板凝集反应实验 应用鸡败血支原体标准抗原（农业部中国兽药监察所或其他兽医研究所有售），按常规方法采血，做全血平板凝集反应，凝集者为阳性。

2. 动物实验 取病鸡的气囊膜若干，加 10 倍量灭菌生理盐水，在乳钵中研成乳剂，每毫升加青霉素 2 000 国际单位，在 0～4℃的冰箱中放置 24 小时感作，然后取出以 2 000 转/分离心沉淀，其上清液为接种材料，选取 20 日龄左右、支原体全血平板凝集反应为阴性的健康鸡 8 只，在其中 4 只鸡的气囊内接种上述制得的材料 0.1 毫升，另外 4 只鸡不接种，作为对照。于接种后 10 天作一次全血平板凝集反应检查，全部应该是阴性的结果。于接种后 20 天再做一次全血平板凝集反应，结果全部应该是阳性，而对照组均应为阴性。

二、防制措施

加强饲养管理，提高管理水平，保证环境卫生，减少不利因素的刺激，控制其他疾病的发生。彻底消除诱因是预防本病流行的重要条件。

一旦发现本病，应及早采取措施，改善环境，消除诱因，并尽快用药物治疗，最敏感的药物有北里霉素、红霉素，其次是四环素、利高霉素等，个体用药与大群用药相结合。本病虽然传播缓慢，但因为常有继发感染或合并感染，万万不可姑息疗法。

本病是经卵传染，对种鸡场的净化工作很重要，种鸡可使用疫苗，控制或减少带菌现象，是防制本病的基础。

第十七节　鸡　　痘

本病是由鸡痘病毒引起的各种日龄鸡的一种传染病，临床上以皮肤、口角、鸡冠等处发生疱疹为特征，有些在口腔、喉头、食管黏膜上发生白喉性假膜。

一、诊断要点

（一）流行病学特征

本病一年四季均可发生，以秋、冬季节多发，而且秋季多发痘型，冬季多发白喉型。各种品种、日龄、性别的鸡均有易感性，以雏鸡和中鸡最易发生，雏鸡死亡率高。病鸡是主要传染源，主要通过皮肤、黏膜的损伤接触感染；也可经飞沫由呼吸道感染；蚊虫的叮咬亦可成为传播途径；此外，饲养管理不良，如拥挤、通风不良、环境卫生条件不佳、寒冷、多雨季节、饲料配比不当、维生素缺乏或有其他疾病时，均可促进本病的发生和加重病情。

（二）临床症状

雏鸡、青年鸡感染本病时，可导致生长发育缓慢，成年鸡产蛋率下降。因病毒感染的途径不同或侵害部位不同，其临床表现可人为地分成3种类型。

1. 皮肤型 在冠、髯、眼睑、耳等头部无毛处有结节性病灶，由灰色到灰黄色，并由粟粒大至豌豆大，有时结节互相连接，形成较大的厚痂，有时破溃流出鲜血或黄脂状物，如无继发感染，一般呈良性经过，死亡率不高。

2. 黏膜型 主要在口腔黏膜、喉头黏膜或气管黏膜上发生灰白色、混浊不透明并突出于表面的小结节，增大后融合而呈黄白色、干酪样坏死物，像一层假膜覆盖，撕下假膜可见到出血性溃疡，此种类型常出现在喉头，故又称为白喉型，常因阻塞喉裂而影响呼吸，可见病鸡张口、伸颈、摇头或咳嗽，有时发出异常声音，甚至窒息死亡；当侵害鼻咽部时，则泪管和下眼窝发炎，在鼻窦中蓄积淡白色黏液或脓性分泌物；侵害眼睛时，初期呈卡他性结膜炎，进而出现大量黄色黏液或脓性分泌物，或纤维蛋白性渗出物，使眼睑闭合。

3. 混合型 皮肤型和黏膜型同时存在，使病情加重，严重时病鸡非常痛苦，面目全非，如不及时救护或继发葡萄球菌病，则损失惨重。

（三）剖检变化

本病仅限于临床上肉眼可见变化，当有继发感染时，可有继发疫病的特征性病变。

二、防制措施

因本病无特效治疗药物，所以加强饲养管理，改善环境卫生条件，定期消毒等综合性措施的实施，对预防本病的发生非常重要，对防止继发感染亦起重要作用。

在临床上，常用鸡痘冻干苗作预防接种，按说明书稀释后，用消毒过的蘸水笔尖蘸取疫苗液于鸡翅内侧无血管处刺种（雏鸡刺1下，其他日龄鸡刺两下），刺后24小时抽检，检查刺种部位有无红肿等炎症反应，有者为正确，说明鸡体可以获得免疫力，无者无效，须重新接种。本疫苗应在20～30日龄初免，开产前二兔，其保护率是可以信赖的。在实际操作中，由于刺种的剂量难以掌握，准确性差，有时免疫效果不佳，可以改为局部皮下注射法，剂量准确，证明有效。另外，刺痘的同时不可用新城疫Ⅰ系苗注射免疫，防止干扰痘苗失效，应间隔7～10天。为了减轻症状，减少痛苦，临床上多采用土法治，如用痊愈鸡的全血治疗，病鸡每只每天肌内注射0.5毫升，连用3天有效；白喉型的可用镊子剥离假膜，然后涂碘甘油；也可用喉症丸填入鸡的口腔内治疗白喉型；治疗皮肤型时，喉症丸2粒拌料，每只每天1次即可，连用2天；亦可将喉症丸研碎，制成糊状敷于患处。

当有继发感染时，应同时注意治疗，以缓解病情。

第十八节　肉鸡肠毒综合征

1. 流行特点　30～40日龄易发；密度大，湿度大，通风不良，卫生条件差的多发；感染球虫病的多发；喂饲优质蛋白、能量、维生素等营养全面的优质饲料的多发。

2. 主要症状　初期症状不明，只是个别鸡粪便稀，不成形，粪中带有不消化的饲料。随着时间延长，大部分鸡开始腹泻，有的水泻，粪便稀，不成形不成堆，粪中有较多未消化的玉米糁和豆粕糁，粪便颜色变浅，显浅黄色或浅绿色，又过2～3天，采食量开始下降（下降10%～30%）。后期个别鸡出现神经兴奋，疯跑，之后瘫痪死亡。

3. 主要病变　病早期只十二指肠、空肠的卵黄蒂之前，部分黏膜增厚，颜色变浅，呈灰色，像一层厚厚的麸皮极易剥离，肠腔空虚，内容物较少，有的没有内容物，有的内容物为尚未消化的饲料。到中后期，肠壁变薄，黏膜脱落，内容物呈蛋清样，黏脓样，严重者整个肠黏膜几乎完全脱落崩解，肠壁菲薄，肠内容物呈血色蛋清样或黏脓样、柿子样，其他脏器不见明显变化。

4. 原因　小肠球虫感染，造成肠黏膜损伤，肠道内环境变酸，pH 下降，菌群改变，有害菌大量繁殖，消化酶作用下降，消化不良，肠蠕动加快，胆汁排出，而饲料中蛋白质、维生素、能量多，有利于有害菌繁殖，发生自体中毒。

5. 治疗　单纯治球虫无效，单治腹泻无效，必须抗球虫、抗菌、调节肠道内环境，补充部分电解质和部分维生素，连用3～5天即好。

第十九节　鸡曲霉菌病

本病是由烟曲霉菌引起鸡的一种真菌性疾病。烟曲霉菌是一种腐败物寄生菌，在自然界分布十分广泛，而且生长繁殖快，对外界环境抵抗力强，对理化作用、消毒药物的抵抗力都强，它是真菌中致病性最强的一种。

一、诊断要点

（一）流行病学特点

常发生于 4～12 日龄的雏鸡。如果是由于种蛋被曲霉菌污染，或者孵化器、孵化室、出雏器遭受污染，则 1 日龄的雏鸡就会感染。所以，本病的发生与生长曲霉菌的环境有关，常见于腐败的植物和谷物饲料中，呼吸道为感染途径，呈肺炎症状，故称育雏肺炎。本病一旦发生，则大批鸡发病，呈急性流行过程；死亡率高达 50%；成年鸡有一定的抵抗力，呈散发或慢性感染过程，死亡率不高。临床上除肺炎型的曲霉菌外，还有脑炎型、眼炎型、脊髓炎型和皮肤型曲霉菌病等。

（二）临床症状

病雏呼吸困难，次数加快，喘气，但不伴有啰音。病雏食欲不振，口渴，下痢，嗜睡，进行性消瘦，对外界环境的刺激反应迟钝，呆立一隅，无声无力地张口喘气，最后衰竭、痉挛而死亡。如病原体转移到眼球时，可能在一侧或两侧眼球产生灰白色混浊，眼睛肿胀，可见眼睑下有干酪样物沉着，角膜溃疡。在罕见的结膜囊感染时，伴有眼分泌物。如发生脑炎型曲霉菌病时，可见有神经症状。

成年鸡患病后呈慢性经过，产蛋率下降，并出现类似传染性喉气管炎的症状，有的出现跛行。

（三）病理变化

急性死亡的病例不易见到典型病理变化，病程 5 天以上的死亡鸡病变明显。肺曲霉菌病以肺病变为主，整个肺组织见有散在的黄白色或灰白色、粟粒大至绿豆大结节，质度较硬，内部为黄白色干酪样物。病灶也出现在气囊、气管、支气管和其他实质脏器上，整个气囊壁增厚，有散在结节。其结节性状不同，有的为丘疹状隆起，有的为黄白色圆盘状，表面稍凹陷，或呈同心圆状，质地较硬，切面中央见有干酪样坏死物渗入。此外，肝、脾、肾、卵巢上有时可见到圆盘状结节。到疾病后期，在圆盘状结节表面和气囊壁上形成灰绿色霉菌斑。在气管、支气管内有黏液和菌丝。

二、防制措施

加强饲养管理，消除病原菌的来源，搞好环境卫生，保证鸡舍空气新鲜，及时通风换气。严禁饲喂发霉变质饲料。种蛋、库房、盛蛋箱、孵化器、孵化室、出雏器内的一切用具和地面、墙壁，及时有效地扫除和消毒。在高温多雨季节，特别要注意饲料的保管，饲槽、水槽经常清洗，根除霉菌的滋生环境。如鸡舍已被污染，应立即彻底消毒、清洗，让鸡群脱离污染环境，剔除病鸡，在饲料中添加 0.1% 的硫酸铜溶液拌湿饲喂，亦可用 1：2000 硫酸铜溶液代替全部饮水自由饮用，减少新病的发生，控制本病的继续蔓延。

需要治疗时，可口服碘化钾，每升水中加 5～10 克；珍贵品种的鸡可用制霉菌素治疗，雏鸡 3～5 克混于料中喂服。

具有呼吸道症状的传染病种类较多，为了鉴别，以便采取合理的防制措施，见表 4-2。

表 4-2 具有呼吸道症状的传染鸡病鉴别表

病名	病原	易感鸡龄	发病季节	病程	发病率	主要症状	病理变化	治疗	其他
新城疫	副黏病毒	各日龄鸡	一年四季	2～5天	高	张口呼吸、冠、髯青紫、歪头、呆滞、黄绿色稀粪、嗉囊有积液	腺胃出血、肠道出血、肠与盲肠交界处有出血点、直肠交界处有小白点、盲肠、溃疡、脾稍有肿，肺的冠状脂肪出血、卵泡破裂	药物治疗无效	连续鸡死
支原体病	败血支原体	育雏期	低温期	5～25天	20%～30%	鼻孔周围有黏液、张口呼吸、眼分泌物增多	气囊表面有黄色块状物、有时眼球发红	药物有效	慢性死亡
传染性支气管炎	冠状病毒	育成鸡至成鸡	低温或气候变化	1～3周	较高	呼吸困难、咳嗽、摇头、稀、产软壳蛋、畸形蛋	气管支气管内有黏液、卵黄破裂、输卵管内有卵黄物存在、输卵管肿大、肾脏肿大、尿管变粗、并有尿酸盐沉积	药物治疗无效	死亡较少
传染性喉气管炎	疱疹病毒	育成鸡至成鸡	低温或气候突变	1～4周	较高	张口呼吸、流泪、青紫色稀粪、咳嗽带血或黄色积液、有突然死亡	喉头气管出血、附有黄白色渗出物、易剥落、睡下窒肿胀、失明、卵泡出血	药物治疗无效	有死亡
传染性鼻炎	副嗜血杆菌	各日龄鸡	低温	3～30天	20%～30%	鼻孔有分泌物、脸面肿胀、眼部膜发红、眼睑肿胀	鼻腔、喉部充血、小支气管内有黏液	药物治疗有效	很少死亡
烟曲霉菌病	烟曲霉菌	育雏鸡到育成鸡	3至6月份	2～5天	40%	呼吸困难、消瘦、眼睑一侧或两侧突起、病程稍长时有拉稀粪	胸壁、肺、气囊上有黄白色或黄绿色菌体、慢性病鸡皮肤变紫、有黄曲霉菌感染时眼部肿胀甚至造成失明	制霉菌素有效	有死亡

第二十节　鸡减蛋综合征

本病是由病毒引起，以群体产蛋率下降为特征，是威胁产蛋高峰期鸡的一种经济损失严重的传染病。

一、诊断要点

（一）流行病学特征

本病的传染来源是种鸡，以垂直传播为主，亦可水平传播。170～180日龄的蛋鸡最敏感。雏鸡感染本病时并不表现临床症状，也不易查出抗体，性成熟后，病毒在体内才表现出侵害作用，才能够测出抗体，产蛋高峰期危害最为严重，临床表现明显，但死亡率低。

（二）临床症状

本病表现出的临床症状主要有两方面：一是高峰期产蛋母鸡群体性产蛋率下降；二是所产的蛋的特征性变化，如软壳蛋、薄皮蛋、无壳蛋、特小蛋、畸形蛋、破皮蛋等多种多样，蛋壳颜色变淡，无光泽，蛋白稀薄如水，蛋白、蛋黄分离，有时可见蛋白中有血液，种蛋孵化率降低。

临床上的这些特征可持续4～10周不等，多数于10周后开始好转，产蛋率逐渐回升，蛋的质量逐渐变好。

（三）.剖检变化

本病不具有特征性的病理变化，不足以作为诊断依据，主要依据流行特点和临床表现进行分析诊断。

二、防制措施

鸭、鹅亦可感染本病成为带毒者，所以不可鸡鸭同舍饲养。不从本病流行的种鸡场进雏鸡，保证雏鸡健康。

在开产前以减蛋综合征疫苗免疫接种，有明显的保护率，可获得满意效果。当鸡场一旦发病，也可用本疫苗进行紧急接种，能起到控制疫情、缩短病程、促进恢复的作用。

[附一]　畸形蛋产生的原因与类型

1. 双黄蛋与多黄蛋

特点：蛋型大，双黄蛋或三黄蛋。

原因：初产新母鸡产卵规律不正常，促性腺激素和排卵诱导素分泌多寡造成不正常排卵；两个或多个卵子成熟时期较接近；一个是成熟卵子，另一个是未成熟卵子，正在产蛋母鸡受惊吓使未成熟卵子落入伞部。

2. 软壳蛋

特点：内外两壳壳膜已形成，但未形成硬壳。

原因：主要是饲养管理因素造成。产蛋旺季，配合日粮中矿物质及微量元素供应不足，连续高产的母鸡需钙量多，但钙供应不足；环境因素的影响，如鸡受惊吓，输卵管收缩过度；输卵管中有寄生虫病；注射新城疫疫苗后一周内易产生软壳蛋。

3. 无黄蛋（小蛋）

特点：蛋小，蛋内仅有蛋清而无蛋黄。

原因：输卵管黏膜上皮脱落，随输卵管收缩后，将其包起来形成小蛋。

4. 蛋包蛋

特点：蛋形大，破壳后有完整的蛋，外壳内仅有蛋清。

原因：蛋在子宫部时，鸡受惊吓导致输卵管逆蠕动造成。

5. 异物蛋

特点：打开蛋后有血斑、肉斑、凝固蛋白、寄生虫等异物。

原因：卵巢出血，输卵管反常活动；肠道有寄生虫等。

6. 异状蛋

特点：蛋形不同，呈长形、扁形、葫芦形、皱纹及砂壳等。

原因：子宫反常收缩，输卵管机能失常。

表4-3　产蛋过程输卵管各部作用

部位	长度（厘米）	停留时间	作　用
伞部	3～9	15～18分钟	接收卵子、受精
蛋白分泌部	30～50	3小时	分泌蛋白

部位	长度（厘米）	停留时间	作　用
峡部	10～20	60～75分钟	形成内外蛋壳膜，决定蛋形
子宫	10～12	18～20小时	形成外稀蛋白，蛋壳成形分泌蛋壳膜，蛋壳色素
阴道	10～12	10～30分钟	蛋的通道，分泌油脂，润滑通道

[附二]　褪色蛋发生的原因

1. 疫病因素　禽流感、新城疫、变异传支、减蛋综合征等重要传染病的发病期和恢复期；大肠杆菌病和沙门氏菌病的发病过程中，由于子宫炎症和分泌失调造成蛋壳褪色。

2. 应激因素　应激因素也会引起内分泌失调而使蛋壳褪色，如免疫接种，卫生消毒，转群调群，雷雨闪电或野禽野兽窜入而造成的惊吓，春季气候多变，冷热不均，夏季高温，冬季寒冷，秋季贼风侵袭，光照不稳定等。

3. 营养因素　①饲料中营养不全，配比不当，如钙、磷缺乏或比例不当，维生素A、维生素D_3、维生素E不足等；②胃肠道疾病造成吸收障碍，如各种原因引起的肠炎、腹泻；③夏季高温，吃料少、饮水多、排泄快等均可造成营养缺乏而使蛋壳褪色。

4. 高产老龄鸡　由于各种生理功能减退，如消化能力弱，吸收不全，内分泌机能紊乱时也可造成。

第二十一节　禽网状内皮组织增生病

本病是一种新的免疫抑制性疾病，是由一组反转录病毒引起禽类的一组症状不同的综合征，包括免疫抑制、急性致死性网状细胞瘤，矮小综合征和淋巴组织及其他组织的慢性肿瘤，它是污染禽用疫苗的潜在因素。家禽感染后，造成免疫应答能力降低，抗病力下降，干扰其他疫苗免疫效应，导致免疫失败。它又可潜在地引起病毒突变并易激发感染鸡痘、支气管炎、球虫、沙门氏菌病等，造成巨大经济损失。

1. 病原特性　本病毒对理化因素抵抗力不强，容易被乙醚、氯仿杀灭，对热敏感，不耐酸，耐低温。

2. 流行病学特征　本病可垂直传播，也可水平传播，其水平传播主要经呼吸道和消化道感染，污染疫苗的传播是本病发生的重要因素。

3. 临床症状与病理变化

（1）急性网状细胞瘤　发病急，很少见到临床症状，多于1～2天内急性死亡，死亡率可达 100%。剖检见肝、脾肿大，表面及切面有小点状或弥漫性灰白色病灶；肾脏也肿胀，胰腺、输卵管及卵巢出现纤维性粘连。

（2）矮小综合征　生长发育迟缓或停滞、体形瘦小，参差不齐，但饲料消耗不减，剖检见血液稀薄，贫血，全身出血；腺胃充血、出血、肿胀，黏膜糜烂或溃疡；脾脏坏死，胸腺及法氏囊萎缩；两侧坐骨神经、臂神经肿胀，横纹消失呈黄白或灰白色，水肿样明显增粗；胰腺、心、肾及卵巢有时也见弥漫性灰白色病灶。

（3）慢性淋巴瘤　精神委顿，食欲不振，产生淋巴样白血病，肝、胸腺、心脏均有肿瘤病变。

4. 鉴别诊断　本病特点是肝脾肿大，有点状或弥漫性灰白色病灶；胸腺、法氏囊萎缩，生长发育障碍，个体瘦小，饲料消耗不减少；有肿瘤或肢体麻痹。但这些特征与其他肿瘤性疾病有很多相似处，所以难以鉴别，然而仍有不同之处，如马立克氏病神经型表现为一侧神经肿胀，横纹消失，而本病为两侧神经同时病变；内脏型马立克氏病除内脏器官的肿瘤病变之外，还有皮肤型、眼型，而本病仅有肝、脾或肾出现肿瘤。再如白血病不出现神经症状，没有外周神经的病理变化，心脏病变也不明显。真正做到确实可靠的诊断，应做病毒分离和抗体监测加以证实。

5. 防制措施　目前尚无商品疫苗，亦无有效治疗方法，主要是预防本病的发生，及时监测种鸡群抗体，淘汰阳性鸡，净化种鸡群，禁止发病鸡场种蛋进入市场，杜绝垂直传播的机会；发现感染鸡群迅速隔离，病鸡淘汰、捕杀、烧毁；对感染鸡舍要彻底清洗、消毒，防止水平传播。

第二十二节　鸡衣原体病

鸡衣原体有急性暴发的强毒力株和缓慢流行的低毒力株两大类。

鸡有较强抵抗力，经口或呼吸道感染，野鸟与家禽的接触可互相感染。近年来，鸡衣原体病增多。

潜伏期 2～8 周，火鸡和鸭为急性感染，鸽为慢性感染，鸡多为自然感染。主要症状是肿头，产蛋下降，呼吸困难，没有产蛋高峰期（70％），腹部明显膨大，下垂伸到地面，腹部皮肤变薄。幼鸡死亡率高，急性。幼鸡剖检见纤维素性心包炎和肝肿大。成鸡输卵管中有大小不等的囊泡，充满清亮液体，输卵管系膜增厚发白，膜上有多量黄色硬块，输卵管浆膜有黄色干酪样纤维蛋白渗出，输卵管蛋白分泌部被大量浆液充满而呈囊肿样，切开流出大量液体。

防治：无疫苗。药物有：四环素、土霉素、环丙沙星，1克/千克料连用 1 周，治疗与停药交替进行，是消除慢性感染的有效方法。

第二十三节　鸡包含体肝炎

一、诊断要点

（一）流行病学特征

本病是由腺病毒 8 型、2 型、5 型、3 型、4 型等血清型引起禽类的一种急性传染病。本病可水平传播，亦可垂直传播，在自然条件下，主要是 5 周龄肉仔鸡易感，蛋鸡和鸽也易感。发病后逐日增多，如与法氏囊病、马立克氏病、贫血病毒病、支原体等病混合感染，可加重病情，则死亡率增加，甚至全群覆灭。

（二）临床症状

病鸡发热，嗜睡，精神欠佳，羽毛蓬乱无光，食欲不振，出现黄疸，拉白色水样稀粪，冠髯、脸部苍白，常不见先驱症状而突然死亡，且3～5天达死亡高峰，维持3～5天则停止死亡。

（三）病理变化

可见尸体黄疸，有的贫血，但重要的病变在肝脏，只见肝脏肿大褪色，呈黄褐色，质地脆弱，表面有黄白色、痘疹状颗粒隆起物或者斑状出血点；有的见肝萎缩，并有灰黄色坏死灶；肾肿大呈灰白色；心包有黄色积液；胸腺及法氏囊萎缩，骨髓褪色，皮下组织和横纹肌水肿和充血；因骨髓有变，常致两腿无力，甚至伏卧不起，使胸肌和腿肌黄染，有出血斑点；肝脏触片镜检，发现肝细胞核内有嗜碱性或嗜酸性核内包含体。

（四）诊断

根据临床症状和病理变化即可确定诊断。

二、防制措施

1. 做好环境消毒，可选用福尔马林、碘伏及次氯酸钠等。
2. 引雏健康，加强饲养管理。
3. 现无疫苗，又无特效治疗药物，可选用抗病毒药，抗菌药，利肝胆和助消化药，连用5～7天，有理想疗效。

第二十四节　鸡传染性贫血

本病是由鸡贫血病毒引起雏鸡的贫血和淋巴组织萎缩的一种危害严重的免疫抑制性疾病，生产中有的叫病毒性贫血病，有的叫贫血性病毒病。主要引起雏鸡的贫血、生长发育不良、渗出性皮炎和死亡。

一、诊断要点

（一）发病情况

本病可水平传播，也可垂直传播，雏鸡最易感，特别是可以引起感染鸡的免疫抑制及继发感染或双重感染，可使很多致病性病毒毒力增强，使疫苗的免疫力下降，损失严重。本病毒抵抗力较强，但对碘仿、甲醛敏感，而煮沸消毒最有效。

（二）临床症状

垂直感染的雏鸡常表现为急性症状，在出壳 1 周即表现出贫血症状，冠髯苍白，其他如精神沉郁、厌食、生长停滞、羽毛粗乱无光泽、消瘦，并有严重的皮肤感染、真菌感染和全身免疫抑制，通常在发病后 5～6 天死亡，且死亡率逐日上升，可达 10%～20%。2 周龄以上雏鸡感染后常发生翅下局部性病变，是由于细菌继发感染所引起的局部坏疽性皮炎，所以，本病又叫蓝翅病。

（三）病理变化

剖检最显著的变化是贫血，可视黏膜苍白，肌肉、内脏器官苍白，血液稀薄如水；胸腺萎缩，骨髓萎缩苍白并有脂肪浸润。有时见法氏囊萎缩，肝肿大、有点状坏死灶，脾脏萎缩等。

（四）诊断

通过观察与剖检，根据贫血、胸腺萎缩、骨髓萎缩且颜色变浅以及局部皮肤坏疽性炎症，即可怀疑本病。

二、防制措施

1. 加强种鸡场的防疫与检疫，淘汰病鸡，更换鸡群，防止垂直传染。

2. 加强饲养管理，坚持定期消毒，尤其环境消毒，食槽、水槽消毒，防止引入病毒。

3. 本病尚无特效治疗药，应采取综合防制措施。

4. 我国已有疫苗可供应用，种鸡于开产前 6 周免疫，免后 4～5 周时间产生免疫力，可维持整个产蛋期，对预防雏鸡感染可起到保护作用。

第二十五节　肉鸡苍白综合征

本病是由呼肠孤病毒引起肉仔鸡的一种传染病，临床上以生长缓慢，增重减慢，皮肤颜色苍白，羽毛生长不良为特征，由此，本病曾称为传染性矮小综合征、传染性发育障碍综合征、吸收障碍综合征、传染性腺胃炎等。主要危害 3 周龄以内的肉仔鸡，造成重大经济损失。

其临床表现：病鸡明显瘦小，精神委靡不振，采食量下降，粪便稀薄，内含不消化的饲料。羽毛和皮肤苍白，而腿部和颈部的皮肤、羽毛表现最明显，趾和喙也变成白色，所以称为苍白综合征。此外，羽毛生长不良，遍身留有绒毛，主翼羽生长迟缓，不规则，无光泽，易断；身体虚弱，腿脚无力，行动困难，最后衰竭死亡或被健康鸡踩死。

剖检可见腺胃肿胀，腺胃壁增厚，腺胃黏膜出血、溃疡，腺胃乳头肿大，模糊不清，几乎失去分泌作用。肌胃体积缩小，肌肉松弛，收缩无力，角质膜粗糙不易剥离。肠浆膜有出血点或出血斑，肠道膨胀，肠腔扩大，前段充满含有未消化饲料的水样内容物，后段有橘红色黏液样物并有未消化的饲料碎片。骨质钙化不全，易断，变形，肋骨头肿大呈念珠状。

本病目前尚无特效治疗药和疫苗，必须采取综合性防制措施，执行消毒制度，保证日粮营养全价，杜绝病原的传入，做好法氏囊病的免疫，防制免疫抑制性疾病的发生等，及时淘汰病鸡，无害化处理。

第二十六节　肉鸡肿头综合征

本病是由禽肺病毒和其他细菌感染引起肉仔鸡头、面部肿胀，所以又叫脸肿综合征。

本病多发生于4～7周龄肉仔鸡，蛋鸡也有发生，雏鸡和成年鸡均有感染。病鸡头部肿胀，脸部及眼睛周围皮下组织水肿，或胶样浸润，有时有干酪样物贮留。冠、髯也肿胀。有时出现扭颈、抽搐等神经症状。

加强饲养管理，及时通风换气，减少舍内氨气，注意光照，低密度饲养，使用干燥、清洁的垫料等综合措施，可大大降低发病率。用火鸡鼻气管弱毒苗和灭活苗免疫接种，可有效预防本病的发生。

发病后针对继发感染，可应用磺胺类等抗菌药物进行治疗，可控制疫情，降低死亡率。

第二十七节　病毒性关节炎

本病是由呼肠孤病毒引起鸡的一种常见传染病。本病可水平传播，也可垂直传播，4～7周龄肉仔鸡最易感，3～10周龄的蛋小鸡亦易发生。主要症状是：病鸡后肢跗关节肿胀，引起滑膜炎，滑膜出血，腱鞘炎，腱鞘肿胀，严重时腓肠肌断裂，使腓肠肌及其肌腱出血，周围组织肿胀，继而关节软骨出血，糜烂，糜烂逐渐扩大，并侵害骨质，使骨膜增厚，所以本病又叫腱滑膜炎或病毒性腱鞘炎。病鸡站起困难，跛行，甚至跗关节僵硬，不能活动，造成瘫痪，最后因采食困难而衰竭死亡。

剖检时还见跗关节滑液膜出血，关节腔中积有少量淡青黄色或带血色的渗出物，有时可为脓性。腓肠肌断裂时，外观显青紫色。

防制措施：①参考免疫程序：1～7 日龄首免，选用禽呼肠孤病毒 P_{100} 苗皮下注射；8～10 周龄二免，选用禽呼肠孤病毒 S-1733 苗饮水；18～20 周龄三免，选用禽呼肠孤病毒 S-1733，S-2408 或 C08 灭活苗皮下或肌内注射。②选用抗菌药物预防或治疗继发感染，如红霉素按 0.1‰～0.2‰饮水，连饮 3～5 天；环丙沙星按每升水加 50～100 毫克，饮水，连饮 3～5 天。③加强饲养管理，注意消毒，常用碱液、碘液、甲醛液。

第二十八节　李氏杆菌病

本病是由单核细胞增多性李氏杆菌（简称李氏杆菌）引起的多种哺乳动物、鸡和人类共患的传染病，以神经症状、败血症、心内膜炎和单核细胞增多为特征，在兽医公共卫生具有重要意义。

一、诊断要点

（一）病原特性

本病病原为李氏杆菌，是一种很细小的无芽孢周毛菌，革兰氏染色阳性。在普通培养基上即能生长，在鲜血琼脂培养基上生长并产生 β 溶血，在肉汤培养基中形成混浊。根据其抗原结构特点，将其分为 7 个血清型和 12 个亚型。

本病病原体对外界环境的抵抗力较强，在潮湿的土壤中能存活 1 年，在干燥的土壤中 2 年不死，在−20℃能存活 2 年，70℃加温 30 分钟不死，对盐的耐受力也较大，如在 20%食盐溶液中经久不死，在巴氏灭菌的牛奶中仍能存活，但是，对化学消毒药的抵抗力不强，常用浓度的消毒药均可将其灭活。

（二）流行病学特征

多种家畜、家禽和人类均易感，幼龄鸡较成年鸡更易感。有自然带菌现象，多为散发。当气候多变、寄生虫侵袭、沙门氏菌感染等使动物机体抵抗力降低时，可促进本病的发生。

本病的传染来源是病畜、病禽、从粪尿、眼鼻分泌物排菌，主要经消化道传播，也可经呼吸道、眼结膜和损伤皮肤感染。吸血昆虫也起着媒介作用。

（三）临床症状

本病主要发生于2月龄以内的鸡，呈败血病经过，短时间内死亡，但多数病程较长，出现神经症状，表现为痉挛、扭颈观天、尖叫怪鸣，类似新城疫呈现的神经症状。病鸡发热，虚弱，食欲减退，生理机能紊乱。

（四）病理变化

本病没有特征性的可见病理变化，有神经症状者，可见脑及脑膜水肿，脑脊髓液增多，有时见病鸡皮下水肿，肝脏和心肌有黄色坏死灶。

（五）诊断

根据流行病学、临床症状可初步诊断，但具有神经症状的疾病很多，不易确诊。需要时，可采取病料如病鸡的血液、肝、脾、肾、脑、脊髓液等，送化验室做病原菌的分离鉴定，最后确诊。

二、防制措施

加强鸡群饲养管理，保证全价营养，除虫灭鼠，减少应激因素的刺激，提高自身免疫力。发现病患者及时隔离治疗。因疾病主要在神经系统，治疗药物应选用能透过血脑屏障的品种，如磺胺嘧啶钠等，同时，应加强对患者的护理，对环境、用具彻底消毒，促进康复。

第二十九节　衣原体病

本病是由鹦鹉热衣原体引起的家禽类、鸟类、多种家畜和人类共患的传染病。本病又称为鹦鹉热、鸟疫、饲鸟病。本病分布于世界各国，我国也有发生。因与人类健康关系密切，是兽医公共卫生上的大问题，故应引起高度重视。

一、诊断要点

（一）病原特性

本病病原体在光学显微镜下见有大小两种颗粒的衣原体，小的直径 0.2～0.4 微米，卵圆形，是具有感染性的原生小体；大的直径为 0.8～1.5 微米，呈卵圆形或不规则形，是无感染性的网状小体。本病病原体是一种专性细胞内寄生的微生物，浸入宿主细胞后，原生小体变成网状小体，而网状小体进行二分裂增殖，经过中间的小体阶段而成为新的、有感染性的原生小体。

鹦鹉热衣原体耐低温、耐干燥，在干燥的粪便中可存活数月，在 -50℃ 或 -70℃ 的组织中保存数年仍具感染力；对热敏感、37℃ 经 48 小时即失去活力，56℃ 加热 5 分钟即可灭活；对常用化学消毒剂也敏感，如 1% 福尔马林液、0.5% 石炭酸液 24 小时可灭活，0.1% 季铵盐类消毒液当即杀灭。

（二）流行病学特点

病畜、病禽、染病鸟类、患病人类以及带菌者是本病的传染来源。重要的问题是各种染病动物之间可互为传染来源。通过分泌物、排泄物排出病原体，污染饲料、饮水、用具和环境，经消化道感染，也可经尘埃和空气的液滴经呼吸道感染，或者通过眼结膜感染。

本病原体可使多种家畜、家禽、鸟类和人致病，鹦鹉和鸽子最易感，在产蛋鸡群中常有散在流行。

本病的发生没有明显的季节性，但气候多变、饲养管理不善、长途运输、拥挤、通风不良、环境卫生质量差、营养不良等因素，可促进本病的发生。

(三) 临床症状与病理变化

鸡群多为隐性感染，有时也为显性感染，表现为精神沉郁、食欲降低，体温升高，腹泻，粪稀带血，肛门周围羽毛粘连。剖检见肝肿大、有坏死灶，气囊混浊、变厚、有黄白色干酪样物，有时见纤维素性心包炎，有时有出血性肠炎，产蛋鸡的输卵管和子宫中有大小不一的多个水铃铛，小如豆，大如鸡蛋。产蛋鸡的这种病理变化，常作为兽医诊断的依据。

(四) 诊断

有经验的兽医师，根据流行病学特点、临床症状和病理变化可做出初步诊断。需要确诊时，则需进行病原分离或免疫荧光技术、琼脂扩散试验、酶联免疫吸附试验等予以确诊。近年来，应用核酸杂交技术检测家畜、家禽衣原体病病原，灵敏度高，特异性好，适用于本病的诊断和流行病学调查。

二、防制措施

1. 加强饲养管理，保持环境卫生，避免各种应激因素的发生，使家畜、家禽保持较为恒定的环境条件。

2. 在兽医师指导下，用四环素类抗生素对群体定期药物预防。

3. 圈舍、笼具、场地经常用化学消毒剂喷洒消毒。

4. 病死畜禽及被其污染的一切物品，要焚烧或深埋，被污染的场地进行彻底消毒，保证环境的安全。

5. 鸡群发病后，可用四环素、金霉素、土霉素等四环类抗生素治疗。此外，加强护理，对症治疗，促进鸡群康复。

6. 驻场兽医应经常向有关人员宣传本病的知识，防止人类感染。

附表 1 具有卵泡、输卵管病变特征的几种鸡病临诊鉴别

病名	病原体	易感日龄	临床症状	生殖器官病变	其他器官病变
禽流感	A型流感病毒	180～450日龄产蛋鸡	本病强毒型突然发病和死亡；病程稍长，则精神不振，食欲废绝，冠髯发绀，头部肿胀，产蛋率迅速下降。本病弱毒型常见气喘咳嗽，呼吸困难，排绿色稀便，精神沉郁，食欲不振，产蛋率下降，达不到高峰期	卵泡变性、呈菜花样、充血、血肿，严重者卵泡变黑，极易破裂，死鸡腹腔中有大量破裂的蛋黄液。有的输卵管水肿、发炎，脆弱易断，韧性明显降低，内有白色黏性分泌物似蛋清样，有的输卵管子宫部水肿，呈橘黄色粒状水泡，有的发生的"堵蛋"	颜面及下颌皮下水肿、呈胶冻样，跖部角质磷片状出血，呈紫红色，爪皮下水肿。心冠脂肪、心外膜出血、心肌呈液气黄色条纹状变性、坏死。气管、支气管、肌胃角质膜下、十二指肠黏膜、胸肌、胸肌、腺胃、胸腺，胃肠内面及腹部脂肪等多处出血。肠道淋巴滤泡肿胀出血。脾、肾、胰腺有黄色坏死小点。
大肠杆菌病	致病性埃希氏大肠杆菌	雏鸡最易感，又是产蛋鸡的主要细菌性疾病	本病发病原因复杂，临床症状多样。初生雏鸡可发生脐炎，腹部膨大。有的病雏以肠炎下痢为主，排泥土样粪便。产蛋鸡原发或继发本病时，产蛋率上不去，长时间达不到产蛋高峰，且鸡冠萎缩，下痢，吃料量减少，死淘率增加	卵巢炎症、卵黄破裂、恶臭，被黄褐色纤维素包裹。常见有明黄性腹膜炎、腹腔内有蛋黄液，布满肠道表面，甚至发生肠粘连。卵巢萎缩变性、输卵管内有多量干酪样物	肝包膜炎性增厚，肝脏呈绿色，常见白色坏死灶，出血点，心包膜增厚、心包液增多，出血瘀黄色渗出液；肾肿大，肾有浓黄色渗出物充血、输尿管有尿酸盐沉积；气囊壁充血，有混浊渗出物；小肠黏膜充血、出血，黏膜增厚；有时见关节肿大；有时肠道发生结节；有时眼前房积脓

(续)

病名	病原体	易感日龄	临床症状	生殖器官病变	其他器官病变
传染性支气管炎	冠状病毒属传染性支气管炎病病毒	3周龄以内的雏鸡和20~50日龄幼鸡，产蛋鸡	产蛋鸡精神不振，食欲减少，排黄白稀粪，有比幼鸡轻微的呼吸困难，咳嗽，气管啰音，并能听到"呼噜""呼噜"声。产蛋率下降，并出现软壳蛋、畸形蛋、蛋清稀薄、蛋清、蛋黄分离。种蛋孵化率降低	输卵管发育不全、萎缩、变细、变短、输卵管内出现囊肿、卵泡变形、充血、有的软化脱血、瘀血卵黄、有的腹腔内有黄色、干燥的卵黄物，时间稍长即成为卵黄性腹膜炎	鼻腔、气管、支气管有浆液性、卡他性或干酪样渗出物、气囊混浊、表面常有黄色覆盖物，在大的支气管周围可见小面积的肺充血。有时可见肾脏肿大、苍白、呈花斑状、输尿管中有尿酸盐沉积
鸡霍乱（鸡巴氏杆菌病）	多杀性巴氏杆菌	成年鸡最易感	强毒株引起急性发作，有时不见症状即死亡。随着毒时间的延长，则病鸡精神萎靡、孤立一隅、垂翅缩颈、闭眼弓背，剧烈腹泻，拉灰黄或灰绿色稀粪，口、鼻分泌物增多，有时出现甩头现象。弱毒株引起的症状缓和，呼吸道症状轻微，出现冠髯水肿、肉髯、眼结膜炎、鼻炎，有时关节肿大，行走不便	卵泡松软变形、颜色污秽、发暗，呈半煮熟样、且易破碎，腹腔脏器表面附着干酪样的卵黄样物质	内脏各器官均有大小不等的出血点。肝脏稍肿大、表面有灰白色或灰黄色针尖大小坏死灶；十二指肠出血性炎症；肿大的关节囊内有混浊的淡黄色渗出物

（续）

病名	病原体	易感日龄	临床症状	生殖器官病变	其他器官病变
鸡白痢	鸡白痢沙门氏菌	主要侵害2周龄以内雏鸡和育成鸡、产蛋鸡	产蛋鸡不表现急性传染病症状,多为局部或隐性感染,呈慢性经过,症状不明显。有时患鸡精神沉郁,食欲不振,垂翅缩颈,鸡冠萎缩,逐渐变小、发绀。有时下痢、排泥样粪便。有时可见腹部下垂、进行性消瘦,贫血等。当造成卵巢病变时,产蛋率、受精率均降低,死淘率增加	卵泡变形,呈菜花样或三角形、梨形,卵泡无光泽,呈灰色、黄灰色、灰黑色或绿色,其内容物稀薄,呈米汤样,有的较黏稠,有的卵膜增厚,呈树枝状充血或成片状出血;卵黄破裂而进入腹膜炎,引起严重的泛发性腹膜炎,使腹腔器官粘连;有的卵泡落入腹腔并不破裂而被脂肪组织包埋,伴随鸡终生	常见肝脏显著肿大,呈紫红色或土灰色,甚至呈古铜色,质地变脆,容易破裂而发生内出血,造成突然死亡。常伴发心包炎,使心与心外膜粘连;有时心包有混浊积液。肠道呈卡他性炎症变化。

附表2　具有肝脏病变特征的几种鸡病临诊鉴别

病名	病原体	易感日龄	临床症状	肝脏病理变化	其他器官病理变化
鸡包含体肝炎	腺病毒	肉鸡5周龄,蛋鸡17周龄	下痢,冠髯苍白或黄疸,两腿无力,伏地不起,常突然发病而死亡,3~5天死亡率达高峰,如不及时治疗,	肝脏萎缩,颜色变浅,呈淡褐色或黄褐色,质地脆弱,表面和切面有点状或斑点状出血,并见灰黄色坏死	体瘦小,冠苍白或黄染,血液稀薄,肾、脾肿大,苍白,有出血点。胸腺萎缩,骨髓褪色,皮下及胸肌、腿肌出血,产蛋鸡

（续）

病名	病原体	易感日龄	临床症状	肝脏病理变化	其他器官病理变化
鸡包含体肝炎	腺病毒	肉鸡5周龄，蛋鸡17周龄	则推迟产蛋，不出现产蛋高峰	灶，外观呈斑驳状。有时肝瘀血，肿大。个别病例可见肝脏边缘有黄白色梗死灶	卵巢发育不良，输卵管细小。触片染色镜检可见肝细胞中有嗜酸性或嗜碱性核内包含体
鸡弯曲杆菌性肝炎（弧菌性肝炎）	弯曲杆菌	开产前后的蛋鸡	发病缓慢、病程较长，食欲逐渐下降，日渐消瘦，精神委靡，鸡冠萎缩，发白，有皮屑。产蛋率下降，无产蛋高峰	轻者肝脏肿大、色泽变浅；重者肝肿大、实质变性，呈土黄色，出现散在的黄色星状小坏死灶，或呈菜花样大坏死灶。有时或灰白色雪花状坏死斑，在肝脏被膜下有出血或小血肿块，腹腔内有血水。病程久者可见肝萎缩，质地变硬	肾肿大、苍白，有出血点；卵泡退化萎缩呈团粒状；心包积液；有腹水
脂肪肝综合征	营养代谢性疾病	多发生于产蛋鸡	多数情况精神食欲正常，肥胖、体重大，突然发病，表现嗜睡、吞咽困难，胸肌触地，头颈前伸或头颈向背部弯缩、侧倒于地，产蛋率下降，冠髯苍白，数小时死亡。肝破裂时死亡更快	肝脏肥大、油腻，呈黄色，质脆易碎，表面有小点、出血和白色坏死灶。切面结构模糊，呈油滴样光泽。肝破裂时肝周围附有血凝块	皮下、腹腔、肠系膜、肾周围、肌胃周围、卵巢周围等处，积有大量脂肪。腹水增多，呈血色并混有油滴

病名	病原体	易感日龄	临床症状	肝脏病理变化	其他器官病理变化
组织滴虫病（鸡盲肠肝炎，黑头病）	组织滴虫	4周龄至4月龄幼鸡	病鸡精神委顿，两翅下垂，嗜睡、下痢，严重呈浓黄或淡绿色，粪便带血，甚至完全为血，病后期，头部变为蓝紫色或黑色，所以叫黑头病	肝脏稍肿或明显肿大，表面圆形或圆形或不规则形，黄绿色或黄白色溃疡病灶，坏死灶呈特征性的碟状，边缘稍隆起，有的边缘不整齐，呈锯齿状。坏死灶中央稍凹陷，大小不一。有的肝脏表面有散在的坏死灶，外观呈斑驳状。有的坏死灶互相融合，连成大片，使肝质地变硬、变脆	盲肠呈严重的出血性炎症反应病变，可见肠黏膜潮红、水肿、出血、增厚，肠腔内充血血液。病程稍长则内容物凝固，其横切面呈同心圆状、中心是黑红色血凝块、外圈灰白或灰黄色的是渗出物及坏死组织，肠壁增厚、变硬、失去弹性，黏膜面出血、溃疡。有的穿孔，引发腹膜炎或与腹膜粘连
鸡白痢	沙门氏菌	主要侵害2周龄以内的雏鸡，还有育成鸡和产蛋鸡	精神沉郁，下痢，羽毛蓬乱，畏寒战栗，排灰白色稀便，常见泄殖腔外周羽毛被粪污染，甚至"糊肛"，排便困难，痛苦。有的呼吸困难，有的关节肿大，如不及时治疗，死亡率甚高	患雏肝脏肿大，表面可见大小不等的、数量不一的黄白色坏死点，质地脆弱，有时表面被覆一层灰白色纤维膜。青年患鸡肝脏肿大数倍，几乎整个腹腔被肿大的肝脏所覆盖，肝表面有散在的黄白色坏死点，质地脆弱，极易破裂，经常见到血水凝块和腹腔内积有血水	死雏瘦小，脱水、羽毛污秽，脾脏肿大、卵黄吸收不全呈黄绿色、心包增厚，肠道卡他性炎症。青年鸡脾肿大，心肌有黄色坏死灶，不透明，有的心脏变形。产蛋鸡卵泡变形、变色、无光泽，卵膜增厚，呈树枝状坏血、出血，有的卵黄破裂而坠入腹腔

（续）

（续）

病名	病原体	易感日龄	临床症状	肝脏病理变化	其他器官病理变化
鸡伤寒	鸡伤寒沙门氏菌	产蛋母鸡最易感	精神不振、食欲降低，口渴、离群独居，羽毛蓬乱，腹泻，排黄色或黄绿色色稀粪，有时粪便带红。急性患鸡冠髯苍白、萎缩。严重病例冠、髯苍白、萎缩。卵黄性腹膜炎时呈企鹅姿势	病程较长的患鸡肝脏肿大2～4倍，充血，发红，有的呈橘黄色，稍带绿色，甚至呈古铜色，质地脆弱，易碎，表面有针尖大小、灰白色坏死小点	脾肿大，胆囊扩张，心包炎，心包腔积浆液或纤维素性渗出物，心肌表面有灰白色坏死小点。卵泡出血、变形、变色，有时破裂并发腹膜炎，肾脏肿大，充血，小肠卡他性炎症，肠道充满黏稠、多胆汁的内容物
鸡副伤寒	多种沙门氏菌	主要侵害3周龄以内的雏鸡	4～5日龄雏鸡多呈急性败血症经过，不见症状即死。10日龄以上雏鸡症状明显，表现精神不振、垂翅，怕冷、食欲废绝，下痢、排水样便，污染肛门周围羽毛，有时见结膜炎，流泪，有时见呼吸困难	肝脏肿大，充血，有出血性条纹，并有针尖大至粟粒大、灰白色坏死小点	脾脏肿大，胆囊胀大并充满胆汁。心包炎，心包膜和心外膜粘连，心包液增多、肾充血，肿大

• 229 •

第五章　鸡的主要寄生虫病

　　鸡体内的动物性寄生物称为寄生虫。寄生虫和鸡共同生活的过程中，寄生虫靠吸取鸡的营养来完成其某一发育阶段，而造成鸡体不同程度的损伤，甚至衰竭或中毒死亡。这种受寄生虫损害的鸡体称为宿主。

　　鸡体内常见的寄生虫有吸虫、绦虫、线虫、蜘蛛昆虫和原虫等。根据每种寄生虫的生长发育阶段不同，构造不同，寄生部位不同，数量不同等，对宿主构成的危害也有所不同，比如，夺取宿主的营养，使宿主营养缺乏，贫血，消瘦，生产力下降，衰竭，甚至死亡；机械性地损伤、阻塞和压迫宿主组织器官，使宿主黏膜损伤、器官产生炎症、腔道阻塞、组织器官功能障碍或萎缩，甚至致宿主死亡；分泌毒素，毒害宿主，使宿主中毒而发生各种生理机能障碍，甚至死亡；此外，由于寄生虫损伤宿主的皮肤和黏膜，给病原微生物的侵入创造了感染传染病的途径。寄生虫病给养鸡业造成的危害，有时并不亚于传染病。所以，对鸡的寄生虫病应给予足够的重视。

　　患有寄生虫病的家畜、家禽和其他动物（包括家养和野生）以及人类，有时成为终末宿主（寄生虫的成虫期寄生的宿主），有时成为中间宿主（寄生虫的幼虫期寄生的宿主），有时成为补充宿主（有的寄生虫的幼虫期需要2个中间宿主，即第二个中间宿主），或者成为带虫宿主（处于隐性感染阶段的宿主）、保虫宿主（多宿主寄生虫不常被寄生的宿主）、贮藏宿主（侵袭性的幼虫在感染动物之前，进入不需要发育的动物体中长期生存）。无论何种宿主，它们体内的虫体、幼虫、虫卵都是病原物，都可以通过其分泌物、排泄物或血液、尸体等途径不断地排到体外，污染周围环境，成为新的传染源。有的病原物污染饲料、饮水、饲槽、水槽等，经消化道感染；有的病原物钻入宿主皮肤，侵害鸡体，经皮肤感染；有的借助于中间宿主节肢动物感染；还有的经互相接触感染。特别应当提出的是某些寄生虫可以通过不同的途径使鸡感染。

为了使鸡群免受寄生虫的侵袭，使鸡体健壮，永远保持良好的生产性能，是提高养鸡经济效益的一个重要方面。鸡场兽医应认识寄生虫病的危害，了解常见的几种寄生虫的生活史，掌握常见的几种寄生虫病的诊断方法和防治技术，保护环境卫生，从根本上消灭寄生虫病，保障养鸡业的顺利发展。

第一节　鸡球虫病

本病是由球虫寄生于鸡肠道黏膜中引起的一种寄生虫病。对雏鸡和育成鸡危害十分严重，15～20日龄的鸡发病率高，死亡率可达80%以上。不死者，长期不得恢复，生长发育受阻。

危害鸡的球虫种类很多，但主要有2种。一种叫脆弱（或称柔嫩）艾美耳球虫，主要侵害雏鸡，寄生于雏鸡盲肠黏膜内，所以俗称盲肠球虫；另一种叫毒害艾美耳球虫，主要侵害成年鸡，寄生在小肠黏膜内。有时这2种球虫可同时寄生于1只鸡的体内。

一、诊断要点

（一）病原特征

艾美耳球虫有9种，如柔嫩艾美耳球虫、毒害艾美耳球虫、堆型艾美耳球虫、布氏艾美耳球虫、巨型艾美耳球虫、变位艾美耳球虫、和缓艾美耳球虫、早熟艾美耳球虫、哈氏艾美耳球虫等。致病作用最强的是寄生于盲肠的柔嫩艾美耳球虫和寄生于小肠的毒害艾美耳球虫。

其生活史属直接发育型，没有中间宿主，发育时经过裂殖增殖、配子生殖和孢子增殖三个阶段。其裂殖增殖和配子生殖阶段在鸡体内进行，所以又称为内生性发育；孢子增殖阶段是在外界环境中完成，称为外生性发育。

球虫卵囊随宿主粪便排到外界环境，在适宜的温度、湿度条件下，卵囊内的合子分裂成四个孢子囊，每个孢子囊内含两个子孢子（孢子增殖），再发育成感染性卵囊（孢子化卵囊），当鸡随采食或饮水将此卵囊吃入体内进入消化道后，其卵囊壁被消化液溶解，子孢子逸出，迅速侵入肠上皮细胞内，此时的虫体叫滋养体，并进行无性复分裂，即裂殖增殖阶段，形成多核的裂殖体。此裂殖体又分裂成数目众多的裂殖子（约900个），并破坏肠上皮细胞，从破溃的肠上皮细胞释放出的裂殖子又侵入新的肠上皮细胞内，再发育成新的裂殖子。如此反复数次，对肠黏膜造成严重破坏。裂殖增殖若干代之后，有些裂殖子转化为有性配子体，即大配子体和小配子体。一个大配子体发育成一个大配子（雌性），一个小配子体发育成很多具有活动性的小配子（雄性），大配子和小配子结合后，形成一个合子。合子分泌物形成被膜，即成为卵囊，卵囊由宿主肠上皮细胞内释出，落入肠道，随鸡粪排出体外。

（二）流行病学特征

病鸡和康复后数月内的带虫鸡是本病传染源，球虫孢子卵囊随粪便排出，污染地面、房舍、饲料、饮水和一切用具，此外，饲养人员的手脚以及飞禽、甲虫、蚊蝇等均可成为传播者。主要经消化道感染，只要健康鸡吃到这些孢子卵囊，即可致病。在温热、潮湿的季节，最适宜球虫卵囊的生长发育，致病性最强，所以每年的7～8月份是鸡球虫病高发季节。饲料配比不当，营养缺乏，尤其缺乏维生素A和维生素K时，或者育雏室过分拥挤，舍内潮湿、笼具破损等，可促进本病的发生。据报道，本病的发生与马立克氏病关系密切，发病率和死亡率二者可相互促进。某些细菌性疾病、寄生虫病也可引发本病。

（三）临床症状

雏鸡患盲肠球虫病时，精神不振，食欲降低，缩颈呆立，腹泻，排出带血粪便，有时完全是血便，病鸡腹痛，有"嘟嘟"叫声。由于盲肠黏膜组织被破坏，常会发生自家中毒症状，出现精神沉郁，昏迷呆立，两翅下垂，共济失调等神经症状。同时可见衰弱，可视黏膜和冠、髯苍白，怕冷畏寒，食欲废绝，死亡率很高。耐过的成为永久性带虫者。

青年鸡和成年鸡患小肠毒害艾美耳球虫病时，症状缓和，不见明显症状，有的只是食欲减退逐渐消瘦，贫血，冠、髯苍白，产蛋率下降，间歇性下痢，粪便黑红色。最后可因衰竭而死亡。不死者也成为永久性带虫者。

（四）剖检变化

病鸡消瘦，黏膜和鸡冠苍白，泄殖腔周围羽毛被粪便污染，有时带有血液。受侵部位出现严重的炎症变化，肠壁肿胀，增厚，外表暗红色，浆膜和黏膜面有散的针头大至粟粒大白色斑点和小红点。盲肠腔内充满新鲜的或凝固的暗红色血液和坏死物，并呈黄白色干酪样物；小肠内有橙黄色黏液或混有小血块的渗出物。有些康复的成年鸡小肠襞上形成大小不等、十分坚硬的组织增生物。

（五）镜检

本病依流行病学、临床症状和剖检变化不难确诊，要想找到病原体，则取病变盲肠，刮取黏膜少量，或取盲肠内容物或少许粪便，放在载玻片上，滴加50％甘油生理盐水1～2滴，调和均匀，加盖玻片，置显微镜下观察，可见有圆形物或边上有一层亮环的瓜子样物，即是球虫卵囊，则可确定诊断（图5-1）。其死亡原因是不是球虫所致，则应根据临床症状、流行病学资料、病理剖检变化等综合分析。

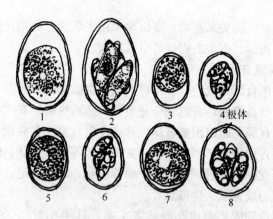

图 5-1　鸡的各种球虫卵囊构造模式图

1、2. 巨型艾美耳球虫　3、4. 和缓艾美耳球虫

5、6. 堆型艾美耳球虫　7、8. 柔嫩艾美耳球虫

（引自孔繁瑶．家畜寄生虫学．北京：农业出版社，1981 年）

二、预防与治疗

加强饲养管理，搞好环境卫生，除虫灭鼠，取消一切可以诱发本病的因素。

（一）加强饲养管理

保持鸡舍通风、地面干燥和环境卫生，定期清理粪便，进行堆积发酵等无害化处理，以杀死卵囊；保持饲料、饮水清洁卫生，笼具、料槽、水槽不被鸡粪污染，每天清洗和定期消毒，可选用沸水、热蒸气或 3%～5% 热碱水处理。此外，每千克日粮中添加硒 0.25～0.5 毫克，可增强鸡对球虫的抵抗力；补充足够的维生素 K 和给予 3～5 倍的维生素 A 可加速病鸡康复，降低死亡率；由于麸皮中含有促进球虫发育的物质，在球虫病暴发时应限制日粮中麸皮含量；碳酸钙也有促进球虫发育的作用，也应限制使用。

（二）免疫接种

我国目前使用的是鸡胚适应株虫苗，有较好的预防效果。

(三) 药物预防和治疗

使用药物控制球虫病是目前最有效和切实可靠的办法,具有抗球虫作用的药物很多,较理想和应用广泛的有以下数种:

1. 氨丙啉 主要抑制第一代裂殖体生长、繁殖,对配子体和孢子体也有作用。预防量 100～125 毫克/千克混饲,连用 2 周;治疗量加倍,连用 5 天,宰前 7 天停药。

2. 莫能霉素 主要抑制第一代裂殖体繁殖阶段。预防量按 80～125 毫克/千克混饲,连用 1 周。

3. 氯羟吡啶(克球粉、球落) 预防量为 125～150 毫克/千克混饲,连用 7 天。

4. 马杜拉霉素 预防量按 5～6 毫克/千克混饲,连用 7 天。

5. 盐霉素 使球虫细胞膜脂质对阳离子的通透性增加,使细胞膜内外阳离子分布混乱,阻滞其新陈代谢,从而杀死或显著延迟球虫成熟,使大部分子孢子不能成熟为裂殖子。预防量按 60～70 毫克/千克混饲,连用 7 天。

6. 尼卡巴嗪 预防量按 10～125 毫克/千克混饲,连用 7 天。

7. 二硝托胺(球痢灵、二硝甲苯酰胺) 主要影响第二代无性周期的裂殖增殖阶段,毒性小,安全范围大,不影响雏鸡免疫反应。

8. 磺胺类药物 用于治疗效果较好。主要作用于球虫第三代无性繁殖阶段。常用的有如下几种:

复方磺胺-5-甲氧嘧啶(SMD＋TMP):按 0.03％拌料,连用 5～7 天;

磺胺间 2 甲氧嘧啶(SDM):按 1～2 克/千克拌料,连用 5～6 天;

磺胺-6-甲氧嘧啶(SMM、DS-36、制菌磺):按 1～2 克/千克拌料,连用 4～7 天;

磺胺二甲嘧啶(SM_2):按 4～5 克/千克混饲,连用 3 天;

磺胺氯吡嗪（ESb₃）：按 600～1 000 毫克/千克混饲，连用 3 天。

（四）使用抗球虫药应注意的问题

1. 不使用禁用药物　肉仔鸡禁用多种抗球虫药（见第二章），必须使用时，应严格遵守停药期。

2. 及早诊断，及早用药　由鸡球虫的发育史可知其致病阶段是裂殖增殖期，严重损伤肠黏膜，当鸡发生死亡时，粪便中尚无卵囊排出；当粪便中检出卵囊确诊后再用药治疗，为时已晚。所以，药物预防是控制鸡球虫病的最有效的方法。平时应密切注意鸡群状况，发现最初的临床症状，一旦发现鸡球虫病先兆或出现死鸡，应及时确诊，尽快用药，才能获得理想效果。

3. 防止球虫产生耐药性　如果长时间、低浓度、单一用药，球虫很容易出现耐药性虫株，对该药产生耐药性，甚至对与该药结构相似或作用机理相同的同类药物或其他药物产生交叉耐药性，所以，应在短时间内有计划地、交替、轮换或穿插使用不同种类的抗球虫药，或者联合用药，以防止或延缓球虫耐药虫株和耐药性的产生。其抗药性产生由快到慢依次为：氯羟吡啶→磺胺类→氯苯胍→氨丙啉→球痢灵→莫能霉素→盐霉素。球虫产生抗药性后，应立即停药，同时更换其他抗球虫药。

4. 合理选用药物　应考虑抗球虫药的安全性、效果、抗虫谱、适应性和价格如何进行选择；还要考虑抗球虫药作用于球虫的发育阶段和作用峰期、用药目的、肉仔鸡的日龄，合理选择用药。

（1）抗球虫药对不同虫种存在作用差异性　每种抗球虫药都有其特定的抗虫谱，如氯苯胍对兔多种球虫有效，而对小肠艾美耳球虫效果差；氨丙啉对鸡艾美耳球虫有高效，而对兔球虫缺乏疗效。

（2）针对球虫生活史选用药物　球虫的生活周期一般为 7 天，两个无性周期共约 4.5 天，有性周期为 2 天，体外生活周期

1 天以上，通常在第 5 天出现血痢。抗球虫药都作用于有性周期，但各种药在有性周期内表现的活性有所不同，从第一天到第四天内，表现活性高峰的药物依次为：氯羟嘧啶→莫能霉素→氯苯胍→氨丙啉→球痢灵→磺胺药。

第二节　鸡绦虫病

鸡绦虫病在临床上常见的有 2 种，一是赖利属的赖利绦虫，二是戴文属的戴文绦虫。赖利属绦虫常见的有棘盘赖利绦虫、四角赖利绦虫和有轮赖利绦虫 3 种，各种日龄鸡均易感染，但以 3～6 周龄雏鸡最易感。主要寄生于鸡的十二指肠和空肠中；戴文绦虫各种日龄鸡均可感染，以幼龄鸡最易感，主要寄生于鸡的十二指肠。

一、诊断要点

（一）临床症状

消化障碍，肠炎下痢，有时粪便中带血；病鸡精神不振，贫血，消瘦，体况不佳，有时出现全身麻痹的神经症状，幼龄鸡生长发育受阻，成年鸡产蛋率降低。

（二）剖检变化

肠黏膜炎症，肠襞肥厚，肠道中有多量恶臭的黏液，黏膜贫血或黄染。有时在肠襞上可见灰黄色小结节。在肠道中可见灰白色虫体，体形较大的是赖利属绦虫，长 4～25 厘米，宽 1～4 毫米，有明显的节片。体形较小的是戴文绦虫，呈乳白色，舌状，长 0.5～3 毫米，由 3～5 个节片组成，节片由前向后逐渐增长。

（三）实验室诊断

病鸡粪便中含有赖利绦虫的孕卵节片，四边形，乳白色，能伸缩，逐渐变成圆形球状。病鸡粪便中能看到戴文绦虫虫体，即可诊断。

二、防治措施

保持鸡舍清洁卫生、干燥；防止饲料、饮水和工具被污染；定期消毒，及时清除粪便并发酵处理。

营养要全价，增强机体抵抗能力，尤其注意蛋白质和维生素应满足需要。

彻底消灭蚂蚁、甲虫、苍蝇等中间宿主，对预防本病有重要意义。

定期驱虫，形成制度。

预防驱虫与治疗驱虫常用丙硫苯咪唑，按每千克体重20毫克，拌入饲料中混匀喂服；吡喹酮按每千克体重20毫克，拌入饲料中混匀喂服；甲苯咪唑按每千克体重30毫克，拌入饲料中混匀喂服；硫双二氯酚按每千克体重200克，拌入饲料中，混匀喂服。

第三节　鸡蛔虫病

一、诊断要点

（一）流行病学特征

本病是鸡常见的寄生虫病之一，成虫寄生于鸡的整个消化道中，但最常见的部位是小肠，偶尔在输卵管中也可见到。主要危害2～4月龄的青年鸡。虫卵被鸡啄食后，在鸡肠道内发育为成虫，危害鸡体健康。

（二）临床症状

病鸡精神委靡不振，营养不良，两翅下垂，羽毛蓬乱，消瘦贫血，冠、髯苍白，消化机能紊乱，有时腹泻，有时便秘，稀粪中有时混有带血黏液。幼鸡生长发育缓慢，成年鸡产蛋率下降。

（三）剖检变化

病死鸡消瘦，贫血，小肠黏膜充血、肿胀，有时有出血，肠道中有大量黏液，并见虫体。雌虫较大，长6～10厘米，尾部稍尖，黄白色；雄虫较短小，长2.5～7厘米，黄白色，尾部有尾翼。有时虫体拧集在一起堵塞肠管。

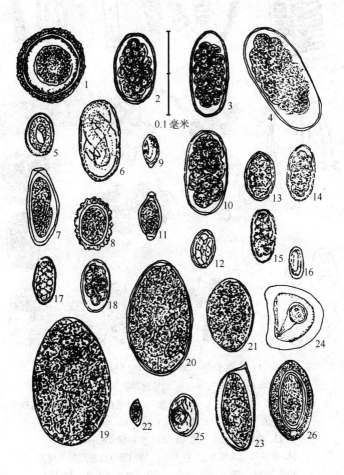

图5-2 蠕虫卵形态模式图

1～18. 线虫卵　19～23. 吸虫卵　24～25. 绦虫卵　26. 棘头虫卵

（引自孔繁瑶. 家畜寄生虫与侵袭病学实验指导.

北京：农业出版社，1962年）

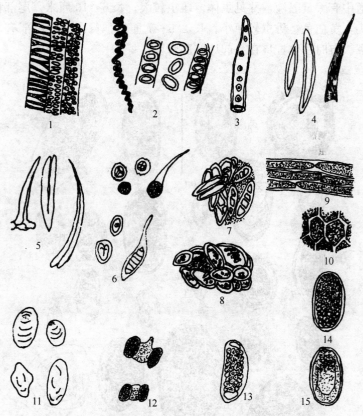

图 5-3 畜禽粪便中常见的异物（供镜检时参考）

1～10. 植物的细胞和孢子（1. 植物的导管：梯纹、网纹、孔纹

2. 螺纹和环纹 3. 管胞 4. 植物纤维 5. 小麦的颖毛 6. 真菌的孢子

7. 谷壳的一些部分 8. 稻米胚乳 9、10. 植物的薄皮细胞）

11. 淀粉粒 12. 花粉粒 13. 植物线虫的一种虫卵

14. 螨的卵（未发育的卵） 15. 螨的卵（已发育的虫卵）

（引自孔繁瑶. 家畜寄生虫学，北京：农业出版社，1981 年）

（四）虫卵检查

为了普查和活体诊断，可作虫卵镜检，即取粪样用饱和食盐水漂浮法检查虫卵，其特征为椭圆形，灰褐色，有两层卵壳，规

整、平滑，其大小为 70～90 微米×47～51 微米（图 5 - 2、图5-3
和表 5 - 1）。

表 5 - 1　鸡的主要绦虫卵和线虫卵鉴别表

虫卵名称	大小（微米）	形状	颜色	卵壳特征	内含物特征
有轮赖利绦虫卵	$\phi25～50$	椭圆形	灰白色	厚	1 个虫卵包在 1 个卵袋中
四角和刺盘赖利绦虫卵	$\phi25～50$	椭圆形	灰白色	厚	6～12 个虫卵包在 1 个卵袋中
蛔虫卵	73～92×46～57	长椭圆形	浅黄色	厚	卵细胞未分裂
异刺线虫卵	55～79×30～45	椭圆形	浅黄色	较厚一端较透明	分裂的卵细胞
咽饰带线虫卵	30～40×18	长椭圆形	浅黄色	较厚	内含 U 形虫幼

二、防治措施

加强饲养管理，保持鸡舍内外环境清洁卫生，饲槽、水槽和其他用具经常洗刷消毒，及时清理粪便，粪便用生物热消毒，杀死虫卵。

鸡场每年进行定期预防性驱虫，可选用 0.025% 枸橼酸哌吡嗪（驱蛔灵）水溶液饮水，雏鸡周龄以后第一次驱虫，以后每年春季和秋季 2 次驱虫即可达到安全目的。

对患病鸡应及时治疗。选用驱蛔灵，每千克体重 0.2 克，拌料或饮水 1 次喂服；硫化二苯胺（酚塞嗪），成年鸡每千克体重 0.5 克，幼龄鸡每千克体重 0.3 克，拌入料中混匀，1 次喂服；丙硫苯咪唑，每千克体重 20～40 毫克，混于饲料中喂服；左旋咪唑，每千克体重 25～30 毫克，混于饲料中喂服。

当鸡绦虫与鸡蛔虫混合感染时，驱虫可用硫双二氯酚每千克体重 160 毫克、左旋咪唑每千克体重 25～30 毫克，混料喂饲。也可用左旋咪唑与吡喹酮混合在饲料中喂服，也可单独使用甲苯咪唑或丙硫苯咪唑驱虫。

临床应用时，最好先作安全试验，然后再混于日常饲料中，在断食 6～12 小时后喂服。驱虫后 1～2 天内鸡舍要彻底清扫，粪便集中，生物热消毒处理。

第四节 鸡羽虱病

本病是鸡体外寄生虫的一种，主要寄生于鸡的皮肤、羽毛及羽干上，以吸食鸡的血液、皮屑和羽毛为食，刺激鸡体，使鸡体贫血、脱毛，食宿不安，影响生长发育，使生产性能下降，产蛋率降低。如不及时采取有效措施，则给养鸡业造成一定的损失。

一、诊断要点

（一）流行病学特征

病原体是各种羽虱，病鸡和患病野禽是主要传染源。通过接触感染为主要途径，野禽、用具等也可能成为传播因素。鸡羽虱是鸡的一种永久性寄生虫，因形体大小、寄生部位、摄取食物不同，常见的有以下几种：

鸡头虱：又称异形圆腹虱，主要寄生在雏鸡的头、颈部，深灰色，体长约 2 毫米，以口器紧贴在鸡头、颈部的皮肤上，以皮肤鳞屑为食。

羽干虱：又称鸡羽虱，主要寄生于羽毛的羽干上，体形较小，体长不足 2 毫米，以羽枝和小羽枝为食。

鸡大体虱：又称鸡角羽虱，主要寄生于肛门下面羽毛部，有时寄生于背胸部羽毛和翅下部羽毛，体形较大，体长 3～4 毫米，以羽毛小枝和皮肤表皮为食，有时也吸吮血液。

鸡翅虱：又称鸡长羽虱，主要寄生于鸡翅羽毛下面，体形较瘦，细长，体长约 3 毫米。

鸡绒虱：又称鸡圆羽虱，主要寄生于鸡背部和臀部羽毛上，体形较小，体长约 2 毫米。体扁平而宽，呈黄色，头部宽大而侧后缘各生2根长毛，触角1对，由4节构成，咀嚼式口器，胸部短小，腹部宽大，两侧有棕色的横纹。

鸡体虱：又称草黄鸡体虱，主要寄生于羽毛稀少的皮肤上，体形较小，体长不足2毫米。

（二）临床症状

病鸡奇痒，不时啄弄羽毛，局部羽毛或绒毛脱光，鸡只不得安宁，影响采食与饮水，鸡体慢慢消瘦，营养不良，影响生长发育和产蛋，个别鸡可见皮肤破伤，甚至感染化脓，继发葡萄球菌病。

二、防治措施

清扫环境、消毒用具和栖架；避免外禽飞入鸡舍与鸡接触；及时发现，尽早治疗。药物可选用溴氰菊酯，2.5%的1:4000稀释后喷雾鸡体，1周后再喷1次；蝇毒磷0.25%水溶液喷雾鸡体；马拉硫磷2%水溶液喷雾鸡体。

第五节　鸡盲肠肝炎

本病即鸡黑头病，也叫鸡传染性盲肠肝炎或单细胞虫病、组织滴虫病，是鸡的一种急性寄生虫病，以鸡头部变黑，肝脏表面出现扣状坏死灶和盲肠溃疡性炎症为特征。

一、诊断要点

（一）流行病学特征

幼鸡易感性强，多发生于2周龄至3～4月龄的鸡，呈急性经过。成年鸡也可感染，多呈隐性经过，成为带虫者。病原是肝炎单细胞虫，体型小，存在于患鸡的盲肠和肝脏内，随粪便排出体外，污染饲料、饮水、场地和周围环境，经消化道感染，健康鸡食入后患病。有时蟋蟀、苍蝇、蚊蚋等也可带虫成为本病的传递因素。所以，鸡群饲养管理环境不良、环境卫生条件差、饲料配比不当、维生素 A 缺乏、通风不良、光线不足、拥挤等均可促进本病的发生。

（二）临床症状

以鸡头部皮肤黑紫色、顽固性腹泻、淡绿色粪便为特征。其他如病鸡精神沉郁，羽毛蓬乱，翅下垂，食欲减退，身体蜷缩等一般症状。

（三）剖检变化

重要的变化一是肝脏，二是盲肠，病变明显。肝脏肿大，其表面有大小不等的溃疡病灶。盲肠有出血性炎症、肿大、肠襞肥厚似香肠，内容物混有血液，有时充满坚硬、干酪样物质，使肠襞变薄，黏膜层、肌层几乎不存在，有时盲肠襞破坏、穿孔，诱发腹膜炎。

（四）实验室诊断

取盲肠肠芯与肠襞之间新鲜内容物置载玻片上，加入少量 37～40℃生理盐水混匀，加盖玻片后，在 500 倍显微镜下观察，即可见钟摆样来回游动的虫体，直径 5～30 微米，细胞外质透明，内质呈颗粒状，并有气泡，细胞核呈泡状，有 1 根很长的鞭毛。从肝脏病变处取样时，则虫体呈圆形、卵圆形或不正圆形，其直径为 4～21 微米，无鞭毛。

二、防治措施

加强饲养管理，合理配料，保证维生素 A 的供给，以提高抗病能力。

改善环境卫生条件，及时清理粪便，场地彻底消毒，鸡舍通风良好，光照充足，避免鸡群拥挤。

因本病原体常钻入异刺线虫的虫卵中，所以及时驱除鸡体内的异刺线虫，并彻底消毒，对预防本病的发生具有重要意义。

药物治疗：①新肿凡纳明（914），按每千克体重 50 毫克静脉注射，每天 1 次，连用 3 天。

②甲硝哒唑，按 0.08％的比例混入饲料中，连喂 7 天。

第六节　鸡住白细胞虫病

病原体是白细胞虫，有 20 多种，常见的、危害最重的有 3 种，即卡氏白细胞虫、沙氏白细胞虫和安氏白细胞虫，使患鸡贫血和出血，故又称本病为白冠病或出血性病。

一、诊断要点

（一）流行病学特征

本病的传递因素是库蠓和蚋，所以本病多在温热季节流行，各种日龄的鸡均可发病，以 3～6 周龄幼鸡发病率高，症状明显，呈急性发作，死亡率也高；成年鸡呈慢性经过，症状缓和。造成经济损失都很大。

（二）临床症状

幼鸡以急性经过为主，病初精神沉郁，呼吸困难，咳血，口腔流出鲜血而死亡。有时呈亚急性经过，则见食欲下降，羽毛蓬乱，卧地不起，口中流涎，贫血，冠、髯苍白，下痢、腹泻，粪便呈绿色，呼吸困难。如不及时治疗，1～2 天死亡，即使不死，鸡只生长发育停滞。青年鸡和成年鸡患病后，精神沉郁，食欲不佳，冠、髯苍白，下痢、拉白色或绿色粪便，脚软或轻瘫，体重减轻，产蛋率下降或停止。

（三）剖检变化

冠、髯苍白，瘦弱，口腔内留有血液；全身性出血，如皮下出血，胸肌、腿肌有出血点或出血斑，肺脏、肾脏、肝脏等广泛性出血，有时肺泡内、肾包膜下和肝包膜下积有血块，其他器官和组织也常见有出血点，并可在肌肉和内脏器官上见有针头至粟粒大白色小结节；有时可见嗉囊、气管、胸腔、腺胃和肠道中有积血。

(四) 实验室诊断

取病鸡末梢血1滴，或死鸡病变内脏器官等做成抹片，瑞氏染色，镜检，卡氏住白细胞虫的配子体近于圆形，直径 10～15 微米，白细胞呈圆形，白细胞核变大；沙氏住白细胞虫的配子体为长形，为 6～22 微米，白细胞呈纺锤形，细胞核呈带状，位于虫体的一侧。

二、防治措施

(一) 加强管理

消灭媒介昆虫——库蠓和蚋，是预防本病发生的重要措施，在炎热的天气，可用 6％～7％的马拉硫磷或其他药物溶液喷洒鸡舍、纱窗，防止库蠓进入。

(二) 药物预防

每年发病季节，全群用磺胺二甲氧嘧啶（SDM）每千克体重25毫克，混饲、混饮3天；广虫灵每千克体重125毫克混饲3天；乙胺嘧啶每千克体重1毫克混饲，均有效。

(三) 治疗用药

选用克球粉，按 0.4％拌料，喂服5天；磺胺二甲氧嘧啶，配成 0.05％水溶液，饮用2天，然后改为 0.03％溶液，再饮2天；广虫灵以 0.025％混饲 5～7 天，均有效。各药均应注意休药期。

第六章　鸡中毒性疾病

在特定条件下，鸡群可以发生中毒性疾病。其原因，可能是食入腐败、发霉的饲料；或饲料本身具有毒性；或误食农药或喷过农药作物的种子；或治疗用药不当，或消毒用药不当；或误食某些有毒矿物质和重金属盐类：误食毒虫、毒鼠的药饵；食入有毒昆虫和被有毒动物咬伤等。在中小型鸡场，最多见的是吸入有毒的气体。

中毒性疾病发病急，死亡快，在临床上很难做出准确诊断，一般基层兽医无化验分析条件，即使送化验部门化验，由于费用高、时间长，未等结果出来患者即死，意义也不大。所以，生产实践中多采用常规的急救措施。当发生中毒性疾病时，要重视社会调查，注意临床观察，剖检病死鸡观察病理变化。查出发病原因，尽快做出诊断，迅速采取措施，抢救病鸡。首先要除去病因，然后对症治疗，同时要实施全身疗法，改善鸡体的全身状况，加强肝脏解毒功能，使鸡体尽早恢复健康。

第一节　一氧化碳中毒症

本病是由于鸡只吸入了一氧化碳气体而引起的鸡的一种中毒性疾病。

一、诊断要点

（一）发病情况

一氧化碳是一种无色、无臭气体，不易被饲养人员所察觉，是由于含碳物质燃烧时氧气供给不足产生的。育雏室的温度保持，多数鸡场尤其是设备条件差的中小型养鸡场，是以火墙、火炕、火炉燃烧煤炭取暖增温，一旦煤炭燃烧不全，便可产生一氧化碳，如不能及时排出，鸡只吸入一氧化碳后，使血液中形成大量碳氧血红蛋白，使血液失去带氧能力，造成鸡体组织缺氧，组织呼吸受到抑制。由于中枢神经系统对缺氧甚为敏感，所以患鸡发生一系列相应症状。舍内空气中一氧化碳浓度达到 0.05%～0.1% 即可发生中毒或窒息死亡。如果鸡只长期生活在低浓度的一氧化碳环境中，则鸡只发生慢性中毒，使雏鸡贫血，生长发育受阻，免疫功能下降，给养鸡场带来严重损失。

（二）临床症状

发病初期，可见鸡群多数鸡只发生呼吸困难，焦躁不安，有的发出尖叫声，不久则精神沉郁，呆立，半昏睡状态，运动失调，死前发生痉挛、抽搐，一般于夜间封火 3 小时后即出现中毒症状，4 小时后出现死亡，如不及时发现，及时采取措施，严重时则可全群覆没。门口、窗边的鸡只可能活下来，但生长发育迟缓，3 周内饮食不正常。

（三）剖检变化

特征性的变化为脏器和血液呈鲜红色，黏膜和肌肉呈樱桃红色，各部位均有充血、出血现象。

（四）实验诊断

必要时取病死鸡血液，检测血中碳氧血红蛋白即可确诊。

二、防治措施

本病的发生完全是人为因素造成的。保温的同时，切不可忘记通风换气，切不可松懈炉灶的管理和维修，烟囱要排放畅通，防止倒烟、漏烟；煤质要好；夜间查群，发现问题及时采取措施。

本病不需治疗，发现初期症状时应果断地通风换气，检修炉灶。有时为了促进鸡只恢复，可皮下注射生理盐水、5％葡萄糖注射液或强心剂等。

第二节　磺胺类药物中毒

本病是由于临床上使用磺胺类药物剂量大，连续用药时间长发生的一种中毒性疾病。

一、诊断要点

（一）发病情况

磺胺类药物在兽医临床上是常用药物，如剂量过大，连续用药时间长，饮水或饲料投药时搅拌不均，可导致部分鸡食入量加大而发病；有时因剂量计算错误而发生中毒事故。

（二）临床症状

多为急性发病，病鸡表现为兴奋、腹泻、厌食、渴欲增加，鸡冠苍白，头部肿大，蓝紫色，痉挛或麻痹；有时可能发生慢性中毒，则病鸡精神沉郁，食欲不振或废绝，也见贫血，鸡冠苍白，头部肿大发紫，有时便秘，有时下痢，幼鸡、青年鸡发育受阻，产蛋鸡产蛋率下降，并产畸形蛋。

（三）剖检变化

病鸡的皮下、皮下组织、肌肉、内脏器官出血是其特征。

（四）实验诊断

1. 凝血时间延长，白细胞减少。

2. 测定饲料中药物含量，应不超过 0.2％。

3. 肌肉、肾脏、肝脏中药物含量，应不超过 20 毫克/千克。

二、防治措施

本病以预防为主，选择毒副作用小的磺胺类药物，投药时掌握剂量，饲料、饮水内要搅拌均匀。

有些磺胺类药物肠道容易吸收，如磺胺嘧啶（SD）、磺胺二甲基嘧啶（SM₂）、磺胺喹噁啉（SQ）等，其治疗量和中毒量非常接近。所以，应用此类药物时，必须准确配制浓度，控制好用药时间，避免发生抗药性和鸡只中毒。

发现有中毒症状时，应立即停药，改用其他抗菌药物，或者尽量不用磺胺类药物。

服用磺胺类药物同时，应给予足够的饮水，并加强鸡群饲养管理，促进鸡体健康，缩短用药时间。

第三节　喹乙醇中毒

本病是由于喹乙醇应用不当，造成鸡的中毒性疾病。

一、诊断要点

（一）发病情况

喹乙醇就是平常所说的快育诺或喹酰胺醇，它具有促进鸡只生长发育、改善饲料转化率的作用，对大肠杆菌、沙门氏菌、金黄色葡萄球菌、绿脓杆菌等病原菌有较好的抑制作用，其抗菌活性比青霉素、庆大霉素等抗生素还好，是一种价格便宜，使用方便，不易产生抗药性，疗效较高的常用药。常因用药量大或搅拌不均匀造成中毒事故。

（二）临床症状

病鸡食欲减少或废绝，精神沉郁，垂翅缩颈，鸡冠黑紫色，排出黄白色稀粪，死前常见有痉挛或角弓反张现象；本病康复率很低，曾有全群覆灭的鸡群。

（三）剖检变化

以败血症变化为特征，多处有出血现象，可见心冠脂肪充血，十二指肠充血、出血，有时腺胃、盲肠充血、出血，肝脏、肾脏瘀血，肿大 2～4 倍。

二、防治措施

以预防为主，严格控制用药剂量，避免计算错误，是防止大群鸡中毒的根本办法。

拌料均匀，避免个别鸡只摄入过量，其预防量掌握在0.01%～0.02%拌料浓度；其治疗量应在0.03%～0.04%饲料中添加维生素C或多维素，以减轻喹乙醇对神经和肝脏的损害。

灌服白糖水或绿豆汤可缓解毒性。

第四节　棉籽饼中毒

我国多数省份盛产棉花，棉籽榨油之后的渣可制成棉籽饼，含有丰富的蛋白质，可作为鸡的蛋白质饲料。但棉籽饼中同时含有棉酚，这是一种毒性物质，如果饲用前不经特殊加工，饲喂量大，并连续喂饲，则会引起鸡中毒。

一、诊断要点

（一）发病情况

含毒的棉籽饼成年鸡每天喂饲30克就有中毒的危险，主要对鸡的血管、神经和生殖系统呈现毒性作用，损伤肝脏、肾脏和胃肠黏膜。

（二）临床症状

临床上出现食欲减退或消失，衰竭，抽搐，产蛋率下降或停止，种蛋受精率、孵化率均降低，终因循环和呼吸中枢麻痹而死亡。

（三）病理变化

剖检可见出血性肠炎，肝脏、肾脏出血、肿大，肺水肿，胸腹腔有积液。有时产蛋鸡卵巢和输卵管萎缩变小，色泽灰白。

二、防治措施

用不含毒的其他饼类作蛋白质饲料；控制喂量和饲喂时间，成年鸡不超过饲料的 5％；鸡的日粮中要保证足够的维生素 A 和维生素 D 以及钙质，可以减缓中毒的发生；对症治疗，保护肝脏和心脏。

去毒方法：加水煮沸 1～2 小时；85℃干热 2 小时；2％新鲜石灰水浸泡 24 小时，喂前用清水洗涤；0.2％硫酸亚铁溶液浸泡 4 小时等，都可使毒性大大降低。

第五节 呋喃类药物中毒

呋喃类药物亦属于广谱抗菌药，临床应用较广泛，常用的有呋喃西林和呋喃妥啶（呋喃妥因），均有毒性，其中呋喃西林毒性最大，兽医临床已少用。

一、诊断要点

（一）发病特点

临床上有应用本类药物的病史，又使用不当，易造成本病的发生。

（二）临床症状

根据使用本类药物情况，其潜伏期长短不一，多则几天，少则几小时，多为急性发作，有的开始表现精神委顿，闭眼呆立、缩颈垂翅；有的表现兴奋，神经症状表现突出，过度兴奋，两脚抽搐，运动失调，站立不稳，行走摇摆，头颈歪斜，转圈运动，浑身颤抖，发出痛苦叫声，有时倒地两脚伸直作游泳姿势，最后痉挛、抽搐而死亡。最急性的十多分钟即死亡。

（三）剖检变化

本中毒变化主要在消化道，可见口腔有黄色黏液，嗉囊肿大、有黄色内容物，整个肠道中有黄色内容物，有时可见出血性肠炎，肝脏充血肿大，胆囊也肿大。

二、防治措施

不使用毒性大、安全域小的药物。

拌料、混水要均匀，避免部分鸡只食入过量。

使用药物后要注意观察鸡群反应，注意有无中毒现象发生，一旦发现中毒，应立即采取有效措施，如立即停药，灌饮5％葡萄糖水或绿豆汤，口服硫酸镁促进排泄。本类药物中毒没有特效解毒药，应对症治疗。

第六节 食盐中毒

食盐是一种调味品，它可增加饲料的适口性，促进食欲，增强体质；同时，食盐（氯化钠）又是组成机体的重要成分，是维护鸡体正常生命活动不可缺少的物质。当食入量过大时，则会引起中毒。

一、诊断要点

（一）发病情况

引起发病的原因主要是食入量过大，比如，计算错误或拌料不均匀，使饲料中食盐含量高；或饲料中加入含食盐的成分如鱼粉等；或是喂料不及时，造成雏鸡饥饿，大量啄食槽底部残存的含食盐多的沉积细粉料；或是生产过程中限制饮水时间过长等，都会使食盐在鸡体内含量相对增加，造成中毒。

幼鸡对食盐敏感，容易发生中毒，成年鸡的耐受力较强。

（二）临床症状

发生中毒后的临床表现依鸡的日龄和食入量的多少而不同。一般情况是食欲废绝，渴欲增加，当食入量过大时，则刺激胃肠道，发生炎症和下痢，表现不安，嗉囊肿大，口鼻中有大量黏性分泌物；随着病情的发展，病鸡出现精神沉郁，运动失调，步履不稳，甚至卧地挣扎，站立不起，最后多见呼吸困难，肌肉抽搐；极度衰弱，虚脱而死亡。

（三）剖检变化

主要病变在消化道、食管和嗉囊黏膜充血、出血；嗉囊中有大量黏液，有时嗉囊黏膜脱落；腺胃和小肠可见卡他性或出血性炎症。此外，可见心包积液，腹腔积水，肺水肿，脑膜炎症和出血。

二、防治措施

（一）科学喂养

根据鸡的日龄和需要，正确计算用量，幼鸡饲料中按0.1%～0.2%加入，成年鸡按0.2%～0.4%加入。当使用含盐添加剂时，应扣除食盐量，避免食入量超标。

（二）按时、按量喂饲

不可人为造成鸡群饥饿，并及时清理食槽底部的残存细粉料；饲料中加入食盐后要搅拌均匀，避免个别鸡只食入量过大；经常给予充足的、新鲜饮水。

（三）防治措施

发生中毒后要立即停喂原饲料和饮水；清理食槽、水槽，给以新鲜饮水，有条件的可于嗉囊中注射温清水或葡萄糖水，如处理及时，轻症者则可康复。如食入量过大，造成脑炎、脑水肿时，则预后不良。

第七章　鸡营养代谢性疾病

  鸡的营养代谢性疾病，是鸡体生命活动中所需某些营养物质的不足、过量或代谢失常所造成的疾病。这种疾病分为3种情况，即蛋白质、脂肪和糖三大营养物质的代谢障碍；各种维生素营养物质的代谢障碍；各种矿物质微量元素营养物质的代谢障碍。

  其发病原因，可能是因某种因素导致某种营养物质摄入不足或过量；可能是某个时期对某种营养物质的需要量增加；或者由于消化、吸收机能障碍引起消化、吸收不全；也可能是各种营养物质的平衡失调所致。总之，本病的发生原因复杂多样，有饲料问题，有饲养管理问题，有鸡体自身健康问题，还有社会问题。

  鸡在不同发育阶段，如果发生营养代谢性疾病，虽不如传染病和寄生虫病那样损失惨重，但它可使鸡慢慢发病，而且不易察觉；可使鸡群大部分鸡发病，而且病程较长；使鸡生长发育较缓慢或停滞，使鸡的生产性能下降，抵抗力降低，免疫机能下降；如不及时抢救，则会变得不可逆转，逐渐消瘦、衰竭或招致疾病的发生而死亡，损失惊人。

  本病以预防为主，合理配制饲料，加强饲养管理，保障鸡体健康，尽到鸡场兽医的责任。

第一节　维生素缺乏症

  现已发现的维生素有30多种，而鸡饲料中必须有的维生素不少于13种。虽然鸡对维生素的需要量不大，但它的生理功能却很大，是维持鸡体健康、促进生长发育、发挥生产性能等生命活动不可缺乏的有机化合物。有些维生素在鸡体内可以部分合成，但大部分需由饲料中供给。如果鸡体患病或日粮中供给不足，则造成维生素缺乏，破坏鸡体正常生命活动，即临床上称之为维生素缺乏症（表 7 - 1）。

表 7 - 1　鸡维生素缺乏症防治一览表

病名	发病原因	临 床 表 现		防治措施
		主要临床症状	剖检变化	
维生素A缺乏症	饲料中胡萝卜素不足，运动不足，矿物质缺乏，胃肠道病等	眼炎，流泪，上下眼睑粘连，角膜软化、穿孔甚至失明，鼻孔有水样物或黏稠液体堵塞，病鸡呼吸困难，生长与产蛋受损	鸡体表皮角质化，病鸡口腔、鼻腔、咽喉炎症，食管有乳白色小脓疱，食管、呼吸道黏膜萎缩，被有鳞状角化上皮细胞	①加强饲养管理，维护鸡只健康；②日粮配合得当；③治疗：鱼肝油1％～2％混料连服5天，维生素A1万国际单位/千克喂服，连服5天，重症者可单独喂鱼肝油丸或注射维生素A
维生素D缺乏症	饲料中维生素D缺乏，光照不足，胃肠疾病，吸收障碍	钙、磷比例失调，雏鸡软骨症，发育受阻，有的成为佝偻病，喙爪变软，行走困难，站立不起来，产蛋鸡产薄壳蛋、软壳蛋、沙皮蛋、产蛋率下降；呈"企鹅"形蹲地姿势，种蛋孵化率降低	骨软易断，胸骨弯曲，肋骨向内凹陷，骨骼钙化不全，肋骨与脊椎连接处呈珍珠状膨大	①加强饲养管理，保证光照时间和强度；②日粮配比合理，保证鸡只消化基本正常；③治疗时用突击量，每只鸡用维生素D35～37微克
维生素E缺乏症	日粮中供给不足或在日粮中被破坏	胚胎发育不全，雏鸡脑软化症，脚软无力，共济失调，神经紊乱，头后仰或向下弯曲；雏鸡渗出性素质，腹部皮下水肿，积液，两肢叉开；肉鸡生长发育停止，胸腹部皮肤青绿色、浮肿；种蛋孵化率降低	雏鸡胸部血管充血，水肿，以及出血，血栓坏死，水肿液蓝绿色；肌肉苍白并有灰白色条纹，甚至肌肉萎缩和黄脂	①保证饲料新鲜，防止饲料中维生素E被矿物质和不饱和脂肪酸所氧化破坏；②维生素E和亚硒酸钠同时应用效果好，其用量可按各厂家生产剂型不同的量应用

病名	发病原因	临 床 表 现		防治措施
		主要临床症状	剖检变化	
维生素K缺乏症	饲料中含量不足，真菌毒素的抑制作用，肠道中微生物合成受阻，消化吸收降低	体躯各部出血，并形成紫色斑点，冠、髯苍白，有时出现腹泻，种蛋孵化率降低	皮下和腹膜、胃肠道有出血	饲料中保证足量；病鸡饲料中按3～6毫克/千克混喂；每只鸡注射维生素K0.5～3毫克
维生素B₁缺乏症	饲料中维生素B₁易被破坏，如碱处理、热处理、药物抑制剂等，致使供应不足	雏鸡为神经症状"观星"姿势，角弓反张，腿麻痹不能行走，成年鸡腿软无力，步态不稳，冠蓝紫色或紫斑，脚趾屈肌麻痹，腿、翅、颈伸肌麻痹，拉稀	内脏器官不呈明显的变化，有时皮肤水肿，神经系统炎症	保证饲料新鲜；用药的同时应补充维生素B₁，拌料喂服足量的维生素B₁，添加量15毫克/千克或逐只注射，效果更佳
维生素B₂缺乏症	饲料中含量低，或被日光照射而破坏，饲料中脂肪含量多而蛋白质含量不足或低温时需要量加大，胃肠道吸收障碍	雏鸡趾爪向内蜷曲，行走不稳，两腿发生瘫痪，育成鸡两腿敞开倒地不起；母鸡产蛋率下降；种蛋孵化率降低	死雏肠壁变薄，肠内充满泡沫状内容物，成年鸡坐骨神经肿大、变软	预防量：蛋雏鸡料按2～3克/吨添加；治疗量：按20毫克/千克添加；肉用仔鸡按40毫克/千克添加
泛酸缺乏症	在饲料加工时如热、酸、碱等环境被破坏或长期单纯喂玉米料时可致泛酸缺乏	临床上主要出现特征性皮炎，可见头部羽毛脱落，头部、趾间、脚部皮肤增生，角化呈疣状物，种蛋孵化率低，雏鸡死亡率高	病鸡缺乏肉眼可见的病理变化，只是死胚短小，皮下出血、脂肪肝等变化	①用于防治时，饲料按10～20毫克/千克添加泛酸钙；②对病蛋孵出的雏鸡可腹腔注射200毫克泛酸，有利于雏鸡成活
烟酸缺乏症	饲料中含量不定，患病时吸收障碍，产蛋高峰期需要量加大而供应不足	雏鸡口膜炎、消化障碍、下痢、脱毛、皮肤发炎，关节肿大、产蛋鸡脱毛，而皮肤发生鳞状皮炎（囊皮病）	有时见肠炎，肠黏膜脱落	①饲料中增加含烟酸的成分，如米糠、麸皮、豆类、鱼粉、酵母，减少玉米量；②饲料中添加烟酸15～20克/吨；③配合应用胆碱或蛋氨酸

病名	发病原因	临床表现		防治措施
		主要临床症状	剖检变化	
维生素B₆缺乏症（吡哆素）	饲料配比不当个别品种鸡需要量大，饲料陈旧、变质或吸收障碍等原因	雏鸡生长发育不良，食欲下降、贫血、骨质变粗，神经症状，低头打转，可见双脚神经性震颤，无目的地行走，全身痉挛性抽搐，产蛋率下降，孵化率降低	皮下水肿，内脏器官肿大和变性	①治疗量：雏鸡、肉仔鸡、产蛋鸡按 8～20 毫克/千克饲料；种母鸡按每千克体重 4.5 毫克，如肌内注射成年鸡每次 5～10 毫克，每天 1 次连续 5 天；②饲料中多些谷物、麸皮、油粕类、干酵母等，可弥补其不足，预防本病发生
叶酸缺乏症	饲料单一或配比不当	雏鸡生长发育受阻，贫血，羽毛生长不良，兼色素缺乏，产蛋率下降，孵化率降低	死胚，嘴变形，胫骨弯曲	①防止饲料单一，配比合理，多加黄豆饼，麻仁饼和酵母饲料；②治疗量：按 0.5% 拌料喂服，按 50～100 微克/只，肌内注射
维生素B₁₂缺乏症	饲料中鱼粉、骨肉粉等动物性饲料缺乏	雏鸡营养代谢紊乱，食欲降低，生长发育缓慢，贫血，种蛋孵化率降低，死胚增加	鸡胚小，皮肤水肿，肌肉萎缩；心脏扩张，形态异常，内脏器官广泛出血	①饲料中注意补充鱼粉、肉粉等动物性饲料，增加酵母粉；②种鸡日粮中按 4 毫克/吨添加或肌内注射 2 微克/只即可收到理想效果；③增加氯化胆碱需要量

（续）

病名	发病原因	临床表现		防治措施
		主要临床症状	剖检变化	
胆碱缺乏症	饲料配比不当，缺乏胆碱和合成胆碱的原料，如维生素 B_{12}、叶酸、维生素 C、蛋氨酸等，另外，维生素 B_1 和光氨酸含量高或者饲料中长期应用抗菌类、磺胺类药物均使胆碱缺乏	雏鸡生长发育停滞，腿关节肿大，成年鸡产蛋率下降，孵化率下降，常因肝脆易破而急性死亡	雏鸡的胫骨和跗骨变形，腿腱滑脱，成年鸡肝肿大，变黄脆弱，其他脏器也有脂肪浸润和变性变化	①饲料中注意补充干酵母和油粕类物质；②氯化胆碱 $0.1\sim0.2$ 克/只·天，连用 10 天
生物素缺乏症（维生素 H）	饲料配比不当，缺乏谷物、酵母和动物性饲料	雏鸡食欲不振，发育不良，羽毛干脆、趾爪、喙底和眼周围皮肤炎症，种蛋孵化率低，死胚增加	雏鸡骨短粗、死胚体小、骨短而扭曲	①改变日粮中的陈旧玉米和麦类；②减少饲料中的磺胺类药物添加剂；③种鸡饲料中按 150 毫克/千克料添加
维生素 C 缺乏症	饲料中缺乏，疾病状态和胃肠道功能失调	贫血和腹泻	肌肉呈蜡样坏死，贫血、肠黏膜肿胀或坏死	加强饲养管理，病态时有"应激"时注意及时补充维生素 C 用量，拌料按 $100\sim300$ 毫克/千克

蛋用及肉用种鸡的维生素日需要量如表 7-2 以供参考。常用的维生素添加剂有多维 I 号、II 号、多维素、维生素 AD_3 粉、维生素 C、维生素 E、亚硒酸钠维生素 E 粉、鱼肝油、复合维生素 B、速补 14、16、18、20 等。

表7-2　蛋鸡及肉用种鸡维生素日需要量

（摘自李子文．实用家禽疾病防治手册．北京：农业出版社，1990年）

维生素种类	0～14周龄	14周龄至开产5%	产蛋鸡	种母鸡
维生素A（国际单位）	1 500	1 500	4 000	4 000
维生素D（国际单位）	200	200	500	500
维生素E（国际单位）	10	5	5	10
维生素K（毫克）	0.5	0.5	0.5	0.5
维生素B_1（毫克）	1.8	1.3	0.8	0.8
维生素B_2（毫克）	3.6	1.8	2.2	3.8
泛酸（B_3）（毫克）	10	10	2.2	10
烟酸（B_3）（毫克）	27	11	10	10
维生素B_6（毫克）	3	3	3	4.5
维生素H（毫克）	0.15	0.10	0.10	0.15
胆碱（毫克）	1 300	500	500	500
叶酸（毫克）	0.55	0.25	0.25	0.35
维生素B_{12}（毫克）	0.009	0.003	0.003	0.003

第二节　矿物质缺乏症

　　矿物质是鸡生命活动过程中不可缺乏的物质，是鸡体组织生长和修补的重要物质，它是血液、体液和某些分泌物的重要组成部分，可调节血液、淋巴液的渗透压，使体液渗透压恒定；能维持血液的酸碱平衡，使血液保持恒定的pH；是多种酶类的重要组成部分，影响其他营养在体内的溶解度，激活某些酶的活性，增强消化能力；维持神经肌肉的兴奋性，使鸡体保持正常的生命活动。但是，鸡体所需要的矿物质都不能自己合成，必须由饲料中摄取。根据鸡体所需矿物质的数量和比例，可将其分为两种，一是常量矿物质元素，如钙、磷、钠、钾、氯、镁、硫7种，通常占鸡体重量的0.01%以上；二是微量矿物质元素，如铁、铜、碘、硒、锰、锌、钼、钴、硅、氟、铬11种，占鸡体重量的0.01%以下。不同品种、不同日龄的鸡对矿物质的需要量不同，其中以钙、磷的需要量最大，钙占 49%，磷占 27%，而其余的仅占 24%。矿物质微量元素虽然需要量少，但必须保证供给才能使鸡的生产性能正常发挥。使用时应注意下列问题：一是满足鸡的生命活动中的需要，不可过量；二是要保证各种微量元素的均衡供给，避免各元素之间的缺乏或过量；三是各元素之间的协同和颉颃作用，如钙与锌、镁、锰、铜之间有抗颉颃作用，饲料中钙过多会影响锌、镁、锰、铜的吸收，造成锌、镁、锰、铜缺乏；锰过多则影响钙的吸收；铜不足可引起锌过量、中毒，锌过量可引起铜代谢紊乱，导致贫血。所以，在日粮配制中要合理添加使用。

因为日粮中缺乏矿物质元素或配备不合理常造成矿物质元素缺乏症，如表 7 - 3。

表 7 - 3　鸡矿物质元素缺乏症及防治一览表

（摘自 李子文. 实用家禽疾病防治手册. 北京：农业出版社，1990 年）

病名	元素主要生理功能	发病原因	缺乏时临床表现	防治措施
钙磷缺乏症	它们是构成鸡骨骼的主要成分，其盐类是调节体液酸碱平衡的重要物质，其中钙对神经活动和肌肉收缩、肌肉的成熟、凝血过程均有重要作用，磷参与多种物质代谢过程	①粮中钙磷不足或比例失调；②维生素 D 不足，影响钙磷吸收；③日粮中蛋白质或脂肪含量过高或者温度高，运动不足、光照不足也影响钙磷吸收	雏鸡软骨，发育不良，啄羽，异嗜，抽搐，角弓反张；产蛋率和孵化率下降	饲料补加钙质添加剂，如石粉、骨粉、贝壳粉，补加磷质添加剂，如麸皮、鱼粉、磷酸氢钙、过磷酸钙等，保持钙磷比例为 2～1：1
钠和氯缺乏症	它们是维持体液渗透压和酸碱平衡的重要物质，与水的代谢有关，其中钠离子与其他离子共同对维持神经肌肉的兴奋性和调节心脏活动有重要作用，氯离子刺激唾液分泌、活化消化酶、参与胃酸的形成，有助于消化功能	①料中缺乏鱼粉和肉粉；②饲料不添加食盐	饲料利用率降低、生长发育迟缓、体重减轻、产蛋率下降	①饲料中要保证一定比例的鱼粉和肉粉；②添加食盐，按日粮的 0.25%～0.31%

病名	元素主要生理功能	发病原因	缺乏时临床表现	防治措施
铁元素缺乏症	铁是血红蛋白和肌红蛋白的成分，参与氧和二氧化碳的运输，是细胞色素过氧化氢酶、过氧化物酶的成分，参与生物呼吸和生物氧化过程	①饲料中供给不足；②需要量大；③缺乏维生素 B_6 时影响铁的吸收；④胃肠疾病吸收障碍	发生缺铁性贫血，皮肤黏膜苍白，红细胞减少，食欲下降，精神不振，肉用仔鸡消化不良，生长受阻	①饲料中保证各类维生素和鱼粉；②添加硫酸亚铁、三氯化铁，剂量1.5毫克/千克
锌元素缺乏症	锌是碳酸酐酶、碱性磷酸酶、胰羧肽酶和若干种脱氢酶的组成部分，还是胰岛素的组成部分，是蛋白质代谢合成的必需物质	饲料配比不当，缺乏肉粉、骨粉等含锌成分	雏鸡食欲消失，体质虚弱，幼鸡生长缓慢，羽毛生长不良，跗关节肿大，骨短粗，皮肤鳞片状角化，产薄壳蛋，孵化率低	①日粮配备得当，适当添加肉粉、骨粉含锌组分；②治疗时可用锌制剂如磷酸锌、硫酸锌、氯化锌、氧化锌等，饲料中浓度为 15～20 毫克/千克
锰元素缺乏症	锰是磷酸酶和其他多种酶的激活剂，是鸡的生长、繁殖、形成骨骼、预防骨短粗病的必需物质	①日粮中玉米、大麦量大，易导致锰不足；②日粮中钙、磷、铁影响锰的吸收；③球虫病等胃肠道疾病时也影响锰的吸收；④蛋型品种鸡的需要量大	幼鸡骨骼发育不良、畸形、骨短粗症，腿外翻，跗关节脱腱不能行走；种蛋孵化率降低，鸡胚呈短肢性营养不良症	①饲料中不可缺少糠麸类；②每50千克饲料中添加硫酸锰 12～40 克；③1：30 000 高锰酸钾溶液自由饮水2～4 天；④此外，还可用碳酸锰、氯化锰、氧化锰等
碘元素缺乏症	碘是甲状腺素的原料，与生长繁殖关系密切，参与体内各种物质代谢过程，能控制代谢速度	我国北方地区自然缺铁、碘	鸡甲状腺肿大，生长发育缓慢，代谢机能降低，种蛋孵化率降低	①饲料中添加海盐或含碘食盐；②添加适量碘化钾、碘化亚铜，原高碘酸钙等

病名	元素主要生理功能	发病原因	缺乏时临床表现	防治措施
铜元素缺乏症	铜是色素氧化酶、过氧化氢酶、酰胺酸酶和抗坏血酸氧化酶的组成部分或活性激活剂，促进铁的吸收，对血红蛋白的形成、骨骼和羽毛发育、生殖机能和生长发育都有重要作用	饲料中缺铜，尤其豆饼和矿物质	贫血，中枢神经机能障碍，运动姿势异常，产蛋率下降，羽毛无光泽	①雏鸡料铜的含量为 10 毫克/千克可预防缺铜；②治疗时可用硫酸铜、碳酸铜、氯化铜、氧化铜、孔雀石等
钴元素缺乏症	钴是维生素 B_{12} 的成分，是磷酸葡萄糖变位酶和精氨酸酶类的激活剂，与蛋白质、碳水化合物代谢有关	饲料配比不当，缺乏豆饼、鱼粉和其他动物性饲料	贫血、生长发育迟缓、精神委靡、食欲降低，产蛋率下降	①饲料中注意添加豆饼和鱼粉、肉粉等动物性饲料；②治疗和预防可用维生素 B_{12}、碳酸钴、硫酸钴等
镁元素缺乏症	镁是构成骨质所必需的物质，影响体内钙和磷的比例平衡，是鸡体必需的矿物质微量元素之一	日粮中缺乏或吸收障碍等	生长滞缓，骨骼变形，蛋壳粗糙，有时消化不良，下痢，呈神经症状，表现昏迷、嗜睡，严重的发生震颤、惊厥和喘息	①饲料配比得当，使日粮中含镁 0.02%～0.04%；②药物治疗可用硫酸镁、氯化镁等
硒元素缺乏症	硒具有抗氧化作用，对酶系统起催化作用，是谷胱甘肽氧化酶的主要部分，能促进维生素 E 的吸收	低硒地区（东北、华北、西北、四川）易发病，寒冷多雨可促进本病的发生，饲料中缺维生素 E 也可使硒利用不足	雏鸡小脑软化，平衡失调，运动障碍，神经紊乱，肌营养不良，全身软弱无力，腿麻痹卧地不起，肌肉色淡，变性似渣样，称白肌病，渗出性素质，胸腹部皮下出现淡蓝绿色水肿样变，稀便，衰竭，生长停滞	①日粮中可添加亚硒酸钠 0.1～0.2 毫克/千克，维生素 E 20 毫克/千克，拌匀喂服；②可用亚硒酸钠溶液 0.005% 浓度肌内注射，雏鸡 0.1～0.3 毫升，成年鸡 1 毫升；③配比 0.1～1 毫克/千克给雏鸡饮用 5～7 天

为了预防本病的发生和正确使用矿物质，特将常见矿物质盐类中元素含量（表7-4）和不同周龄的鸡对矿物质元素的需要量（表7-5）摘录于后。

表7-4 矿物质盐类中元素含量（%）

（摘自葛友人.实用养鸡100题.杭州：浙江科学技术出版社，1993年）

矿物质名称	元素含量	矿物质名称	元素含量
碳酸钙	含钙40	硫酸铜	含铜25.5
磷酸钙	含钙38.7，磷20	碳酸铜（碱式）	含铜57.5
过磷酸钙	含钙15.9，磷24.5	氢氧化铜	含铜64.5
磷酸氢钙	含钙23.2，磷18	氯化铜（白色）	含铜64.2
硫酸亚铁	含铁20.1	氯化铜（绿色）	含铜37.3
氯化亚铁	含铁28.1	硫酸锰	含锰22.8
氯化铁	含铁34.4	碳酸锰	含锰47.8
碘化钾	含钾76.4	氧化锰	含锰27.8
氯化钠	含钠39.7，氯15.9	氯化锌	含锌43
亚硒酸钠	含硒30	碳酸锌	含锌52.1
硒酸钠	含硒21.4		

表7-5 不同周龄的鸡对矿物质元素需要量

（摘自李子文等.实用家畜分子疾病防治手册.北京：农业出版社，1990年）

元素	单位	0～8周龄	8～19周龄	20周龄	种鸡
锌（Zn）	毫克	20	20	10	10
钙（Ca）	%	1	1	2.25～3.75	2.25～3.5
磷（P）	%	0.6	0.6	0.6	0.6
钠（Na）	%	0.15	0.15	0.15	0.15
钾（K）	%	0.20	0.15	0.20	0.20
锰（Mn）	毫克	25	25	10	15
碘（I）	毫克	0.5	0.2	0.2	0.5
铁（Fe）	毫克	9	9	9	9
铜（Cu）	毫克	0.9	0.9	0.9	0.9
镁（Mg）	毫克	220	220	220	220
硒（Se）	毫克/千克	0.15～0.20	0.15～20	0.15～0.20	0.15～0.20

第三节　蛋白质代谢障碍性疾病

一、鸡痛风病

本病是鸡的一种营养代谢性疾病，是由于蛋白质代谢障碍引起的尿酸盐沉积症。

(一) 诊断要点

1. 发病原因

(1) 动物性饲料过多，蛋白质成分含量过高，如肉粉、血粉、鱼粉等的长期喂饲，使蛋白质代谢障碍所致。

(2) 矿物质添加不合理，饲料中含钙质和镁元素过多，或使用蛋鸡料喂青年鸡、雏鸡、肉鸡等，均会引起本病。

(3) 饲料中缺乏维生素 A，调节蛋白质代谢功能失调，易引发本病。

(4) 引起肾功能不全的因素，如各种中毒性疾病和某些传染病等，均会引起本病的发生。

(5) 各种原因所导致的消化机能紊乱，吸收障碍时，也可发生痛风病。

(6) 饲养管理不当，卫生条件极差，日粮不足，营养缺乏等可促进本病的发生。

(7) 具有本病遗传因子的鸡种，如新汉普夏鸡，其后代易发本病。

2. 临床症状　病鸡精神不振，食欲减退、腹泻、排出白色稀粪，运动迟缓，动作小心，腿与翅关节肿胀、疼痛、呈蹲坐姿势或单腿站立；冠、髯苍白，逐渐衰弱。

3. 剖检变化　以鸡体消瘦，尿酸盐沉积为特性，尿酸盐沉积在关节囊、关节软骨处，切开可见有灰白色干酪样尿酸盐结晶，俗称关节型痛风；尿酸盐沉积在肾脏表面，像石灰样絮状物覆盖，沉积在肾细尿管、输尿管处，切开可见白色干酪样尿酸盐结晶，俗称肾型痛风；尿酸盐沉积在皮下、肌肉、颈部、嗉囊、肝脏、心包、脾脏、肺脏、胸腹膜和肠系膜表面，也像石灰样絮状物覆盖，俗称内脏型痛风。

（二）预防与治疗

1. 加强饲养管理，合理配制饲料，保证鸡体营养平衡。

2. 按免疫程序及时、准确、有效地进行接种免疫，控制其他疫病的发生，防止继发本病。

3. 淘汰具有本病遗传因子的种鸡，杜绝本病的发生。

4. 发病后，立即减少日粮中的蛋白质含量，补充维生素 A。加强护理，同时可用增强尿酸盐排泄和减少尿酸盐沉积的药物，如阿托方、别嘌呤醇等，使用时按说明进行。

二、鸡蛋白质缺乏症

蛋白质是鸡生命活动中不可缺少的一种重要营养物质，是构成机体的主要成分，是鸡体内酶类、激素、抗体的重要组成成分，是鸡体维持旺盛的新陈代谢、生长发育和繁殖以及保持健康十分重要的物质，蛋白质摄取不足，即发生本病。

（一）诊断要点

1. 发病原因

（1）日粮配比不当，蛋白质成分不足，尤其缺乏动物性蛋白质时，容易发生本病。

（2）鸡体必需氨基酸，如精氨酸、赖氨酸、蛋氨酸供应不足，还会对其他氨基酸的吸收利用构成影响，也可造成蛋白质缺乏症。

2. 临床症状 雏鸡和产蛋高峰鸡对蛋白质的需要量大，容易发生本病，使雏鸡生长发育受阻，怕冷，抵抗力低下，容易造成死亡；成年鸡体重减轻、贫血、产蛋率迅速下降直至停产。此外，血液性状改变，渗透性加大，病鸡出现水肿，红细胞与血红蛋白减少，可见冠髯苍白，免疫机能不足，抗病能力降低，容易感染多种传染病。

3. 剖检变化 鸡体消瘦，肌肉萎缩，脂肪胶样浸润，皮下水肿，胸腔、腹腔、心包腔中有积液。

(二) 预防与治疗

1. 合理配比日粮，保证饲料中的蛋白质含量。要根据鸡的不同品种、不同日龄和生产性能满足蛋白质的需要，雏鸡应达到20%，肉鸡和产蛋鸡应达到 16%～20%；其中动物性蛋白质应占到 30%以上。

2. 发病之后，补其所需，主要是蛋氨酸和赖氨酸，提高日粮中蛋白质的营养价值。

第四节 杂 症

一、肉鸡腹水症

本病是由于多种非特异性的致病因素引起的、3～4 周龄左右肉鸡的一种疾病，以腹腔内积蓄大量浆液性液体为特征。

(一) 诊断要点

1. 发生情况 本病是肉仔鸡常发病症，其发病原因多种多样，如生长发育快、饲料变化、中毒、缺氧、低温、高温，细菌和病毒的侵入等，但最根本的原因是饲料中粗蛋白质含量过高造成消化道机能紊乱。由于消化道机能紊乱，使肠道中的尿素酶活性增强，水解肠道中的蛋白质物质产生氨，造成自家中毒，造成氧供应不足，氧缺乏使呼吸道黏膜受刺激，引起呼吸器官炎症，使渗出物增多，出现呼吸困难，又造成缺氧。多发生在冬季或早春、晚秋天气寒冷季节，多因群养、密度大，为了保温而舍内空气不流畅，空气污浊，粪便发酵产生硫化氢、氨及呼出的二氧化碳等有害气体不能及时排出，刺激呼吸道而至呼吸困难。3～4 周龄左右的肉鸡生长发育较快，需氧量增加显著，这时期如新鲜空气供应不足，本身内分泌与神经调节功能不健全，心肺功能不成熟，在增加心跳次数、肺压升高的情况下，使心脏扩张，收缩无力，由于缺氧，红细胞变形性降低，造成静脉血回流障碍，使肝静脉及门静脉回流障碍，血液瘀滞，液体成分渗出及溢出，积聚于腹腔造成腹腔积水，即腹水症。再加上其他应激因素如预防注射、惊扰、饲料变化，饲料中有霉败变质的成分，饲料中缺乏维生素，矿物质不足，粗蛋白质含量过高，高脂肪饲料过多，食盐含量高，饮水量增加等，均可促进本病的发生。

2. 临床症状　病鸡食欲不振，精神不佳，羽毛蓬松无光泽，两翅下垂，粪便稀薄，多以白色为主，冠髯发绀或苍白，日渐消瘦。最明显的特征为腹部膨大、青紫色，触之柔软有波动感，病鸡行动不便，动作迟缓，有时蹲卧不动，嗜睡和躺卧，人为驱动似企鹅行走姿势，重症患鸡可见黏膜发绀，呼吸困难，肛门外翻，如这时再有惊扰，则容易抽搐而死亡。

3. 病理变化　剖开皮肤后，可见胸腹皮下胶样水肿，肌肉萎缩、瘀血，呈深红色，腹部胀大，切开薄薄的腹壁肌肉后，则见有大量的黄白色或稍带白色的清澈透明的腹水溢出，有的呈胶冻状；肺脏瘀血、水肿；心包积液，心脏增大变形，右心室扩张，心肌松弛，充满血液；胆囊胀大充满胆汁；肝脏肿大，有纤维素性包膜炎，膜下有出血点，变软质脆；肾脏充血肿大，有的有尿酸盐沉积；脾脏肿大，有的有出血点；腺胃黏膜有一层白色糊状物；小肠常见卡他性炎症。

（二）防治措施

1. 加强饲养管理　供应充足的新鲜空气，减少或避免不良因素的刺激。

2. 改善饲养管理制度　实施限制喂饲，从 13 日龄开始，每天减少 10%饲料量，维持 2 周，然后恢复正常饲养。

3. 合理调制饲料　保证维生素 C 和微量元素硒以及矿物质钙、磷的摄入量，以粉料代替颗粒料。饲料中粗蛋白质的含量要合理，高脂肪饲料要控制，食盐的含量要平衡，限制饮水量。

4. 治疗方法　本病无特异治疗方法，应及早发现，全群防范，改善环境条件，增强机体健康和抗病能力，达到不发病、少发病、少损失的目的。必要时，可在每吨饲料中添加脲酶抑制剂进行治疗，即维生素 C 500 克/吨料，可收到理想效果。

二、肉仔鸡猝死症

本病是肉仔鸡常见病，整个鸡群生长发育良好的肉仔鸡多发，一般不表现明显的前驱症状，在吃料、饮水过程中或闲散期，突然蹦跳、倒地、尖叫而猝死。本病为非传染性疾病，无特定的病原因素，很多致病因素均可使肉仔鸡发生猝死症，归纳起来常见的、导致肉仔鸡发生猝死症的原因可能有如下数种：

1. 营养过剩性猝死症　本病多发生于生长发育良好而肥胖的肉仔鸡，这种肉仔鸡体脂积蓄多，肌肉丰满，各个内脏器官也特别充盈发达，尤其肝脏和胃肠，使腹区异常增大，机械性压迫胸腔器官，当心脏和肺脏受到压迫时，直接影响到心脏的生理搏动和肺区、胸气囊、腹气囊的呼吸功能。正常情况下，鸡的生理搏动为 300 次/分，应激代偿性搏动可达 500 次/分，如果心、肺和气囊长期受到腹腔器官的这种机械性挤压，则心脏不堪重负，肺和气囊丧失气体交换的能力，当超过它们的代偿极限时，使心跳骤然停止而猝死。

2. 微量元素硒缺乏性猝死　硒是鸡的必需微量元素，它可维持机体细胞膜的完整性，参与辅酶 Q 的合成，它还是一种活性很强的抗氧化剂，降低汞、铅、银等重金属毒物对机体的毒害作用；肉仔鸡生长发育迅速，代谢旺盛，对硒的需要量增加，当长期缺乏时，则出现肌肉营养不良，出血性素质，红细胞崩解，胰腺坏死，慢性中毒，神经调节障碍，由量变到质变，不见前驱症状而猝死。

3. 疾病性猝死　多杀性巴氏杆菌引起的禽霍乱，是一种急性败血性传染病。肉仔鸡感染此病后，则不见前驱症状而突然死亡；肉仔鸡感染小肠球虫病时，由于肠痉挛性腹痛和自身中毒，当强烈应激刺激时，惊飞狂跳，心搏骤停而猝死；肉仔鸡患脂肪肝综合征时，由于肝脏肿大，质度变脆，极易破裂出血而猝死；由于大肠杆菌病、异物性肺炎、有害气体的刺激，引起肺脏炎性出血、瘀血和肺水肿，以及异物性气管梗塞时，造成肺循环障碍，呼吸困难，窒息而死亡；传染性喉气管炎时，由于喉头和气管有出血，常因气管有凝血块和炎性坏死物的梗塞而窒息猝死。

4. 中毒性猝死 误食某些剧毒药物，如有机磷杀虫剂、灭鼠药，某些治疗药物如喹乙醇应用时超剂量、超疗程、配伍禁忌等违反操作规程时，直接损伤肝脏、肾脏，破坏血液循环，抑制呼吸中枢，心搏过速，最后导致心跳和呼吸麻痹而猝死。

5. 中暑性猝死 在炎热酷暑季节，高温高湿，防暑降温措施不当，一旦室温超过肉仔鸡的生理耐受极限时（33～35℃），使之丧失体温调节功能，就会引起循环障碍，呼吸中枢麻痹而猝死。这种猝死，对于密集饲养的鸡群损失很大，应引起特别关注。

6. 惊吓性猝死 雷雨闪电、高分贝噪音、生人入舍、陌生色彩以及鸟兽侵扰等突如其来的强烈应激刺激时，肉仔鸡会阵发本能的保护性应激反应，交感神经异常兴奋，肾上腺素分泌增加，使心搏超限超强加快，冠状动脉挛缩，心脏供血供氧障碍，导致心搏骤停而死亡。这种猝死可使群体性发生，引起重大损失。

由上所述，可见引起肉仔鸡的猝死原因甚多，但是，除中毒性猝死之外，都与应激因素有关，所以在肉仔鸡的饲养管理过程中，要创造优越的环境条件，消除各种刺激性应激因素，保持环境的相对安静，防止猝死的发生，减少经济损失。此外，从10日龄开始，按3％～5％碎玉米粒加入日粮中，25日龄以后逐渐停止，可预防本病的发生。35日龄后，饲料中加入清瘟败毒散，也有一定的预防效果。

三、肉仔鸡腿麻痹症

1. 肉毒梭菌中毒症 运动神经麻痹，以腿、颈和翅部最明显。两腿无力，步态不稳，瘫软，卧地不起，无特征性病变。

2. 马立克氏病 侵害神经，开始走路不稳，逐渐发生一侧性或两侧性腿麻痹，严重时瘫痪不起。

3. 传染性脑脊髓炎 共济失调，头颈震颤，3周龄以内雏鸡无明显病变。

4. 新城疫 急性或慢性时，翅、肢麻痹，站立不稳。

5. 营养不良与抗球虫药物中毒 引起骨骼、肌肉病，发生腿麻痹。

6. 病毒性关节炎 疼痛跛行，跗关节肿胀、僵硬，不能活动，有的肌腱肿胀，皮下出血，蹒跚步样，瘫痪。

7. 沙门氏菌病（伤寒、副伤寒、白痢） 有时侵害关节，引起关节炎，跛行。

8. 大肠杆菌病 侵害关节，表现跗关节和趾关节肿大，跛行。

9. 关节性痛风症 腿和趾关节肿胀，运动障碍，软弱无力。

10. 食盐含量不当 不足时可致骨软，过多时双脚无力，站立不稳。

11. 维生素 B_6 缺乏症 雏鸡中枢神经兴奋性增高，表现运动失调，腿软弱，站立不起，以胸着地，颈前伸，有的骨短粗，1条腿跛行。

12. 维生素 B_{11}（叶酸）**缺乏症** 胫骨短粗，滑腱症，跛行。

13. 胆碱（维生素 B_4）**缺乏症** 雏鸡缺乏时，跗关节周围有点状出血和极度膨大，进一步跖骨扭转变形、弯曲，出现滑腱症而瘫痪。

14. 维生素 PP 缺乏症 肌肉运动障碍，共济失调，瘫痪。

15. 缺钙或钙磷比例不当 引起骨软症而瘫痪。

16. 微量元素缺乏症 如锌、锰等缺乏时，关节、筋腱受损。

四、脱　肛

鸡的直肠部分脱出于肛门之外叫脱肛，在产蛋高峰期易发生本病。

(一) 诊断要点

本病的发生，多由于产蛋多，营养不足，体质较差，输卵管内膜分泌的起润滑作用的油脂不足，产道涩滞；或产蛋过大，强力努责；或因停产，输卵管收缩，产后泄殖腔未完全恢复正常即受惊吓；输卵管或肛门的慢性炎症，由于炎症产物对局部的刺激，病鸡为了排出刺激物，常不断增加努责；便秘时，排粪过度努责；冬春季节舍内温度低，鸡运动不足，易患后躯风湿，不能站立，使腹部下垂，腹压加大；对鸡群管理不善或有啄癖等原因均可造成脱肛。脱肛与鸡的品种也有一定关系。发生脱肛的初期，可见从肛门流出一种黄白色黏稠液附在肛门周围的绒毛上。然后从肛门脱出约 2 厘米长的肉红色物质，即直肠脱出的部分，此脱出部分若不及时护理则可发生炎症、糜烂或溃疡，并可招致其他鸡啄伤而致鸡死亡。

(二) 防治措施

1. 加强饲养管理 饲养过程中各种营养成分配比合理，增强体质。

2. 预防及治疗 及时发现病鸡，并隔离饲养，防止啄伤；脱出部分用 0.1% 高锰酸钾温水溶液或 2% 硼酸温水溶液洗净、复位，早、午、晚每天处理 3 次，连续处理几天，可不再脱出。如有炎症发生，并有恶臭味时，洗净、消毒后涂以土霉素或金霉素软膏；如有坏死的黏膜组织，洗净后应刮去，轻症的涂以碘酊或紫药水，并撒外用消炎粉；重症者可考虑作烟包缝合。

五、恶　癣

本病是由于饲养管理不当，鸡体代谢机能紊乱，营养失调，视觉和嗅觉、味觉机能异常引起的一种多种表现形式的疾病综合征。

(一) 啄羽癣的诊断要点及防治措施

本病常见于幼鸡开始生长新羽毛时、产蛋高峰期和换羽期，冬季和早春季节多发，表现为自食羽毛或互相啄食羽毛，有时头顶部羽毛、肛门周围的羽毛和尾羽全部被啄光。究其发生原因，可能是饲料中营养不全，配比不合理，缺乏维生素 B_2 和含硫氨基酸（蛋氨酸、胱氨酸）；缺乏运动，密度大；与体外寄生虫也有一定关系。

根据发病原因进行预防可收到一定效果。据李子文介绍，在换羽季节，在日粮中可按 1% 加入硫酸钙有预防啄羽作用；啄羽发生后，每只鸡每天补喂 5～10 克羽毛粉或 3～5 克硫酸钙，或日粮中加 0.2% 的蛋氨酸可停止啄羽。用 1% 的硫酸钠溶液拌料连喂 5 天，啄羽现象可消失。如因缺铁和维生素 B_2 引起的，每只 0.5 千克体重以上的鸡，每次用硫酸亚铁 0.9 克、加维生素 B_2 2.5 毫克；体重 0.5 千克以下者酌减；每天 2～3 次，连喂 3～4 天可痊愈。也可在饲料中加入生石膏粉，每天每只鸡 2 克，即可见效。饲料中加 2% 食盐，1 次/天，连用 2～3 次也可见效。

此外，断喙可减轻症状。对少数患鸡可将其隔离，单独喂养。

(二) 啄肛癣的诊断要点与防治措施

本恶癣多见于周龄以内未行断喙的雏鸡和产蛋高峰期的鸡，如果这时的雏鸡密度过大，光照强烈，日粮配比不合理，运动不足，营养缺乏等因素均可引起啄肛至死。尤其当雏鸡患病、消化不良时，如鸡白痢、肠炎等，肛门周围羽毛粘有粪便时，最易被啄。

产蛋高峰鸡如果营养不足，体况不佳，腹部韧带和肛门括约肌松弛，产蛋后泄殖腔外翻部分不能及时缩回，舍内光照过强、过于拥挤时，容易发生被其他母鸡啄肛。啄破肛门、啄出肠管，甚至啄死。

本恶癖以预防为主，加强饲养管理，保持合理密度和光照，给予配比合理的日粮，注意补充动物蛋白质饲料。有时因缺乏硫引起本病，则应在饲料中加入1%硫酸钠，3天后见效。发现有啄肛现象时，应立即将育雏室全部遮黑3天，只给微光能看到吃料、饮水即可，啄肛可得到控制。对已经形成恶癖的鸡，应剔除单独喂养，或者进行第二次、第三次断喙，对于被啄轻伤的鸡，应及时隔离进行外科治疗。

（三）啄趾癖诊断要点与防治措施

本病多见于雏鸡。原因主要是饲养管理不当，如饲料配比不合理，缺乏必需的营养物质，或喂料不足造成饥饿时发生；另外，光照强烈，密度大，过于拥挤时也容易发生。雏鸡相互啄食脚趾，啄破出血，甚至吃完脚趾，造成跛行，感染后死亡。

育雏阶段应加强饲养管理，饲料配比合理，按时按量喂饮，消除饥饿，保持合理密度，光照微弱，及时断喙。当发生啄趾现象时，应立即将育雏室遮光变黑变暗，可收到理想效果。饲料中加1%的食盐连喂2天见效。

（四）食蛋癖的诊断要点与防治措施

本病主要发生在产蛋母鸡，多因饲料配比不当，日粮中缺乏钙和蛋白质，或因钙、磷比例失调所致。也有的笼具破旧，产蛋后，鸡蛋不能自行滚出而被鸡踩破，或鸡蛋相互碰破，不及时取出，或产软壳蛋等，群鸡相互争食和自产自食形成恶癖。

加强饲养管理，合理配比饲料是防止本病的关键，产蛋鸡的日粮中骨粉应占到2%～3%，粗蛋白质不少于17%～19%，以满足产蛋鸡对钙、磷和蛋白质的需要。此外，注意笼具维修，及时捡蛋，均可杜绝本病的发生。

六、鸡 中 暑

(一) 诊断要点

本病是由于天气炎热，气温高，湿度大，饲养管理不善造成的。鸡本身汗腺不发达，散热主要靠张口急促呼吸，张翅炸毛，大量饮水和排泄来调节体温，如密度大、通风不良，不能及时采取有效的降低环境温度的措施，则容易发生鸡中暑。病鸡表现精神不振，张口急促呼吸，张翅炸毛，食欲大减，饮欲增加，逐渐出现昏迷，站立不起，常因虚脱而死亡。

(二) 防治措施

为了使鸡安全度过酷暑季节，应加强饲养管理，采取有效的降温措施。如打开门窗，安装风扇，泼洒凉水，保证饮水，搭设凉棚，避免阳光直射，及时清除粪便，有条件的鸡场可供饮绿豆汤水或在饮水中加入十滴水 0.5 毫升。因此时减食增饮，所以为了保证营养，应给予优质饲料。对个别病鸡可单独管理。

七、笼养蛋鸡疲劳症

本病主要发生于笼养产蛋鸡，以骨骼易碎裂、腿软无力为特征。

(一) 诊断要点

1. 发病情况 笼养产蛋鸡体内无机盐的消耗增加，如果钙、磷供应不足或钙、磷比例不当，满足不了蛋壳形成的需要，就要动用骨骼中的钙、磷，造成骨质疏松和软化，并伴发尿酸盐在肾、肝脏内的沉积，加剧母鸡的新陈代谢紊乱，尤其是脂肪代谢紊乱，就会引起脂溶性维生素 D_3 吸收不良，最终造成钙代谢障碍。此外，笼养蛋鸡活动量不足，也是造成本病的原因之一。

2. 临床表现 最初表现是产软皮蛋、砂皮蛋，然后出现趾爪弯曲，运动失调，站立困难，两腿发软，常呈侧卧姿势。此间如能及时发现，及时采取措施，则很快康复，否则，症状加剧，骨软疏松，肋骨易断，胸骨凹陷，有时胸骨呈 S 形弯曲，病鸡不能起立，造成瘫痪，同群无症状的鸡血钙指标降低，蛋壳变薄。

3. 剖检变化　病鸡胸廓缩小，关节呈现痛风样损害，骨质疏松易断；肝、肾脏有尿酸盐沉积，肾盂扩张，肾实质性囊肿，出血性肠炎等。

（二）防治措施

1. 加强饲养管理　注意观察鸡群，发现软皮蛋后应立即补加骨粉。能吃多少补多少，3～5 天可明显见效。

2. 预防治疗　笼养高产蛋鸡的饲料含钙量平时不低于 3.5%，发病时可增至 4%，贝壳粉作为补钙添加剂效果较好，喂量为 2%～4%，连用 2 周后改用 2% 添加；经常作血钙测试，产蛋鸡的正常血钙 190～220 毫克/升，当降到 120～150 毫克/升时，即有发病的可能。

3. 血钙测定方法

原理：血清中钙离子在碱性溶液中与钙红指示剂结合成可溶性的复合物，使溶液呈淡红色。乙二胺四乙酸二钠盐（ED-TANa$_2$）对钙离子的亲和力极大，能与该复合物中的 Ca^{2+} 络合，使指示剂重新游离，溶液呈现蓝色。故以乙二胺四乙酸二钠盐滴定时，溶液由红色转变为蓝色，即表示到达滴定终点，由此可以计算出血清中钙的含量。其反应如下：

$$
\begin{array}{ccc}
\text{HO–C–CH}_2 & \text{CH}_2\text{–C–OH} & \\
& \text{N–CH}_2\text{–CH}_2\text{–N} & \\
\text{NaO–C–CH}_2 & \text{CH}_2\text{–C–Na} & +Ca^{++} \longrightarrow
\end{array}
$$

（乙二胺四乙酸二钠盐与 Ca^{++} 络合生成钙络合物的结构式）

4. 试剂

(1) 钙标准液（含钙 0.1 毫克/毫升） 精确称取干燥碳酸钙 250 毫克，加水 40 毫升及 1 摩尔/升盐酸 6 毫升，慢慢加温至 60℃，使其溶解，冷却，移入 1 升容量瓶中，加蒸馏水至刻度。

(2) 钙红指示剂 称取钙红 0.1 克，溶于 20 毫升甲醇中（钙指示剂种类繁多，由于受血清中其他离子的干扰，滴定终点常不明显，而钙红指示剂则终点较明显，且不受镁离子等的影响）。

(3) 0.2 摩尔/升氢氧化钠溶液。

(4) 乙二胺四乙酸二钠盐溶液 称取乙二胺四乙酸二钠盐（EDTANa$_2$）0.1 克，加蒸馏水 50 毫升，1 摩尔/升氢氧化钠 2 毫升，待完全溶解后，加蒸馏水至 100 毫升。将此溶液按下法进行标定：准确吸取钙标准液（0.1 毫克钙/毫升）1 毫升，加入试管中，再加 0.2 摩尔/升氢氧化钠 1.5 毫升及钙红指示剂 2 滴，混匀。以上述配制的乙二胺四乙酸二钠进行滴定，至呈浅蓝色为止，记录消耗量。如用量恰为 1 毫升，表示此溶液 1 毫升相当于钙 0.1 毫克，则可直接应用。如滴定时用量小于 1 毫升，需适当稀释以符合上述标准浓度。将滴定时用量代入公式，即可求出稀释时需加入的蒸馏水量：

$$\frac{需加入蒸馏}{水量（毫升）} = \frac{稀释的乙二胺四乙酸二钠溶液量（毫升）}{滴定时乙二胺四乙酸二钠溶液消耗量（毫升）} - 稀释的乙二胺四乙酸二钠溶液量$$

现将配制的乙二胺四乙酸溶液 100 毫升，校正为标准浓度的乙二胺四乙酸溶液，滴定时用量为 0.8 毫升，则需加入的蒸馏水量为：100÷0.8－100＝125－100＝25（毫升）。即在配制的乙二胺四乙酸溶液 100 毫升中加蒸馏水 25 毫升即可。稀释后再用钙标准液标定一次，确证其浓度合于标准后使用。

5. 操作 滴定时，最好在 25 毫升的白瓷蒸发皿中进行，颜色变化观察清晰。另外，所用的玻璃器皿应以重蒸馏水洗涤，干燥后使用。

取血清 0.25 毫升，加 0.2 摩尔/升氢氧化钠 2.5 毫升，加钙红指示剂 2 滴，混匀，以标准的乙二胺四乙酸二钠溶液滴定至呈淡蓝色为止（终点判定要准确，当临近终点时，滴下乙二胺四乙酸二钠 1 滴，蓝色圈由滴定处逐渐扩大，摇匀后应呈浅蓝色不再消失即恰为终点），记录乙二胺四二酸二钠溶液的消耗量。

6. 计算

$$\begin{aligned}血清钙\\(毫克/升)\end{aligned} = \frac{乙二胺四乙酸二钠\ 100}{溶液消耗量（毫升）} \times 0.1 \times 100/0.25 \times 10$$

$$= \frac{乙二胺四乙酸二钠}{溶液消耗量（毫升）} \times 400$$

八、脂肪肝综合征

本病以发育良好、产蛋率高、体大、肥胖的产蛋鸡多发，导致产蛋量急剧下降。病鸡多由于肝脏积聚大量的脂肪，出现肝脂肪变性，使肝包膜内易于发生撕裂，发生内出血，所以又叫脂肪肝出血综合征。

本病也发生于 10~30 日龄肉仔鸡，剖检可见肝、肾苍白、肿胀。

本病也发生于产蛋鸭。

1. 发病原因

（1）遗传因素　某些品种的鸡易发，肉用种鸡比蛋用品种具有更高的发病率；高产蛋鸡发病率高，与高雌激素刺激活性有关，雌激素可刺激肝脏中的脂肪合成。

（2）营养因素

①饲料脂肪、能量与蛋白质的比例不当。低蛋白质日粮易发；饲料能量过高，超过 11.3 兆焦/千克，粗蛋白质较低（低于16%）时多发（鸭）；日粮中能量蛋白质比（E/P）较高可诱发（E/P 为 66.9% 时多发，E/P 为 60.9% 时不发）；产蛋鸡日粮能

量为 12.1 兆焦/千克，蛋白质含量为 12.7％时多发；低脂肪、低蛋白质时易发。

②脂肪与糖的来源不当　来自碳水化合物的能量比来自脂肪中的能量对肝脏损伤更大。玉米—大豆日粮比小麦—大豆日粮更易患。利用动物油脂者多发，而利用植物油脂者少发。

③微量元素与维生素　日粮中加一些 B 族维生素可减少发生；日粮中生物素利用率低（即调节机能不足）是其发生原因（生物素 V_H 在动物体内以辅酶的形式直接或间接地参与三大物质的重要代谢过程。主要在脱羧、某些羧基转移、脂肪合成、天门冬氨酸的生成及氨基酸脱氨基中起重要作用）；维生素 C、维生素 E、维生素 B 族、锌、铜、硒、锰、铁可影响自由基的产生与抗氧化保护机制活性之间的平衡和这些过氧化物的清除，上述元素缺乏任何一种，均可易发。

④日粮与日粮类型　以小麦等谷物为基础的日粮比玉米为基础的日粮少发；日粮中低钙时，抵制下丘脑活动，降低促性腺激素的分泌，导致产蛋率下降，因鸡仍保持正常采食量，相对多的营养成分转化为脂肪贮存于肝脏，最终引起脂肪肝。

（3）环境因素

①应激因素　尤其是热应激→代谢紊乱→内分泌紊乱→葡萄糖异生，加重代谢温度，进而很快发生代谢失调。应激释放的外源性皮质类酮和其他一些糖皮质类固醇可促进葡萄糖异生和加强脂肪的合成，使体内脂肪沉积加快。当饲料中可利用的生物素含量处于临床水平时（不足时），各种应激因素都可促进本病的发生。

②温度　本病主要发生于高温季节，与机体高水平的肝脂肪沉积相关。病鸡肥胖，高温天气新陈代谢旺盛，血管充分膨胀，导致肝脏破裂而出血，并引起大量死亡。

③饲养方式　笼养比平养易发。其原因：笼养时自由采食，活动量小，能量消耗少而使过多的能量转化，使脂肪过度

沉积；笼养鸡不能食粪获得部分所需营养，如生物素，可致脂肪代谢紊乱；笼养鸡生活空间小，很难控制适宜温度，出现热应激。

④饲料中有毒物质　脂肪变性也因饲料中存在有毒物引起。日粮中含有黄曲霉毒素是主要病因之一，可导致非常强烈的损害；油菜副产品产生的芥子酸，也能引起肝脏脂肪变性，同时伴有肝出血。

⑤激素　产蛋鸡脂肪肝形成过程中，血清雌二醇含量明显增加，（因雌二醇与肝脏前β-脂蛋白的合成和分泌有密切关系，而血浆中前β-脂蛋白浓度与肝脏脂肪的含量呈极显著的负相关）。雌激素分泌过多会导致脂肪的生成，失去反馈机制的调节；甲状腺素也可影响肝脂肪的沉积，有降低肝脏脂肪含量和防止出血的作用。

⑥其他有些物质使鸡血中肾上腺皮质醇含量增高，也是原因之一。

（4）其他因素　包括抗生素的使用、疾病的发生、性别等。日粮中添加抗生素能使发病率增加；疾病使禽易受到应激而可能导致本病的发生。

2. 脂肪代谢与发病机制

（1）脂肪的代谢生理　肝脏在鸡的糖和脂肪代谢中起着重要作用。进入肝细胞内的外源性或内源性脂肪解离为脂肪酸和甘油后，一部分脂肪酸在线粒体内氧化供能，或转化为细胞结构的组成部分，而大部分脂肪酸在粗面内质网中合成甘油三酯、磷脂，并与胆固醇和载体脂蛋白结合成为脂蛋白，再进入血内供其他组织利用或转变为脂肪库。当鸡体内发生脂肪代谢障碍时，大量脂肪沉积于肝脏引起脂肪变性，发生脂肪肝。

（2）脂肪肝的发病机理　在各种原因的影响下，导致中性脂肪合成过多，肝细胞内脂蛋白形成障碍及脂肪利用障碍时，均可引起脂肪在肝细胞内堆积而发生脂肪肝。

①中性脂肪合成过多　饥饿等应激过程中，由于大量体脂肪发生分解，进入肝内的脂肪酸过多和在肝细胞内合成的甘油三酯过多，当超过了脂蛋白形成和其转运入血液的速度时，则出现甘油三酯在细胞内堆积。

②脂蛋白的合成障碍　磷脂酰胆碱（卵磷脂）是合成脂蛋白的必要成分。本病主要发生于母鸡，为了高产，过多的给予能量饲料，当饲料中合成胆碱的甲基供体如蛋氨酸等或合成甲基所需的维生素 B_{12}、叶酸等缺乏时，可引起卵磷脂合成受阻，因而肝细胞不能将甘油三酯合成脂蛋白转运入血，引起甘油三酯在肝细胞内堆积，造成脂肪过量。或因血浆中乳糜微粒增多，使脂肪通过血液转运时特殊的"包装"材料脂蛋白和磷脂合成不足，使甘油三酯在肝细胞内蓄积，并致肝脏脂肪变性。胰抗脂肝因子有抑制糖转变为脂肪或促进磷脂合成的作用，故其缺乏时，也可引起脂肪浸润。此外，磷脂缺乏也可能是肝内脂肪堆积的原因之一。

③脂肪利用障碍　在维生素 E 缺乏、肝中毒等一些病理情况下，由于组织细胞内的脂肪水解酶和脂肪酸氧化酶体系活性降低，脂肪酸的 β-氧化受阻，肝细胞对脂肪利用发生障碍，因而引起脂肪在细胞内堆积。

④酶的活性下降　肉鸡发生本病的重要因素是生物素缺乏。当肉鸡摄入的生物素不能满足需要时，生物素依赖酶的活性就会降低，如与脂肪代谢有关的乙酰辅酶 A 羧化酶和与糖原异生作用有关的丙酮酸羧化酶。前者影响肝肾的脂肪代谢使患鸡肝肾肿大，肝脂含量增加，脂肪酸成分发生特征性变化，棕榈油酸增加，硬脂酸减少；后者影响肝脏糖原异生作用，导致血糖水平下降。

3. 临床症状和病理变化　发病鸡无明显症状，主要表现鸡肥胖，超出正常体重的 20%～33%，蛋鸡和肉用种鸡生产性能下降，产蛋率可由 80%逐渐降到 50%，或根本达不到产蛋高峰。

冠、髯苍白，腹部下垂，常因惊吓、炸群，急性死亡。肉用仔鸡嗜眠、麻痹和突然死亡，多发生于生长良好、10～30日龄仔鸡，病死率6%，有时高达30%，有些病例呈现生物素缺乏症的表现，喙周围皮炎，足趾干裂，羽毛生长不良。由于肝外膜破裂引起致命性出血，导致鸡的死亡。

鸭群发病后，产蛋率急剧下降到40%，病重者，主羽易拔下，脱落，不愿下水。

肝脏因脂肪变性、肿大、黄色、质地柔软、易碎、肝包膜下有大小不等的出血，腹腔及内脏周围有大量的脂肪沉积。

镜下，肝窦充血肿大，肝细胞出现大小不等的脂肪滴，为甘油三酯，脂肪弥散，分布于整个肝小叶，使肝小叶完全失去正常的网状结构。

血清化学成分变化：胆固醇为2 184.26毫克/分升；血脂为11 406.9毫克/分升（标准分别为836毫克/分升、159毫克/分升）。血清雌二醇含量明显上升为1 145.69毫克/分升（标准为516毫克/分升）。鸡血白蛋白明显降低，血液SGTP值、血液、肌肉及蛋的胆固醇和甘油三酯均显著增高（是对照的2.2倍、2倍，蛋内是1.8倍和2.3倍，肝脂肪含量为43.86%）。

4. 防制措施

（1）科学配制日粮　摄入过高的能量饲料，是导致脂肪过度沉积造成脂肪肝的主要原因。日粮应根据不同品种、产蛋率科学配制，使能量和生产性能比控制在合理的范围内。产蛋率高于80%时蛋能比以60为宜；产蛋率在65%～80%时蛋能比以54为宜，日粮总能水平一般在11.30兆焦/千克左右至10.46兆焦/千克，可有效减少脂肪肝的发生，同时并不影响产蛋。

（2）添加适当量的营养　添加适宜胆碱、肌醇、蛋氨酸、维生素E、维生素B_{12}、亚硒酸钠等嗜脂因子，能防止脂肪在肝脏内沉积。天气炎热和产蛋高峰期每千克饲料添加蛋氨酸8克、氯化胆碱1克、维生素E 20国际单位、维生素B_{12} 0.012毫克，能有效防止脂肪肝的发生。

（3）重视蛋用鸡育成期的日增重　8周龄时应严格控制体重，不可过肥，否则，超过8周龄后难于再控制。

（4）加强饲养管理　提供适宜的生活空间、环境温度，减少鸡的应激，鸡群换喂全价日粮，对防制本病的发生具有良好作用。

（5）定期做血浆脂蛋白测定（低于正常值5.18克/分升）即早期诊断，及时调整日粮并采取相应防制措施，以减少损失。

第八章　鸡场兽医卫生消毒

第一节　鸡场消毒在兽医卫生上的意义

消毒的目的是切断病原微生物的传染传递链锁，阻止其继续增殖和致害的能力。消毒工作在生物界已成为预防医学的一个重要组成部分。消毒工作在保证养鸡业发展，维护人民健康，保证肉品安全，保护环境卫生和维持生态平衡方面有着重大的作用，尤其在肉、蛋、食品的防腐保鲜方面，都离不开消毒技术的实施。在鸡疫病的防制中，治疗手段只能是针对发病鸡，免疫主要是针对健康鸡，而消毒工作除了针对健康鸡群进行的预防消毒和发病时的随时消毒外，还要对因各种疫病死亡的鸡进行彻底的终末消毒，也就是说，在鸡疫病的防制中，对健康的、发病和死亡的，都要进行有效的消毒。所以，鸡场兽医卫生消毒在与鸡传染病和人兽共患病的斗争中，起着重要的作用，是预防疫病流行的一项重要措施，是杀灭病原微生物的重要手段。

一、动物是人类疫病的主要传播者

医学卫生界认为，动物界是人类疾病病原体的巨大贮存库，绝大多数人兽共患病的主要传染源或贮存宿主是动物。在人类住所周围栖息的半野生动物（如鼠类、鸟类和蝙蝠等）、家畜、家禽、观赏动物和伴侣动物（猫、狗）等，均为人兽共患病流行病学上非常重要的传染来源；候鸟的迁徙可远距离传播人兽共患病；自山野、森林捕捉野生动物引至动物园或住宅饲养，有可能把某些自然疫源性疾病带进入人口密集的地区；从外国引进的稀有观赏动物或良种鸡，进口水生植物（可能含有某些蠕虫的传播媒介——软体动物）作饲料等，也有输入国内尚不存在的人兽共患病的危险。

二、消毒是防制人兽共患病的重要措施

鸡的很多疫病可通过各种途径传染给人，如禽流感、鸡新城疫、鸡霍乱、鸡结核、鸡大肠杆菌病、鸡伤寒、鸡副伤寒、鸡葡萄球菌病等。

环境保护学家认为环境污染包括多种因素对环境的污染，主要是指生物污染，亦即病原微生物和寄生虫卵、幼虫对环境的污染。许多人兽共患病的病原体是随同人和动物的粪尿、分泌物排出的，它们污染水源、土壤和植被（尤其是供应市场的蔬菜），是许多人兽共患病传播的重要途径。江河湖泊等水源的污染，可使人兽共患病向远距离传播。在诸如黄瓜、西红柿等通常用于生食的菜园里，如用未经无害化处理的粪便、污水施肥灌溉，就会增加疾病传播的机会，如大肠杆菌病、小袋虫病、弓形虫病等。养鸡场、屠宰场和肉食品加工厂排出的大量污水和动物废弃物，含有大量病原微生物、寄生虫卵、幼虫和包囊，如果处理不当，也会造成环境污染，成为传播人兽共患病的重要因素。因此，搞好人畜粪便和动物废弃物的无害化处理、消毒，是防制人兽共患病的主要措施。

三、消毒是扑灭疫病、保证养鸡业发展的主要措施

当前，养鸡业生产方式正在向大规模集约化发展，单位面积内的鸡只饲养量显著增加，饲养数百万只鸡的牧场已不罕见。这些牧场的兽医防疫工作稍有疏忽，就会引起疫病的暴发流行，因而造成重大经济损失。气候的变化、水源的变化和伴随经济发展而产生的许多因素，有时会导致某些野生动物群体密度减少，而以此为天敌的另一些动物就会增加，这种情况也会造成人兽共患

病的流行。

鸡传染病的发生，不外乎 3 个环节和 2 个因素造成的，即传染来源、传递因素、鸡群体的易感性和环境因素、社会因素。在鸡疫病的防制措施中，在扑灭鸡疫病的实践中，鸡环境的消毒和尸体的合理处置，消灭被传染源所污染的传递因素，所以消毒是打破疫病流行链锁，防制传染的可靠措施。又因为传染来源污染环境的时间、地点场所不同，把消毒分为如下几种。

1. 定期消毒 也就是预防消毒，即不管是不是传递因素，为了防止成为传递因素，在传染病发生之前要定期消毒，如鸡舍、鸡集中的车站、码头、机场、交易市场、屠宰场的饲养圈、候宰圈、屠宰加工车间、各种运输工具、屠宰加工工具、饲养管理工具等的定期消毒，每天、每周、每月、每年进行若干次消毒。这种消毒因为是预防性质，所以，所用消毒方法和消毒药品都是广泛的，不具有针对性，以达到清理环境，保持卫生为目的。

2. 临时消毒 即传染病发生了，把传染来源排出的病原体随时消灭，不论何时何地，当即消毒。停止调运，停止生产加工，采用针对性的消毒药和可靠的消毒方法，以消灭传染来源和破坏传递因素、扑灭疫病为目的。

3. 终末消毒 即发病地区消灭了某种疫病，在解除封锁前，为了彻底地消灭传染病的病原体而进行的最后消毒。在进行这种消毒时，不仅病鸡周围的一切物品、鸡舍要消毒，连痊愈鸡的体表也要消毒。这种消毒除根据疫病的性质采取专项消毒方法和消毒药品外，还需要一般的消毒方法和消毒药品配合消毒，以达到环境良好，促进鸡体尽早恢复健康和提高生产性能的目的。

鸡场兽医卫生消毒，是清除人畜周围环境的污染，保证养鸡业发展和人民群众健康的大事。作为鸡场兽医卫生工作者，应该为发展养鸡业尽职尽责，为人民健康建功立业，把鸡场兽医卫生工作全面开展，深入进行。

第二节　鸡场消毒的范围

一、根据病原体传播的途径施行的消毒范围

种鸡场、孵化室、孵化器、出雏室；病鸡通过的道路和停留过的场舍，如饲养棚舍、隔离舍、通道等病鸡污染的一切场所；与病鸡接触过的工具、饲槽、水槽；运输病鸡的交通工具，如车、船、笼具等；病鸡的排泄物（粪尿）及尸体等；工作人员的衣帽、手套、胶靴等。总之，一切与病鸡及其产品相接触的东西都必须施行消毒。

二、根据微生物对食品的污染施行的消毒范围

屠宰加工车间的消毒；分割肉车间的消毒；预冻间的消毒；结冻间的消毒；贮藏间的消毒；熟食品加工间的消毒；销售部的消毒；与上述有关的一切用具的消毒；工作人员的自身保健与消毒。

第三节　鸡场消毒的方法

一、机械清除消毒法

这种方法是最经常、最普遍采用的方法，是鸡场和有关单位每天必须要进行的工作，即大扫除。这种方法不能杀灭病原菌，只是清除附着污物，创造不利于微生物生长、繁殖的环境条件。若遇到传染病，需同其他消毒方法一并进行，并预先用消毒药液喷洒，然后再清扫。所以，这种方法是其他有效消毒的基础。

二、物理消毒法

这种方法包括机械动力学方法；光辐射方法（干燥紫外线

39%返回地面）；同位素电离辐射方法；热方法以及微波辐射方法。新的物理消毒法是在电离辐射和微波方面有些突破。

电离辐射的辐射源选用钴、铯等同位素，它们产生 α、β、γ 三种射线。目前均选用钴 60（^{60}Co）发射的 γ 射线进行辐射消毒，使用单位叫德拉，1 德拉＝1/100 戈瑞，消毒时最少需要 20 万德拉以上。

微波消毒和辐射消毒一样，是良好的冷消毒法。

常用的物理消毒法如下。

（一）日光消毒

日光的辐射能是由大量各种波长的光波所组成，对生物机体有复杂的综合作用。日光所引起的化学与物理学变化性质，依光波的波长不同而不同。

杀菌力最大的波长是 $2 \times 10^{-7} \sim 3 \times 10^{-7}$ 米范围的光线，此正是紫外线，它可透过空气到达地面，具有显著的杀菌作用。

日光照射微生物时，能使微生物体内的原生质发生光化学作用，使其体内的蛋白质凝固。根据对日光的反应关系，微生物可分为对日光有抵抗力的和对日光敏感的两种。前者能把日光能利用到自己的生化过程中（如少数的紫色硫菌、海栖细菌等，有趋光性）；多数微生物不能抵抗日光，病原微生物对日光尤为敏感。

利用日光消毒是最经济的，日光是自然界一种强大的卫生消毒剂。对于场地、笼具、便于移动的、充分暴露的管理用具等的消毒很好。在直射日光下，不少细菌和病毒都被杀死，如巴氏杆菌 6～8 分钟被杀死。

但也应考虑到，日光的消毒作用由于许多因素的影响而不恒定。此外，日光只能对外表的微生物起作用。因此，在消毒工作中，日光仅能起辅助作用，而不能单独应用。

（二）干燥

干燥能使微生物水分蒸发，故有杀灭微生物的作用，但效果次于阳光。各种微生物因干燥而死亡的时间各有不同，如结核杆菌、葡萄球菌，虽经长时间干燥（10个月或几年）也不死亡，所以在生产上的应用受到限制。

（三）高温

低温对于微生物只有阻滞繁殖的作用，但不能杀死微生物。因此，在消毒工作中，是不采用低温的。相反，高温对于微生物却有致死的作用，故在消毒工作中广泛应用。

微生物的死亡，是因为它体内蛋白质，包括酶类，由于加热而变性、凝固。蛋白质含水量越高，凝固温度越低。湿热比干热消毒的效果好，道理就在这里。

高温消毒的方式常用如下几种：

1. 焚烧 焚烧是一种最可靠的消毒方法，通常用于被烈性传染病污染的情况下，以达到消毒的目的。

（1）尸体焚烧准则

焚烧场所：具有焚烧鸡尸设施的处理场；不靠近住宅、饮用水、河流及道路，平时人和畜不接近的地方。

焚烧方法：使用焚烧炉时，按其装置的常规用法使用之；用烧柴焚烧时，注意应有充足的烧柴（为尸体重量的2倍）及辅助燃料（稿秆、干草、沥青、煤油、汽油等）；依焚烧鸡尸的多少挖坑。将尸体放在烧柴上，点燃稿秆，使之完全焚烧（利用地形时，可参照此法焚烧）。

焚烧注意事项：焚烧后所剩的骨灰等物必须埋于土中；焚烧的场所及其附近必须消毒。

（2）物品焚烧准则

焚烧场所：焚烧炉焚烧；土法焚烧时，远离住户、饮用水、河流及道路，平时无人和畜接近的地方。

焚烧方法：使用焚烧炉时，按其装置的常规用法使用之；用焚烧该物品足量的烧柴、稿秆等彻底焚化。

注意事项：烧后残留的灰烬必须掩埋；注意不使敷料等物品散失。

2. 煮沸 煮沸消毒是一种经济、方便、应用广泛、效果确实的好方法。一般细菌在 100℃ 开水中煮沸 3～5 分钟即可杀死，在 60～80℃ 热水中 30 分钟死亡，多数微生物煮沸 2 小时以上，可以有把握地杀死一切传染病病原体。消毒对象主要是金属器械、玻璃器皿、工作衣帽等。

煮沸消毒的具体要求：尸体应煮沸 2～3 小时；切细的组织煮沸 1 小时以上；感染沙门氏细菌的鸡只应予煮烂。

金属器械煮沸消毒时，水中加入 1%～2% 碳酸钠（苏打）既可提高水温、去污垢，又可增加 OH^-、Na^+，提高杀菌能力，提高消毒效果。

3. 蒸汽 即利用水蒸气的湿热，达到消毒的作用。蒸汽的杀菌作用是很强的，因为它传热快、温度高、穿透力强，所以，它也是一种理想的消毒方法。这种方法分两种：

（1）高压蒸汽消毒 需要一定的设备，如高压消毒器。此法为最有效的消毒方法，通常 9.8×10^4 帕 121℃、30 分钟即可彻底地杀死细菌和芽孢。所有不因湿热而损坏的物品，如培养基、玻璃器材、金属器械、培养物、病料等，都可用此法消毒。另外就是湿化机，主要用于尸体和废弃品的化制。

使用高压消毒器时，一定排除高压消毒器内冷空气，以缩短时间，提高温度，达到理想的消毒效果。

（2）一般蒸汽消毒 即像蒸馒头一样使蒸汽通入要消毒的物品，将病原体杀死，故一切耐热、耐潮湿的物品，均可放入铁锅内、蒸笼中用此法消毒。

4. 干烤 干热空气的杀菌作用，在效力上虽然不如蒸汽，160℃ 干热空气 1 小时的效果相当于 121℃ 湿热作用 10～15 分钟。一般细菌繁殖体在 100℃、90 分钟杀死，而芽孢则需 140℃ 3 小时。因此，在利用干烤箱施行消毒灭菌时，通常采用 160～170℃ 2～3 小时干烤。

干烤箱中的干热空气温度高于 100℃ 时，对棉织物、毛织物、皮革类等有机物制品，均有损坏作用，故干烤方法不适宜这些物品的消毒。

(四) 紫外线灯

常用于空气消毒，或者不能用热能、化学药品消毒的器械（胶质做成的器械）。紫外线灯有两种，即水银紫外灯和水银石英灯。它们的紫外线波长为 $2.54 \times 10^{-7} \sim 3.2 \times 10^{-7}$ 米，能强烈的被蛋白质、类脂质及胆固醇所吸收。紫外线的消毒效果取决于细菌的耐受性、紫外线的密度和照射的时间。紫外线对细菌的致死量一般为 $0.05 \sim 50$ 毫瓦秒/厘米^2。对紫外线最敏感的细菌有溶血性链球菌、白色葡萄球菌、沙门氏菌属细菌及某些病毒；中等敏感的有柠檬色葡萄球菌等；耐受力最强的有黄色八叠球菌、大肠杆菌及结核杆菌等。

真菌对紫外线的耐受力，显著地强于细菌，比细菌强 $600 \sim 1\,000$ 倍。所以对于真菌污染的冷库消毒时，需要 $1 \sim 2$ 小时才有可能杀死真菌。

紫外线对细菌的作用原理是复杂的，紫外线对酶类、毒素、抗体等都有灭活作用。现已证明，白蛋白或球蛋白等经紫外线照射后，则发生变性，菌细胞也有这种改变。根据显微照相术的分析，菌细胞经紫外线照射后有凝集现象。

影响紫外线灯灭菌效果的因素有三：

一是紫外灯安装数量的多少，安装位置及方式是否恰当。安装方式一般以直射式效果较好，无菌室 $1 \sim 2$ 小时即可达到消毒目的。紫外线灯灭菌的效能与投射角也有关系，直射光线作用大，如图 8-1，每增加一定的角度，每平方厘米的照射强度（毫瓦·秒）就减少。

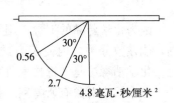

图 8-1　紫外线灯灭菌效果
与投射角的关系

二是与环境条件有关。温度在 $10 \sim 55℃$ 时，对紫外线灯灭菌作用无显著影响，但在 4℃ 以下时，则完全丧失灭菌作用；相对湿度在 45%～65% 时，照射 3～4 小时，可使空气的细菌总数减少 80% 以上，但相对湿度在 80%～90% 时，灭菌效率降低 30%～40%；空气含尘率每立方厘米中含有 800～900 微粒时，可降低灭菌率 20%～30%；灰尘中的微生物比水滴中的微生物对紫外线的耐受力高，但紫外线消毒饮水无效，因为混浊的微小杂质降低了射线透入深度；紫外线的杀菌作用还取决于微生物所处的环境，在酸性介质中的杀菌作用比在碱性介质中强，在富有蛋白质的基质中，细菌对紫外线有很大的耐受力。

三是与紫外线灯的新旧程度、质量好坏有关。使用紫外线灯的安全问题很重要，因为紫外线对机体细胞有损伤作用，它在人体皮肤上所引起的损伤是由于它的光化作用所致。人体皮肤当受到长期照射达到一定剂量时，上皮细胞会脱落、死亡；眼睛直接接触射线，一般 4 小时后就会出现眼痛、流泪和睁不开等症状；使用紫外线灯时所产生的臭氧，虽具有一定的灭菌作用，但在高浓度时，可使人体不适，浓度达到百万分之五至百万分之十时，脉搏加快，全身疼痛。因此，尽量采用波长 $2200×10^{-8}$ 厘米以上的紫外线灯，使之不产生臭氧。

三、化学药剂消毒法

因为化学药品的消毒作用要比一般的消毒方法速度快、效率高，能在数分钟之内使药力透过病原体，将其杀死，故常采用之。化学消毒法是消毒技术研究最多的一种方法。

由于污染对象有所差别，各种污染对象所处的空间地位和温度、湿度条件不同，采用什么方法促使消毒药物充分达到消毒目的，是消毒技术的又一个重要方面。

在消毒剂的使用中，除了液体浸洗、喷雾方面的超微量喷雾或静电喷雾等新器械外，目前在气体熏蒸、烟雾熏蒸、催化熏蒸、爆炸散布和地面增温等方面，都有所进展，尤其是对低温

（一30℃）的寒冷地区和冷库，选用抗冷液的喷雾消毒和空间无需加热的催化熏蒸消毒，都有了新的突破。

（一）新型、高效化学消毒药简介

1. 以复合酸为主的酸性消毒药，如农福、农乐以及农福系列产品等。

2. 以碘为主的复合物，如百菌消、碘伏、强力碘、雅好生等。

3. 肝炎消毒剂 333 是"食具净 333"同类产品，除含有 20%二氯异氰尿酸钠外，还含有稳定剂、增效剂与多孔钠等活性材料。

4. 戊二酸是新兴消毒剂，很有发展前途。

5. 过氧戊二酸是过羧酸，消毒效果显著。

6. 聚合银具有净水与消毒双重作用，银离子带阳电荷，能吸附带阴电荷的微生物。银离子进入菌体与蛋白质结合成蛋白银，破坏菌体代谢。

7. 84 肝炎洗消液，是由含氯制剂、表面活性剂以及增效、稳定、缓蚀剂等合成的水剂。

8. 次氯酸钠液，因运输不便，性质不稳定，较少单独使用。近有 CX-1 型消毒液发生器、XF-5 型消毒液发生器，电解 30%食盐水产生氯和新生氧，很受生产单位欢迎。

9. 115 洗涤消毒剂，为二氯异氰尿酸钠、表面活性剂及稳定剂的混合物。

10. 环氧乙烷是当今卫生界使用最多的消毒剂之一。

11. 过氧乙酸也是当今卫生界使用最多的消毒剂之一。

12. 三合二，是含氯制剂 $[3CaCoCl_3 \cdot 2Ca(OH)_2]$。三合二溶液加盐酸一同蒸发（0.1 毫升/米^3），达到消毒目的。

13. 醇氯合剂，即甲醇、次氯酸钠混合液各 1%。

14. 新消净，是以二氯异氰尿酸钠为主的消毒药，含氯 12%。

15. 氯溴尿酸，为氯溴化异氰尿酸化合物，水解成次溴酸（HoBr），有强的杀菌作用。

16. 消毒灵，含二氯异氰尿酸钠与增效剂、缓蚀剂、稳定剂，有效氯 20% 左右的消毒剂实践证明比新洁尔灭效果更佳。

17. 消毒香液，以含异丙醇为主，天蓝色挥发性醇香液体，对细菌有良好的杀灭效率，无残留，性能稳定。

18. 福尔马林，用电激法熏蒸，使药液在数分钟气化，效果良好。

19. 臭氧，对于密闭的空间消毒是比较理想的方法，它既可杀灭微生物，又可除臭味。臭氧对动物黏膜有刺激，使用时应注意。

20. 二氧化碳比氯的消毒效果好，很有发展前途，可吸附和穿透病毒的外壳与核糖核酸起反应。

21. 高铁酸钾（K_2FeO_4），其分解产物呈正电荷，可吸附病毒，所以灭活作用强。

22. 氯化溴（BrCl），有人报道 0.075～0.015 毫克/升 15 分钟可灭活脊髓灰质炎病毒。

23. 硫酸亚铁是当前卫生部门非常重视的新型消毒剂。

（二）影响化学药物消毒作用的主要因素

由于微生物抵抗力有强有弱，消毒药品的性能特点又各不相同，为此，在使用化学药品消毒时，应注意消毒药品的功效，如果选用不当，就会影响消毒效果，不但杀不死微生物，还会造成意外的损失。所以，消毒的效果决定于消毒剂的性质及其活性；还决定于病原体的抵抗力和其所处环境的性质，消毒时的温度、用量和作用时间等。因此，在选择消毒药时，应考虑上述因素，兹分述如下。

1. 药物的选择性 某些药物的杀菌、抑菌作用有选择性，如碱性药物对革兰氏阳性菌的抑菌力强。

2. 药物浓度 消毒剂消毒的效果，一般和其浓度成正比，即消毒剂越浓，其消毒效力越强，如石炭酸的浓度减低 1/3 时，其效力降低到 1/81～1/729。但也不能一概而论，如 70％的酒精溶液比其他浓度的酒精溶液消毒效力都强。

3. 温度　温度增高，杀菌作用增强，温度每升高 10℃，石炭酸的消毒作用约增加 5～8 倍。金属盐类消毒作用增加 2～5 倍。

4. 酸碱度　酸碱度对细菌和消毒剂都有影响，酸碱度改变时，细菌电荷也相应地改变。碱性溶液中，细菌带阴电荷较多，所以阳离子型消毒剂的抑菌、杀菌作用强；酸性溶液中，则阴离子型消毒剂杀菌效果较好。同时，酸碱度也能影响某些消毒剂的电离度，一般来说，未经电离的分子，较易通过菌膜，杀菌力强。

5. 有机物的影响　有机物的存在，可使许多药物的杀菌作用大为降低。有机物，特别是蛋白质，能和许多消毒剂结合，降低药物效能。有机物被覆菌体，阻碍药物接触，对细菌起到机械的、化学的保护作用。因此，对于分泌物、排泄物的消毒，应选用受有机物影响较小的消毒剂。

6. 接触时间　细菌与消毒剂接触时间越长，细菌死亡越多。杀菌所需时间与药物浓度也有关系，升汞浓度每增高 1 倍，其杀菌时间减少一半；石炭酸浓度增加 1 倍，则杀菌时间缩小到 1/64。

7. 微生物性状　微生物的类属、特殊构造（芽孢、荚膜）、化学成分、生长时期和密度等，都对消毒剂的作用有影响。

8. 消毒剂的物理状态　只有溶液才能进入菌体与原生质作用，固体、气体都不能进入菌细胞。所以，固体消毒剂必须溶于被消毒部分的水分中；气体消毒剂必须溶于细菌周围的液层中，才能呈现杀菌作用。

9. 表面张力　表面张力降低时，围绕细菌的药物浓度较溶液中的药物浓度为高，杀菌力量加强；反之，如杀菌剂中有很多有机颗粒存在，则杀菌剂吸附于所有这些颗粒上，细菌外围的药物浓度则降低，因而影响了杀菌作用。

10. 腐蚀性和毒性 升汞对金属物品有强腐蚀作用，因而这些消毒剂在应用上受很大限制。福尔马林对人和鸡都有毒性，使用时要严格控制剂量。

11. 消毒对象的影响 一般碱性消毒剂用于酸性对象最有效，氧化剂用于还原性质的对象最有效。

（三）理想的化学消毒药

应该是高效、快速、低浓度、易溶解、低毒性、无公害、无致癌作用、杀菌谱广、性能稳定、廉价易得、运输方便、使用方便、耐高温、抗低温、便于喷雾、撒布和熏蒸等方法的实施等。也就是说，对病原微生物的杀菌作用强，短时间内奏效，杀菌力不因有机物存在而减弱，对人和鸡的毒性小或无害；不损伤被消毒的物品，易溶于水，与被消毒环境中常见的物质（钙盐、镁盐）有最小的化学亲和力。

（四）常用的化学消毒剂及发展概况

凡是可以杀死微生物的化学药品均成为化学消毒剂，凡能抑制微生物生命活动的化学药品均称为防腐剂。有些消毒剂在小剂量使用时，实际上仅起防腐剂的作用。

消毒剂进入微生物体内，使微生物的组成成分发生变化而致死。

根据化学消毒剂对微生物的作用，主要分为以下几类：一是凝固蛋白质和溶解脂肪类的化学消毒剂，如甲醛、酚（石炭酸）、甲酚及其衍生物（来苏儿、克辽林等）、醇、酸等；二是溶解蛋白类的化学消毒剂，如氢氧化钠、石灰等；三是氧化蛋白类的化学消毒剂，如高锰酸钾、过氧化氢、漂白粉、氯胺、碘、硅氟氢酸、过氧乙酸等；四是与细胞膜作用的阳离子表面活性消毒剂，如新洁尔灭、洗必泰等；五是使细胞脱水作用的化学消毒剂，如福尔马林、乙醇等；六是与巯基作用的化学消毒剂，有重金属盐类，如升汞、红汞、硝酸银、蛋白银等；七是与核酸作用的碱性染料，如龙胆紫〈结晶紫〉等；还有其他类化学消毒剂，如戊二醛、环氧乙烷等。

以上各类化学消毒剂，都有其各自的特点，有的同种消毒剂可同时有几种药理作用。根据消毒工作的实践要求，当前，常把化学消毒药归纳为酸类消毒药、碱类消毒药以及酚类、醇类、醛类、卤素、重金属盐类、氧化剂、杂环类、双缩胍类、表面活性剂、抗生素、除臭剂等的衍变物，略述于后。

1. 酸类消毒剂　常用的酸类有盐酸、硝酸、硫酸、磷酸、柠檬酸、甲酸、羟基乙酸、氨基磺酸、乳酸等。

无机酸主要是靠氢离子（H^+）的作用，有机酸一般是整个分子或氢离子的作用，乳酸、醋酸的蒸气有杀病毒作用，一般按 $6\sim12$ 毫升/米^3 投药进行蒸气消毒。

2. 碱类消毒药　碱类的杀菌性能，依其氢氧离子浓度而定（羟基—OH），氢氧离子越浓，杀菌力越大。在室温中，强碱能水解蛋白质和核酸，使细菌的酶系统和结构受到损害。碱类还能破坏菌细胞，使细胞死亡。在碱类溶液中，氢氧化钾、氢氧化钠的电离度最大，因而氢氧离子浓度也大，杀菌作用也最强。一般的病毒、革兰氏阴性菌对于碱类消毒剂比革兰氏阳性菌敏感。

有机物的存在，能降低碱类消毒剂的杀菌作用，所以在施行碱类消毒剂消毒时，应该首先机械清除后再选用药物。

碱类消毒剂多用于消毒鸡舍以及由病毒性传染病所污染的物体。

苛性钠（NaOH）是常用碱类消毒剂，对于细菌和病毒均具有显著的杀灭作用，2％～4％溶液能杀死病毒和细菌繁殖体。

苛性钠1％～2％热溶液被用来消毒病毒性传染病所属污染的鸡舍、地面和用具。结核杆菌对于苛性钠的抵抗力较其他菌强，10％的苛性钠液需 24 小时才能杀死。

消毒病理解剖室一般用 10％的苛性钠热溶液。本品对金属有腐蚀性，消毒完毕要求洗干净。对皮肤黏膜有刺激性，消毒鸡舍时应在老鸡处理后进行，12 小时后冲洗饲槽、水槽、地面，方可进鸡。

土碱可代替苛性钠，但浓度要增加 1 倍。碳酸钠（Na_2CO_3），常配成 40％热水溶液洗刷或浸泡衣物、用具、车船和场地等，以达到消毒和去污的目的。

生石灰（CaO）呈碱性，有消毒灭菌作用，但不易保存，容易失效，所以在实际应用中，效果不可靠。如果把生石灰 1 份加水 1 份制成熟石灰（氢氧化钙，又称消石灰），然后用水配成 10％～20％的悬浮液，即成石灰乳，有相当强的消毒作用，但它只适宜粉刷墙壁、圈栏、消毒地面、沟渠和粪尿池。若熟石灰存放过久，吸收了空气中的二氧化碳，变成碳酸钙，则失去消毒作用。因此，在配制石灰乳时，应随配随用，以免失效浪费。生石灰 1 千克加水 350 毫升化开而成的粉末可撒在阴湿地面、粪池周围进行消毒。直接将生石灰粉撒在干燥地面上，不发生消毒作用。生石灰的杀菌作用主要是改变介质的 pH，夺取微生物细胞的水分，并与蛋白质形成蛋白化合物。

草木灰水是用新鲜干燥的草木灰 20 千克加水 100 千克，煮沸 20～30 分钟（边煮边搅拌，草木灰因容积大，可分 2 次煮），去渣使用，可用于消毒鸡舍地面。各种草木灰中含有不同量的苛性钾和碳酸钾，一般 20％的草木灰水消毒效果与 1％氢氧化钠相当。

氨水因气味大而少用于室内，实验证明，用于粪便消毒很有前途，是一种良好的消毒剂。使用浓度为 1％～5％。

3. 酚类消毒剂 酚类消毒剂多数为苯的衍生物，为羟基代替了苯环上的氢可离解为阴离子（$C_6H_5O^-$）及阳离子 H^+，但杀菌主要靠非电离分子，如苯酚、煤酚皂、煤焦油皂等，近年来出现了卤酚、双酚、复合酚等衍生物，如氯代苯酚、氯二甲苯酚等，其效果比石炭酸大很多，毒性低，滞留期长，原料易找，对某些病毒有杀灭作用，但有一定公害，需逐步改进。

酚类消毒剂由煤炭或石油蒸馏的副产品中得来，也可用合成法制取。这类消毒药除石炭酸能溶于水外，其他则略溶于水，所以多与肥皂混合成乳状液，如来苏儿、臭药水等。乳化的杀菌剂具有更强的杀菌力，这是因为细菌颗粒集中在乳化剂的表面，因而与细菌接触的浓度相应地增加了，使菌膜损害，使蛋白质发生变性或沉淀，还能抑制特异的酶系统，如脱氢酶、氧化酶等。

常用的克辽林（臭药水），是含有煤酚、饱和及不饱和的碳氢化合物、树酯酸和吡啶盐基的制剂，为暗褐色油状物，主要取自煤焦油和泥煤焦油、木焦油，因而有煤克辽林、泥煤克辽林、木焦克辽林之别。

克辽林为强力的消毒剂，常用 5% 热溶液消毒用具、器械、胶靴、阴沟、厕所、污水池等。

石炭酸（苯酚、酚）有特殊气味，价格较高，对动物细胞有毒性，特别对神经细胞；5% 以上溶液刺激皮肤黏膜，使手指麻痹；对真菌、病毒作用不大。所以，它的应用范围受到限制，尤其近年来新药的不断发现和应用，石炭酸更不受欢迎了。

来苏儿（煤酚皂溶液、甲酚皂溶液、复方煤馏油醇溶液）是由煤酚 500 毫升与豆油（或其他植物油）300 克、氢氧化钠 43 克配成，常用浓度为 2%～5%，有可靠的消毒与除臭作用。

煤酚（甲酚）是由煤馏油中所得甲酚的各种异构体的混合物。其杀菌力强于石炭酸，腐蚀性及毒性则较低。常用消毒浓度为 0.5%～1%。

六氯酚为白色或微棕色粉末，无臭，不溶于水，易溶于醇，常用其 2%～3% 的液体肥皂制剂或其 0.5%～1% 的溶液涂擦消毒。

4. 醛类消毒剂 这类消毒剂中，常用的是甲醛，甲醛呈弱酸性，呈醛基化作用，曾广泛用于喷雾和熏蒸消毒，是一种强力消毒剂。在常温下为无色气体，能与水蒸气结合，冷到 −21℃ 则变为无色液体，因性质不稳定，长期保存（−20℃）则形成絮状的三聚甲醛。

0.5％的甲醛溶液6～12小时能杀死所有芽孢和非芽孢的需氧菌，48小时杀死产气荚膜杆菌，真菌孢子对甲醛的抵抗力也很弱。

甲醛的杀菌作用是由于它的还原作用；甲醛并能和细菌蛋白质的氨基结合，使蛋白变性 $R—NH_2 + HCHO \rightarrow R—NH_2 \cdot CH_2O$。

甲醛蒸气消毒法，即利用氧化剂和甲醛水溶液作用，而产生高热蒸发甲醛和水。通常用高锰酸钾作氧化剂。消毒前，先将纸条密封门窗缝隙，消毒时间最少要12个小时，室内温度要保持在18℃以上，消毒物品必须与蒸气密切结合，消毒完毕的房舍，应蒸发氨气以中和剩下的甲醛蒸气（除臭）。通常每100米³用氯化铵500克、生石灰1 000克和热水750毫升产生氨气。

$$2NH_4Cl+CaO+H_2O \longrightarrow CaCl_2+2NH_3\uparrow+2H_2O$$

用甲醛蒸气消毒，不损坏衣物，也不因有机物存在而减低其作用。它的杀菌力很大程度上由空气湿度而定。条件相同时，相对湿度越大，杀菌力越强，95％～100％相对湿度，效力最强。

甲醛直接用于消毒时，要使用特制的气体消毒器，只在消毒站及一些特定的机构或工厂中使用。一般场合常用它的稀释液福尔马林，即40％（重量/容积）的甲醛水溶液。为了防止发生化学反应，福尔马林中还加有10％～15％甲醇。

戊二醛，商品是其25％（重量/容积）水溶液。常用其20％溶液，溶液呈酸性反应，以0.3％碳酸氢钠作缓冲，使pH调整至7.5～8.5，杀菌作用显著增强。戊二醛溶液的杀菌力比甲醛更强，为快速、高效、广谱消毒剂，性质稳定，在有机物存在情况下，不影响消毒效果，对物品无损伤作用。目前国内生产的有两种剂型，即碱性戊二醛及强化酸性戊二醛，常用于不耐高温的医疗器械消毒，如金属、橡胶、塑料和有透镜的仪器等。2％溶液对病毒作用很强，2分钟可使肠道病毒灭活，对腺病毒、呼肠孤病毒和痘类病毒等，短时间内可灭活。10分钟内可杀死结核杆菌。

5. 氧化剂消毒药

（1）漂白粉　又叫氯化石灰，即含氯石灰，是氯化钙、次氯酸钙和消石灰的混合物，但主要成分是次氯酸钙，是气体氯将石灰氯化而成。漂白粉遇水产生极不稳定的次氯酸，易于离解产生氧原子和氯原子，通过氧化和氯化作用，而呈现出强大而迅速的杀菌作用。漂白粉具有特别浓的气味。本品能溶于水，以其中所含的活性氯来杀灭微生物，即"有效氯"。漂白粉在水溶液中分解，产生新生氧和氯：

$$Ca(OCl)_2 + 2H_2O \rightarrow Ca(OH)_2 + 2HOCl$$

（次氯酸钙）　　　　　（次氯酸）

$$2HOCl \leftrightarrow H_2O + OCl_2$$

（氯氧化合物）

$$OCl_2 \rightarrow [O]\uparrow + Cl\uparrow$$

新生氧和有效氯都具有杀菌作用。在酸性条件下（pH4～5）其杀菌能力比在中性和碱性条件下（pH7～10）强得多。例如，室温下含氯量为0.0025%的溶液，在不同pH下对大肠杆菌有不同的杀伤能力：pH4时仅几秒钟死亡；pH6时2.5分钟死亡；pH8时5分钟死亡；pH10时，12分钟死亡。

漂白粉含"有效氯"高低不同，市售品一般含有效氯为25%～33%，常用于日常和定期的大消毒，其配方：每100千克水加漂白粉10千克（以含25%有效氯的漂白粉为标准）配成20%的溶液（含有效氯5%），这样的浓度能在短时间内杀死绝大多数微生物。

漂白粉与空气接触时容易分解，每月损失有效氯1%～3%，由空气中吸收水成盐，故须密封在有色容器内，存放于阴暗干燥的地方，以防失效。

漂白粉用于消毒饮水、污水、鸡舍、车间、用具、车船、土壤、排泄物等，消毒后通风，以防中毒。对金属器械或衣物有腐蚀作用。

漂白粉用于空间消毒时，最有效的方法是将酸性漂白粉稀释液煮沸，让产生的次氯酸（HOCl）跑到空气中进行空间消毒。为了防止分子氯的产生和增强消毒能力，可将漂白粉配成1％的溶液，而后按2％的量加入磷酸二氢钠（NaH_2PO_4）或过磷酸钙（使溶液保持pH4），加热煮沸。漂白粉的用量按1克/米^{3}计。

有关配制漂白粉溶液的计算公式和检测方法如下。

第一，配制公式：配制漂白粉溶液时，一般以有效氯含量25％的漂白粉为标准按下列公式计算用量。

$$漂白粉需要量 = \frac{a \times 25}{b}$$

式中：a——有效氯含25％时漂白粉的需要量；

b——这次测定出的漂白粉有效氯含量。

通常，配制20％漂白粉溶液时，在100毫升水中加入含有效氯25％漂白粉20克即可，如果现有漂白粉含有效氯为18％，则按上式校正：

$$漂白粉需要量 = \frac{25 \times 20}{18} = \frac{500}{18} = 27.7 （克）$$

即配制20％漂白粉溶液，每100毫升水中加含有效氯为18％的漂白粉27.7克。

第二，由含一定量有效氯的漂白粉配制漂白粉溶液：见表8-1。

如配制含4％有效氯的漂白粉溶液，而现有含28％有效氯的漂白粉时，则可与表中横行找出数字28，在此数字下的纵行中找出接近于4的数字，在表中可找到4.20，然后按此数字的横行在最左边纵行中找到数字15。就是说，100毫升水中须加入15克含有28％有效氯的漂白粉，方可配成含有4％有效氯的漂白粉溶液。

表8-1 漂白粉溶液的配制

	16	18	20	22	24	26	28	30	32	34	36	38	40	42	44	46	48
1	0.16	0.18	0.20	0.22	0.24	0.26	0.28	0.30	0.32	0.34	0.36	0.38	0.40	0.42	0.44	0.46	0.48
2	0.32	0.36	0.40	0.44	0.48	0.52	0.56	0.60	0.64	0.68	0.72	0.76	0.80	0.84	0.88	0.92	0.96
3	0.48	0.54	0.60	0.66	0.72	0.78	0.84	0.90	0.96	1.02	1.08	1.14	1.20	1.26	1.32	1.38	1.44
4	0.64	0.72	0.80	0.88	0.96	1.04	1.12	1.20	1.28	1.36	1.44	1.52	1.60	1.68	1.76	1.84	1.92
5	0.80	0.90	1.00	1.10	1.20	1.30	1.40	1.50	1.60	1.70	1.80	1.90	2.00	2.10	2.20	2.30	2.40
6	0.96	1.08	1.20	1.32	1.44	1.56	1.68	1.80	1.92	2.04	2.16	2.28	2.40	2.52	2.64	2.76	2.88
7	1.12	1.26	1.40	1.54	1.68	1.82	1.96	2.10	2.24	2.38	2.52	2.66	2.80	2.94	3.08	3.22	3.36
8	1.28	1.44	1.60	1.76	1.92	2.08	2.24	2.40	2.56	2.72	2.88	3.04	3.20	3.36	3.52	3.68	3.84
9	1.44	1.62	1.80	1.98	2.16	2.34	2.52	2.70	2.88	3.06	3.24	3.42	3.60	3.78	3.96	4.14	4.32
10	1.60	1.80	2.00	2.20	2.40	2.60	2.80	3.00	3.20	3.40	3.60	3.80	4.00	4.20	4.40	4.60	4.80
11	1.76	1.98	2.20	2.42	2.64	2.86	3.08	3.30	3.52	3.74	3.96	4.18	4.40	4.62	4.84	5.06	5.28
12	1.92	2.16	2.40	2.64	2.88	3.12	3.36	3.60	3.84	4.08	4.32	4.56	4.80	5.04	5.28	5.52	5.76
13	2.08	2.34	2.60	2.86	3.12	3.38	3.64	3.90	4.16	4.42	4.68	4.94	5.20	5.46	5.72	5.98	6.24
14	2.24	2.52	2.80	3.08	3.36	3.64	3.92	4.20	4.48	4.76	5.04	5.32	5.60	5.88	6.16	6.44	6.72
15	2.40	2.70	3.00	3.30	3.60	3.90	4.20	4.50	4.80	5.10	5.40	5.70	6.00	6.30	6.60	6.90	7.20
16	2.56	2.88	3.20	3.52	3.84	4.16	4.48	4.80	5.12	5.44	5.76	6.08	6.40	6.72	7.04	7.36	7.68
17	2.72	3.06	3.40	3.74	4.08	4.42	4.76	5.10	5.44	5.78	6.12	6.46	6.80	7.14	7.48	7.82	8.16
18	2.88	3.24	3.60	3.96	4.32	4.68	5.04	5.40	5.76	6.12	6.48	6.84	7.20	7.56	7.92	8.28	8.64
19	3.04	3.42	3.80	4.18	4.56	4.94	5.32	5.70	6.08	6.46	6.84	7.22	7.60	7.98	8.36	8.74	9.12
20	3.20	3.60	4.00	4.40	4.80	5.20	5.60	6.00	6.40	6.80	7.20	7.60	8.00	8.40	8.80	9.20	9.60
21	3.36	3.78	4.20	4.62	5.04	5.46	5.88	6.30	6.72	7.14	7.56	7.98	8.40	8.82	9.24	9.66	10.08
22	3.52	3.96	4.40	4.84	5.28	5.72	6.16	6.60	7.04	7.48	7.92	8.36	8.80	9.24	9.68	10.12	10.56
23	3.68	4.14	4.60	5.06	5.52	5.98	6.44	6.90	7.36	7.82	8.28	8.74	9.20	9.66	10.12	10.58	11.04
24	3.84	4.32	4.80	5.28	5.76	6.24	6.72	7.20	7.68	8.16	8.64	9.12	9.60	10.08	10.56	11.04	11.52
25	4.00	4.50	5.00	5.50	6.00	6.50	7.00	7.50	8.00	8.50	9.00	9.50	10.00	10.50	11.00	11.50	12.00
26	4.16	4.68	5.20	5.72	6.24	6.76	7.28	7.80	8.32	8.84	9.36	9.88	10.40	10.92	11.44	11.96	12.48
27	4.32	4.86	5.40	5.94	6.48	7.02	7.56	8.10	8.64	9.18	9.72	10.26	10.80	11.34	11.88	12.42	12.96

注：表上第一数字16,18……48,表示干燥漂白粉中含有效氯的百分率。表左第一列数字1,2,3,……27,表示调制一定浓度有效氯溶液时，在100毫升水中必须加入漂白粉的克数。其他数字表示溶液中所需要的有效氯的百分率。

第三，漂白粉溶液中有效氯含量（百分率）测定法：在 50 毫升的 2％碘化钾溶液中，添加 50 毫升蒸馏水和 5 毫升酸化用的硫酸溶液（1∶5）。在振摇上述配料后，再加入 1 毫升被检漂白粉溶液，以 0.1 摩尔/升的次亚硫酸钠溶液滴定所配成的合剂，加入 1 毫升 1％淀粉溶液，作为滴定终末的指示剂，继续滴定到液体完全无色时为止。因为 1 毫升 0.1 摩尔/升的次亚硫酸钠溶液相当于 0.003 546 克氯，故可根据滴定消耗的次亚硫酸钠溶液量来确定 1 毫升被检漂白粉溶液中的有效氯含量。假定滴定时消耗 0.1 摩尔/升的次亚硫酸钠溶液 15 毫升，则有机氯含量为 0.003 546×15＝0.053 19 克，或者以百分率表示即为 0.053 19×100＝5.32％。

第四，漂白粉中有效氯含量（百分率）测定法。

①将 0.5 克受检漂白粉放入容量 200～250 毫升的烧瓶（瓶中放有 3～5 粒玻璃珠或碎玻璃）中。

②将 100 毫升蒸馏水注入量杯中，再从量杯中倒出 35 滴到烧瓶内，仔细振摇，然后将量杯中剩余蒸馏水全部倒入烧瓶中。

③将 2 克碘化钾和 15 滴浓盐酸或 25 滴浓醋酸加入烧瓶中，瓶中液体变为深褐色。

④称取 2 克次亚硫酸钠，并少量、逐渐地分撒在烧瓶里，直到液体完全无色为止。

⑤然后在烧瓶里补加 2～3 滴浓盐酸或浓醋酸，当液体呈现颜色时，滴定还需继续，直到完全无色为止。

⑥此后称量剩余的次亚硫酸钠，根据差额确定次亚硫酸钠的消耗量。

⑦有效氯的含量（百分率）可按下列公式测定：

$$x = \frac{0.142 \times n \times 100}{500}$$

式中：x——受测定的漂白粉有效氯百分率（％）；

0.142——氯量（相当于一个重量单位的次亚硫酸钠）；

n——所消耗的次亚硫酸钠毫升数；

500——500 毫克（0.5 克）被检漂白粉量。

其计算如表 8-2。

表 8-2 有效氯含量

结晶次亚硫酸钠的消耗量（毫克）	漂白粉中有效氯含量（%）	结晶次亚硫酸钠的消耗量（毫克）	漂白粉中有效氯含量（%）	结晶次亚硫酸钠的消耗量（毫克）	漂白粉中有效氯含量（%）
1	0.028 4	20	0.568	300	8.52
2	0.056 8	30	0.852	400	11.36
3	0.085 2	40	1.136	500	14.2
4	0.113 6	50	1.420	600	17.0
5	0.142	60	1.70	700	19.9
6	0.170	70	1.99	800	22.7
7	0.199	80	2.27	900	25.5
8	0.227	90	2.55	1 000	28.4
9	0.255	100	2.84		
10	0.284	200	5.68		

用法说明：假定滴定 0.5 克漂白粉，需消耗 123 毫升次亚硫酸钠，计算被检漂白粉中有效氯的含量。可在表中的单数纵行中找出数字 100、20、3，在双数纵行中各相当数的总和表明被检漂白粉中的有效氯含量。例如，数字 100 相当于双数纵行中的 2.84，20 相当于 0.568，3 相当于 0.085 2，其总和为 2.84＋0.568＋0.085 2＝3.49（尾数舍去）。这就是说，所受检验的漂白粉含有 3.49% 有效氯。

第五，漂白粉用量较正法：漂白粉有效氯含量如果低于 25%（或高于 15%）时，可按下列公式校正用量：

$$x = \frac{25 \times a}{b}$$

式中：x——校正量；

a——正常用量；

b——检测的漂白粉有效氯含量。

通常，配制 20% 漂白粉溶液时，在 100 毫升水中加入含有效氯 25％漂白粉 20 克即可；如果检测漂白粉含有效氯为 18％，则按上式校正：

$$x = \frac{25 \times 20}{18} = \frac{500}{18} = 27.7 \text{（克）}$$

即配制 20％漂白粉溶液，每 100 毫升水中需加含有效氯 18％的漂白粉 27.7 克。

（2）过氧化氢、臭氧　因生产工艺的突破，本身又无公害，增加了使用价值。

（3）高锰酸钾、过氧乙酸　是良好的氧化消毒剂。

过氧乙酸是一种应用广泛，适宜低温，高效快速，其水溶液和气体都能杀灭细菌繁殖体、芽孢、霉菌和病毒等多种微生物，深受兽医卫生工作者欢迎的新兴消毒药。

过氧乙酸在实际应用中有很多突出的优点。一是对各类微生物都有效，使用浓度低，消毒时间很短；二是毒性低微或几乎无毒，其分解产物是水和氧等，全无毒性，使用后可不加清洗，亦无残毒；三是容易制作，原料易得，如冰醋酸、过氧化氢、硫酸；四是使用方便，常温、低温、喷雾、熏蒸、浸泡、泼洒均有良效。其缺点，对金属有一定的腐蚀性；蒸汽有刺激性，高浓度（40％以上）有爆炸性，穿透力差。但是，常用浓度对金属的腐蚀性非常微弱；自己制造的产品只有 20％浓度，不具有爆炸的危险。其优点远远大于缺点，所以，兽医实践中广泛应用。现将配制方法和测定方法介绍如下。

①注意事项

a. 选择适当的容器：选择清洁、干燥的玻璃容器、搪瓷容器或塑料容器。由于金属离子特别是重金属离子对于过氧乙酸的分解会起催化作用，从而加快过氧乙酸氧化还原，故金属容器或含金属容器都不宜使用。在用于浸泡消毒时，应选用不锈钢、釉缸等较大容器或瓷面池槽，且要刷洗干净，以减少杂质和其他有机物质同过氧乙酸作用。

b. 掌握合成的时间和方法：过氧乙酸含量取决于过氧化氢浓度，高浓度过氧化氢可以配成较高浓度的过氧乙酸。市售的商品化过氧乙酸，其浓度多在 16%～18%，因为它所使用的过氧化氢浓度一般都在 36% 左右。在一般实验室内只能得到 30% 过氧化氢，故生成的过氧乙酸仅能在 12%～14%，这个浓度足够应用。此外，过氧乙酸生成浓度还与过氧化氢同醋酸的结合时间、作用温度密切相关。在常温下，72 小时浓度可达 13.2%。30～35℃ 是配制过氧乙酸较理想的温度。在配制时，如加以 4 小时以上的轻微振荡，可加速过氧乙酸形成，从而缩短作用时间。

②配制 反应式：

$$CH_3COOH + H_2O_2 \xrightarrow{H_2SO_4} CH_3COOOH + H_2O$$

③试剂 过氧化氢（H_2O_2）（AR）、冰醋酸（CH_3COOH）（C.P）、硫酸（H_2SO_4）（C. P）。

④配法

a. 首先将 100 毫升过氧化氢（H_2O_2）置于干燥清洁的容器内，缓缓加入 60 毫升醋酸，再加入硫酸 1 毫升，用玻棒充分搅拌或使容器轻轻振荡 20 分钟，在室温下静置 48～72 小时，可生成 14% 左右的过氧乙酸。

b. 取冰醋酸（97%～98% 工业品）140 毫升，加纯硫酸 2.1 毫升，搅拌均匀后，加入过氧化氢（30%～40% 工业品）60 毫升，继续搅拌 4 小时，置室温下静置 24～48 小时，即成过氧乙酸，其浓度为 18%～19%。

c. 取冰醋酸 300 毫升，加纯硫酸 15.8 毫升，搅拌均匀后加过氧化氢 150 毫升，室温静置 72 小时，可生成 18% 左右的过氧乙酸。

d. 取冰醋酸 140 毫升，加纯硫酸 7.1 毫升，摇匀后加过氧化氢（30％）70 毫升，充分摇匀，静置 24 小时，则生成 16％～24％的过氧乙酸。

根据消毒对象的不同，消毒方法的不同，可采取不同的配制方法自行配制。

⑤测定方法

试剂：2 摩尔/升硫酸（H_2SO_4）；0.02 摩尔/升高锰酸钾（$KMnO_4$）；0.05 摩尔/升硫代硫酸钠（NaS_2O_3）；10％碘化钾（KI）淀粉指示剂。

滴定：先用容量吸管吸取被测过的氧乙酸 1 毫升，加入 100 毫升容量瓶中，用蒸馏水稀释至刻度。从中吸出 5 毫升置于事先加有 15 毫升 2 摩尔/升 H_2SO_4 的碘量瓶中，立即用 0.02 摩尔/升高锰酸钾滴至浅粉红色，再加入 10％KI 10 毫升，此溶液即显棕黄色，放置暗处 10 分钟，再用 0.05 摩尔/升 $Na_2S_2O_3$ 滴至溶液变成微黄色时，滴加淀粉指示剂数滴，继续滴至液体无色透明为止。

计算公式：过氧乙酸 $= \dfrac{M \times V \times 0.038}{1/100 \times 5}$

式中：M——硫代硫酸钠的量浓度摩尔/升；

　　　V——滴定时耗用的 0.05 摩尔/升硫代硫酸钠毫升数；

　　　0.038——1 毫升 0.05 摩尔/升硫代硫酸钠相当于过氧乙酸重量（克）。

目前市售的用过氧乙酸配制的消毒液，若要测定其过氧乙酸的含量，可以采取简易、快速的测定方法，其准确性可满足实际应用的需要。

方法一：根据消毒液中过氧化物的总量来确定过氧乙酸的含量。

所需试剂：

硫酸——分析纯，配成 1∶1 溶液。

硫代硫酸钠——分析纯，配成 0.046 摩尔/升的标准溶液。

碘化钾——分析纯，配成 10％溶液。

淀粉——可溶性，分析纯，配成 1% 溶液，作指示剂。

操作程序：先于碘量瓶中加入蒸馏水 10 毫升左右，1∶1 的硫酸液 2～3 毫升，碘化钾约 0.5 克，然后精确地加入样品 1 毫升、淀粉指示剂约 1 毫升，密塞，放置 5 分钟后，用 0.046 摩尔/升硫代硫酸钠滴至蓝色刚消失为止。

计算方法：通常消毒用过氧乙酸中所含过氧化氢与过氧乙酸数量之比为 1∶3，此时计算简单，凡耗用 0.046 摩尔/升硫代硫酸钠溶液 1 毫升，即相当于含过氧乙酸 0.2%。常量滴定管 1 毫升为 20 滴，则耗用 0.046 摩尔/升硫代硫酸钠溶液 1 滴，相当于含过氧乙酸 0.01%，依次类推。

方法二：根据消毒液中过氧化氢的含量，确定过氧乙酸的含量。

所需试剂：

硫酸——分析纯，配成 1∶1 溶液。

高锰酸钾——分析纯，配成 0.008 摩尔/升的标准溶液。

操作程序：先于锥形烧瓶中加入蒸馏水 10 毫升，1∶1 硫酸液 2～3 毫升，再精确加入样品 1 毫升，摇匀，立即用 0.008 摩尔/升的高锰酸钾液滴定到显微红色即可。

计算方法：通常用过氧乙酸中所含过氧化氢与过氧乙酸数量之比 1∶3，此时计算很简单，凡耗用 0.008 摩尔/升高锰酸钾液 1 毫升，即相当于过氧乙酸 0.2%。常量滴定管 1 毫升为 20 滴，则耗用 0.008 摩尔/升高锰酸钾 1 滴，相当于含过氧乙酸 0.01%，依次类推。

上述两种方法所需试剂少，测定方法简单，能迅速得出结果，但只适宜低浓度过氧乙酸液（0.01%～1%）。

过氧乙酸的作用机制与其化学结构和性质有一定关系，主要依其氧化作用。其杀菌机制和过氧化氢的作用机制有很多地方相似，有人认为，过氧乙酸的强大杀菌作用除依靠其本身强大的氧化作用外，过氧化氢和醋酸也有一定的协同作用。

⑥使用注意事项

a. 上述过氧乙酸杀菌的浓度，是按纯浓度计算，事实上不可能合成 100％的纯过氧乙酸，市售多为 20％～40％含量，配制时应进行浓度换算。

b. 配制溶液时，应用蒸馏水或自来水，若用河水、井水、池水，应注意澄清，不宜用硬水配制，以免影响效果。要现用现配。

c. 盛装过氧乙酸的容器，以非金属制品为宜，最好是塑料和玻璃制品，但不宜在水泥池内配制，以免遇碱、酸、盐分解而降低效果。

d. 为了减少蒸发损失，容器应加盖，但容器盖上应有 1～2 个透气小孔，以免分解产生氧使内压过高而爆炸。

e. 醇类对过氧乙酸是一个增效剂，也是一种抗冻剂。乙醇含量达 40％时，可在 −30℃时不结冰。

（4）次氯酸钠：在卤素消毒剂中有氧化作用的还有次氯酸钠，也是高效的氧化消毒剂。

（5）氯亚明（氯胺）：为结晶粉末，含有效氯 11％以上。性质稳定，在密闭条件下可长期保存，携带方便，易溶于水。消毒作用缓慢而持久。

6. 醇类消毒剂　常用的醇类消毒剂主要是乙醇，它的杀菌作用主要是由于它引起的脱水作用。乙醇分子进入蛋白质的肽键空间，使菌体蛋白质变性或沉淀。此外，乙醇还能溶解脂类。它的消毒作用不因浓度的增加而加大，因为当浓度过大时，如无水乙醇、95％乙醇作用于菌体时，使菌体周围的有机质凝固形成较致密的蛋白保护膜，又因为乙醇的穿透能力较差，所以，杀菌力降低。故常采用 70％～75％浓度的乙醇溶液，实践证明，此浓度消毒效果最佳。

乙醇多用于实验操作与手术操作有关方面的消毒，或作其他化学消毒剂的配制原料。

常用乙醇浓度的配制方法见表 8 - 3。

表 8-3 配制不同浓度酒精查对表 (15℃)

待稀释酒精的浓度 (%)	需稀释的浓度 (%)												
	30	35	40	45	50	55	60	65	70	75	80	85	90
35	167												
40	335	144											
45	505	290	127										
50	675	436	256	114									
55	864	583	385	229	103								
60	1 017	731	514	345	205	95							
65	1 190	879	645	461	312	190	88						
70	1 360	1 028	776	578	418	286	176	81					
75	1 536	1 178	908	695	524	383	265	164	76				
80	1 711	1 329	1 040	813	631	481	354	247	153	72			
85	1 886	1 480	1 173	933	739	579	445	330	231	145	68		
90	2 062	1 633	1 308	1 053	848	678	537	415	311	219	138	66	
95	2 241	1 787	1 444	1 175	959	780	630	502	391	295	209	133	64

表的右边是要稀释的酒精浓度，表的左边是已有的酒精浓度，表内纵横交叉处的数字是制取要稀释的酒精时，向待稀释的酒精中（按15℃时的浓度）所应加入水的容积（15℃时）。

例：有95％的酒精，需将它配制成70％酒精，则可向95％的酒精（15℃）每1 000 容积中加391 容积的水。

7. 卤素类消毒剂 此类消毒剂包括氟、氯、溴、碘等，有良好的消毒作用。无机氯不稳定，有机氯及其衍生物有发展前途。因卤素活泼，对菌体有亲和力，含氯高的氯化物如二氯异氰尿酸，已广泛应用。

碘的复合剂中有非表面离子活性剂、阳离子、阴离子表面活性剂三种类型，它能杀死脊髓灰质炎病毒，但受蛋白质影响较大，进口的雅好生是一种碘制剂。

有机溴的新制剂比有机氯的制剂好，无刺激性，少异味，如二溴异氰尿酸、溴氯二甲基异氰尿酸等，能杀死肠道菌和病毒。

8. 表面活性消毒剂 这类消毒剂分为阴、阳、两性、非离子4个类型。以阳离子和两性离子的表面活性剂较好，但对芽孢和病毒无效。应注意的是阴离子和阳离子两种活性剂不能并用。制剂中高效的双季胺、聚合季胺和两性离子剂以及对胍类等均被普遍选用，如新洁尔灭、度米芬、消毒净、洗必泰、杂环类等均属此类。

新洁尔灭即溴代十二烷基二甲基苯基胺，是一种典型的季胺化合物，为淡黄色胶状体，低温时逐渐形成蜡状固体，易溶于水，呈碱性芳香，味极苦，振摇时产生大量泡沫，具有较强的除污和消毒作用。在水溶液中，它以阳离子形式与微生物体表面结合，引起菌外膜损伤和菌体蛋白变性，破坏细菌的代谢过程。因此，它对微生物的营养细胞有杀灭作用，革兰氏阳性和阴性细菌几分钟内死亡。新洁尔灭在高度稀释时，也有强烈的抑菌作用，当稀释度较小时有杀菌作用，是一种有效的无毒消毒剂。通常以0.1％的水溶液即可消毒手指、手术部位和器械等，常作为兽医卫生人员自身防护消毒用药。

9. 重金属盐类消毒剂 这类消毒剂密度均较大，多在5以上。近几年有机银被消毒学科有所重视。汞类消毒剂照常使用。消毒效果的次序为：汞离子＞铜离子＞铁离子＞银离子＞锌离子（Hg^{2+}＞Cu^{2+}＞Fe^{2+}＞Ag^{3+}＞Zn^{2+}）。

硫酸亚铁因呈淡绿色，亦称绿矾、青矾或皂矾。密度1.899千克/升（14.8℃），熔点64℃。在90℃时失去6分子结晶水，在300℃时失去全部结晶水。在空气中渐渐风化，并氧化而呈黄褐色。无水物是白色粉末，密度3.4千克/升，与水作用后则又重新变为蓝绿色。

青矾消毒液的配制和使用方法：青矾易溶于水，比例大约1∶16，消毒时配成1％～2％的水溶液喷雾即可。配制时要用石蕊试纸测其pH，最好在2.9～3.5。因粪尿多呈弱碱性，故应先扫除再消毒，并且不宜与碱性消毒药混用，以防青矾药效降低。喷雾后可不经水冲洗即可进鸡。

10. 气体烷基化类消毒剂 目前有甲醛、环氧乙烷、环氧丙烷、溴甲烷、乙型丙内酯等烷基化气体消毒剂，其杀菌效果的次序为：乙型丙内酯＞甲醛＞环氧乙烷＞环氧丙烷＞溴甲烷。

环氧乙烷是应用最广泛的化学气体杀菌剂，其特点是杀菌广谱，对多数物品无损害作用，便于对大宗物品进行消毒处理。因此，对精密仪器、电子仪器和受热易破坏的仪器、物品等，是一种理想的杀菌剂（见表8-4）。对橡胶、塑料有轻微损害（比高压蒸汽的损害轻微得多），穿透力比较强，能穿透纺织品、橡胶、薄的塑料和水的浅层，达到表面和一定深度的消毒作用。

（1）环氧乙烷

①理化性质 环氧乙烷（C_2H_4O）又称氧化乙烯，是一种结构简单的、化学性质活泼的环氧化合物，亦称环状醚，即环氧类烷基化合物，在低温下为无色透明液体，4℃时比重为0.884，沸点为10.8℃，冰点为－11℃，在常温常压下为无色气体，比

空气重，密度为 1.52，溶于醚，有氯仿的刺激气味，低浓度呈现愉快蒸汽味，高浓度时有刺激性。

表 8-4　各类污染物品用药量和消毒时间参考表

消毒物品种类		用药量 （千克/米³）	消毒时间 （小时）	消毒效果 （%）
防护 用品	合成纤维	1.88	16	100
	棉纤维	1.88	16	100
	橡胶手套	1.88	16	100
光电 仪器	显微镜	0.88	16	99.99～100
	离心机	0.88	16	99.99～100
	抽气机	0.88	16	99.99～100
玻璃仪器		0.88	16	100
硬塑仪器		1.76	16	100

液体环氧乙烷能完全溶于水和大部分的有机溶媒中，对某些塑料和橡胶是溶媒；气体环氧乙烷极易扩散。环氧乙烷为中性化合物，对多数物品无损害和污染作用，可用于食品和医药等方面的消毒，但对某些生物制剂有一定的损害作用，如可溶解红细胞，破坏某些维生素等，使用时应予以注意。

环氧乙烷极易燃烧爆炸，其蒸汽在空气中达 3% 以上就能引起燃烧，继而因密集而引起爆炸。国外时常加入二氧化碳氟利昂 12（CO_2F_{12}）等惰性气体，以保安全。

对人有中等毒性，吸入后的毒性与氨的毒性相似，大量吸入可引起头晕、恶心等症状，与皮肤接触较久可引起水泡。至今尚未发现其毒性与癌症有关。

环氧乙烷能与许多无机和有机化学药品起反应，例如，与水反应生成乙二醇，与卤化氢产生乙二卤化醇，与醇类和酚类产生乙二醇醚，与酸产生乙二醇酯，与胺产生乙醇胺，与硫化氢化合物产生硫醚。

②消毒作用机制　环氧乙烷是一种烷化剂，对各种微生物都有杀灭作用，是一种广谱灭菌剂。其作用于微生物的方法是一种非特异性的烷基化作用。环氧乙烷在水溶液中能与白蛋白上的羧基—COOH、氨基—NH_2、硫氢基—SH 和羟基—OH 产生烷基作用，替代各基上不稳定的氢原子而构成一个带有羟乙基根（—CH_2CH_2OH）的化合物，这种烷基化过程阻碍了微生物蛋白质酶的正常化学反应和新陈代谢而使之死亡，达到了灭菌目的，其反应变化为：

$$
\begin{array}{l}
\quad \overset{\displaystyle O}{\underset{|}{C}}\!-\!H \\
蛋白质\!-\!NH_2 \\
\!-\!HS \\
\!-\!OH
\end{array}
\;+\;
H\!-\!\overset{H}{\underset{\underset{O}{\diagdown\!\diagup}}{C}}\!-\!\overset{H}{C}\!-\!H
\;\longrightarrow\;
\begin{array}{l}
\overset{\displaystyle O}{\underset{|}{C}}\!-\!CH_2\!-\!CH_2\!-\!OH \\
\overset{H}{\underset{|}{N}}\!-\!CH_2\!-\!CH_2\!-\!OH \\
S\!-\!CH_2\!-\!CH_2\!-\!OH \\
O\!-\!CH_2\!-\!CH_2\!-\!OH
\end{array}
$$

这类反应产生的化合物性质仍很活泼，它仍与环氧乙烷相似，同样具有不稳定的三环化合物的烷基化作用，阻止微生物中许多反应基的正常作用，使微生物代谢发生障碍，而达到灭菌作用，能杀灭除干燥肉毒素以外的所有类型的微生物，如表8-5。

表 8-5　环氧乙烷杀死微生物的范围

细　菌　类	病　毒　类	真　菌
沙门氏菌、溶血性链球菌、变形杆菌、棒状杆菌、产气荚膜杆菌、伤寒菌、霍乱菌、志贺氏痢疾杆菌、肺炎球菌、结核杆菌、绿脓杆菌	甲、乙型流感病毒、新城疫病毒、痘病毒	大小孢子菌、癣毛菌、疣状皮炎菌、絮状表皮癣菌

③应用范围和使用方法

应用范围：由于环氧乙烷能对各种微生物（包括细菌、芽孢、真菌、立克氏体和病毒）都有杀灭作用，现已广泛应用环氧乙烷气体消毒法对各类物品进行消毒。最适用于某些光电仪器、皮、毛、纤维制品以及怕高热处理的医用橡胶、塑料等制品。气体消毒必须在密闭良好的容器内进行。

使用方法：应根据消毒物品的规模适当选择。常用的消毒容器有：保温瓶、塑料袋、铁柜、塑料蓬以及水泥结构的消毒房等。盛容器的投药方法用安瓿压碎法和钢瓶加温通气法。

④影响环氧乙烷气体消毒的因素

相对湿度的影响：最佳湿度为 $30\% \sim 50\%$，湿度增加，则作用时间要延长；湿度过低，其杀菌作用也降低。

浓度的影响：环氧乙烷浓度加倍，则灭菌时间接近减少一半。

温度的影响：从 $37{\,}^\circ\!C$ 起，每降低 $10{\,}^\circ\!C$，就需要增加 2.7 倍量的时间才能杀死相同量细菌。因此，最好是 $38 \sim 54{\,}^\circ\!C$。

时间的影响：时间越长效果越好，一般消毒时间为 $6 \sim 24$ 小时。

剂量的影响：剂量与效果成正比。

保护物质的影响：表面的细菌易被杀死，但在水中、油中、在无机盐类或有机物结晶中的细菌，不易被环氧乙烷杀死。

⑤利用定性变色法测定密闭容器内环氧乙烷的方法

反应原理：环氧乙烷在高盐离子溶液中水解，游离出 OH⁻ 呈碱性反应，当用酚酞作指示剂时，可变成红色。

（2）试剂　硫代硫酸钠、酚酞。

（3）测定方法　将硫代硫酸钠用蒸馏水配成饱和溶液，加入酚酞（1%）作指示剂，然后用普通滤纸浸透，贴附于怀疑漏气的部位，当环氧乙烷浓度达到 0.5 毫克/米³ 时，即使滤纸变成粉红色，也可达到杀死一般细菌和病毒的目的。但应谨防接触碱性物质，以免造成假象。

11. 抗生素类消毒剂　这类消毒剂的使用应慎重，因为不少抗生素类药物对消毒物品有残留作用，尤其对食品的防腐消毒，应注意对人体的危害。

12. 中草药植物消毒剂　用中药苍术、艾叶、贯众等配以香料、黏合剂、助燃剂制成消毒香，其消毒效果与乳酸、甲醛等的消毒效果相似。

此外，可用于消毒灭菌的中草药有穿心莲、千里光、四季青、金银花、板蓝根、黄柏、黄连、黄芩、大蒜、秦皮、马齿苋、龙葵、鱼腥草、野菊花、苦参、连翘、败酱草、大黄、虎杖、紫草、百部、夏枯草等。随着祖国医药学的开发利用，中草药在消毒学科中的地位，必将得到迅速发展。

13. 复合消毒药　这类消毒药的发展是一个新动向，如日本的病毒消毒药"巴克雷"就是一种含氯的复合消毒剂。

国内用 24% 多聚甲醛加 76% 二氯异氰尿酸钠合剂熏蒸消毒；复方高锰酸钾即 0.1% 高锰酸钾加 0.05% 硫酸能杀灭病毒；用 0.3% 乳酸及甲酸混合液消毒；用肥皂石炭酸复合剂消毒；新的"菌毒敌"等，均属于此类。

此外，还有使用较多的次氯酸钠和氢氧化钠混合消毒剂等。由于科学技术的发展和兽医卫生工作的需要，新型复合消毒剂的发展时期必将迅速到来。

四、生物消毒法

生物消毒法即对粪便、污水和其他废弃物的生物发酵处理。这种方法适用于北方堆积方式。基本方法是：首先在平地或土坑内铺一层麦秸或杂草、树叶等，再将粪便堆积成馒头形，最后用泥封顶。因为粪便和土壤中有大量有机物和大量的嗜热菌、噬菌体及土壤中的某些抗菌物质，它们对于微生物有一定的杀灭作用。它们在生物发酵过程中能消灭其中的各种芽孢菌、寄生虫幼虫及其虫卵。其原因，由于嗜热菌可以在高温下发育（嗜热菌的最低温界为 35℃、适温为 50～60℃、高温为 70～80℃）。在堆肥中，开始阶段由于一般非嗜热菌的发育，使堆肥内的温度提高到 30～35℃，此后嗜热菌便发育而将堆肥的温度逐渐提高到 60～75℃。在此温度下，大多数抵抗力不太大的病原菌、寄生虫幼虫及其虫卵，在几天到 3～6 个星期便死亡。

由于生物消毒法少公害，国内外都很重视这种方法的研究。

五、综合消毒法

就是机械的、物理的、化学的、生物学的等消毒方法结合起来进行的消毒，如化学药品超容量法、静电喷雾、土壤增温剂的应用，以及粪便、氨水生物热的消毒等均属此类。实际上，在兽医卫生各个领域中的消毒实施中，多有综合消毒法的利用，确保消毒效果。

第四节　重要疫病和设施的消毒

一、禽流感、鸡新城疫、马立克氏病、法氏囊病等病毒性传染病的消毒

（一）消毒药的选择和应用

1. 过氧乙酸　为了在各种环境条件下效果可靠，用 1∶200

倍，pH＝3 溶液喷雾消毒，维持 60 分钟；熏蒸消毒应按 1～2 克/米³ 投药，密封 60 分钟。

2. 福尔马林 使用 5：100 至 8：100 溶液喷洒、浸泡消毒，维持 60 分钟。

3. 烧碱 用 4：100，pH＞13 溶液喷洒消毒，维持 24 小时。

4. 氨水 疫病一旦发生，粪便等污染物的消毒处理是杀灭病原、杜绝传染的主要手段之一。对粪便可用 5：100 溶液，pH＞13，消毒后堆积 24 小时。

5. 次氯酸钠 含有效氯 1%，pH＞3 的溶液，于 16～22℃ 下，维持 6 小时。

（二）消毒方法和程序

1. 方法 选药要恰当，不用相颉颃的药物；浓度要准确，宁高勿低；温度要适宜，6～30℃ 最适宜；时间要足够，宁长勿短；湿度要控制，喷雾时宁干勿湿，熏蒸时宁湿勿干。

2. 程序

（1）车船、场地、圈栏等可全部暴露的对象，均以喷雾方法为宜；衣物、尸体等不易摊开的对象，均以浸泡方法为好。

（2）凡要消毒的对象，如车船、圈舍，均应先消毒后清洗干净再消毒，直至用前再冲洗。若无严重污染的预防消毒，可清污后消毒，维持规定时间后再冲洗备用。

（3）消毒车船、圈舍及所接触的一切对象时，应注意喷到消毒对象的里、外、上、下各个角落，其表面应全部湿润，并以滴水为度。

（三）消毒效果的检测

1. 生物学方法 现场投放已知样品，消毒后用实验动物测定消毒杀死情况（当然在控制条件下）。

2. 化学方法 用 pH1～14 广泛试纸测定药品的 pH，酸性药品的 pH 应小于 3，碱性药品的 pH 应大于 13（福尔马林除外）。

（四）注意事项

1. 尽量使用上下交接单位使用的同类消毒药，否则，要多次冲洗消毒对象，以免不同药品的颉颃作用。

2. 药品配制应现配现用，以免久存失效。

3. 各级领导和主管部门，在产、供、销和饲养、收购、运输、集散等各个环节上，要增强消毒的意识。在执行消毒中，要以我为主，不能存在侥幸心理。

二、冷库的除霉灭菌

（一）冷库霉菌的种类

冷冻库（-28～-25℃）：产毒霉菌有黄曲霉、杂色曲霉、构巢曲霉、圆弧青霉、短帚霉、绿色木霉、高大毛霉7种；另有7种非产毒霉菌，如黄柄曲霉、黑曲霉、产黄青霉、蜡叶枝孢霉、肉桂紫青霉、黄绿青霉、头孢霉等。

冷藏库（-15～-18℃）：产毒霉菌有米曲霉、杂色曲霉、构巢曲霉、圆弧曲霉、黄色镰刀菌、茄病镰刀菌、高大毛霉、短帚霉、绿色木霉、粉红单端孢霉等10种；另有非产毒霉菌10种，如黄柄曲霉、产黄青霉、肉桂紫青霉、黑曲霉、具柄毛束孢霉、头孢霉、昏暗树孢霉、草壳菌、互隔交链孢霉、球毛壳菌等。

蛋库（-1～0.5℃）：产毒霉菌有米曲霉、杂色曲霉、构巢曲霉、圆弧青霉、黄色镰刀菌、茄病镰刀菌、砖红镰刀菌、三线镰刀菌、高大毛霉、短帚霉、粉红单端孢霉、绿色木霉12种；另有18种非产毒霉菌，如局限曲霉、黄柄曲霉、黑曲霉、爪甲曲霉、萨氏曲霉、产黄青霉、娄地青霉、异孢镰刀菌、草壳菌、互隔交链孢霉、蜡叶枝孢霉、茎点霉属、头孢霉属、无孢霉、腐质霉、粉落霉、粉红链孢霉、出芽短梗霉等。

霉菌生长繁殖的3个因素：营养物质、适宜温度和湿度。大多数霉菌在0℃以上都能生长繁殖，但在低温条件下（-19～-15℃），霉菌的孢子和已经萌芽、生长的霉菌孢子就处于休眠状态，不再增殖，但并未冻死，一旦温度上升到适宜时，该霉菌孢子仍能生长繁殖，长出菌落。冻白条肉贮藏在恒温（－19～－15℃)的冷藏库半年乃至一年半之久，其他卫生条件良好，则即使肉被霉菌污染，在短时间内仍可保持不发生霉变的良好质量。

(二) 冷库霉菌特征

霉菌对外界环境的适应能力较强，对营养的要求不高。霉菌大都是异养型微生物，它不像大多数细菌那样专养型。它们在生命活动中，均能同化其周围的有机营养物质为碳素来源，即所谓有机营养型。冷库中的霉菌，能在无生命的有机物上腐生生活，它在冷库肉品的腐败中起着重要作用。

霉菌对氮源的利用能力极为广泛，不论是有机的复合蛋白质，或是简单蛋白质、蛋白胨、氨基酸，还是无机的铵盐和硝酸盐等，均可能被其利用，作为氮素来源。所以，它们广泛分布于外界环境中，如食品加工车间、冷却间、结冻间、贮藏间等，很多不适宜细菌生长的食品，它却安详地定居、繁衍，成为食品正常菌相的一部分。

霉菌能够合成毒性代谢产物，能抗热、抗冰冻、抵御抗生素的作用和放射线的照射；霉菌还能转换一些不利于细菌生长、繁殖的物质而促进致病菌的生长。

霉菌能够造成多种食品的腐败，能使食品的表面失去正常颜色，使食品的色、香、味改变，品质低劣，造成经济损失和危害人类健康，尤其在冷藏肉品上，已经成为一个引人注目的问题。

霉菌菌落特征：霉菌在 PDA 培养基（马铃薯、葡萄糖、琼脂培养基）上发育后，可由分枝繁殖的菌丝体形成绒毛状、棉絮状或蛛丝状菌落；由于菌落中心菌丝形成了孢子，孢子有各种颜色，以致培养基的正面和背面也呈现不同的色泽，如白、灰、黄绿、橙、红、紫、褐等色。有的菌丝也能分泌一些色素扩散到培养基内，致使培养基也呈现出一定的颜色；霉菌菌落直径5～8厘米，一般比细菌菌落大几倍至几十倍。

除上述菌落特征之外的一切菌落，都列为杂菌，这在冷库消毒前测定霉菌污染度时对霉菌的认识极为重要。

(三) 过氧乙酸等药物消毒冷库

新库建成投产前，库温 18～21℃情况下，按库房容积计算，每立方米 2 克（按纯品计），注入 8 个容器内，分置库房地面，并用热水浴加热过氧乙酸，密闭熏蒸 4 小时。

贮藏肉蛋类食品一年后空库消毒，库温为 -6～-4℃，方法、用量同上，改用电炉加温。

因为过氧乙酸是一种强氧化剂，遇有机物或酶放出初生态氧，破坏菌体蛋白或酶蛋白，是一种高效、广谱、速效的化学消毒剂，对霉菌有很好的杀灭效果。又因为它的分解产物是醋酸、过氧化氢、水和氧，对食用者无害，亦不会遗留残毒带来公害，所以，它是肉类、蛋品比较好的消毒剂。

对于贮存禽肉和蛋制品（冰全蛋、冰蛋白、冰蛋黄）的低温库消毒，可采用 20％漂白粉精、4％碳酸钠、0.8％碳酸氢钠合剂或 5％漂白粉精、5％碳酸钠合剂，调 pH1 至 13，加入抗冻剂（35％乙醇、31％氯化钙、23.5％氯化钠）后即可应用。这些消毒药中包括碳、氢、氧、氯、钠、钙等，这些元素都是机体组织的构成成分，药物分解后的产物都是无害物质。

(四) 乳酸用于蛋库除霉灭菌

乳酸 [$CH_3-CH(OH)-COOH$] 为无色透明或微黄色的糖浆状液体，无臭，味酸，对细菌（伤寒杆菌、葡萄球菌、链球菌、大肠杆菌等）、真菌、病毒等，具有杀灭和抑制作用，常用作房间空气的熏蒸消毒剂。

药液配制：取乳酸（C.P）与水配成 7：10 的混合液备用，消毒用量为 0.4 毫升/米³。

熏蒸时，以 1 000 瓦或 2 000 瓦电炉 3 个，放在库内不同的位置，以铁盘作蒸发皿，将药液倒入容器内，开启电源开关，加热蒸发 30～60 分钟（视药液而定），待药液蒸发完后，切断电源，密封 24 小时，使药液充分发挥作用，以达到彻底消毒目的（表 8 - 6）。

表 8 - 6　测试结果

类　别	库　温	杂菌数	霉菌数	杂菌下降率	霉菌下降率
消毒前	−2℃	不可计数			
一次消毒后	−2℃	1 000	400		
二次消毒后	−2℃	99	0	91％	100％

结论：

①对蛋库采用乳酸液熏蒸除霉灭菌，效果显著，简单易行，安全可靠。

②电热熏蒸，简便，易行，卫生，蒸发皿采用搪瓷器皿为宜。

③采用乳酸液除霉灭菌，二次消毒法为佳。

④对存货库房消毒，应取慎重态度。

（五）消毒效果的检测方法

采用消毒前后霉菌总数的计数方法，即采用 PDA 或察氏培养基，每次用 5 个平皿，分别放在地面 15 分钟后收起，置 25～28℃温箱内培养 4～7 天，检测霉菌总数；用消毒前后的对比方法，以消毒前的霉菌数减去消毒后检测的霉菌数，除以消毒前的霉菌数，乘以 100，求出下降的百分数，作为消毒效果的检测率，以衡量消毒的效果。如表 8 - 6，（400－0）÷400×100＝100，即消毒效果达 100％。

第五节　尸体的掩埋与鸡场消毒

一、尸体掩埋

（一）掩埋场所

1. 有掩埋死尸设施和死鸡处理场。

2. 远离住宅、饮用水、河流及道路，平时无人和畜接近的地方。

（二）掩埋方法

1. 掩埋坑，在放入尸体或物品后，须有离地面 0.5 米以上的深度。

2. 尸体上撒一层生石灰后，再盖土。

二、鸡场消毒

（一）鸡场管理用具和衣物的消毒

鸡场所有一切饲养管理用具，要做到各鸡舍专管专用，新购入的用具在进舍之前要彻底消毒，如煮沸、烧烤、化学药物浸泡、喷洒、擦拭等，依对象不同采用不同的消毒方法，以消灭用具上可能存在的病原体，防止病原体由外界带入鸡舍内。另外，根据不同的季节和不同的使用情况以及污染度，对舍内所有用具应进行定期或不定期的清洗和消毒，消灭随时污染的病原体。饲养管理人员穿戴的工作衣、帽、胶鞋、围裙、手套等衣物，要专人专用，专舍专用，并经常保持清洁，每周最少洗净、消毒一次，其消毒方法，可选择下述几种。

1. 蒸汽消毒

（1）消毒方法　需消毒的物品放入消毒器内，必须排除消毒器内的空气，然后用流通蒸汽将物品以 100℃ 湿蒸 1 小时以上。

（2）消毒对象　被、服、毛毯、器具、布制饲料袋等。

2. 煮沸消毒

（1）消毒方法　把需要消毒的物品，全部浸入水中，水开后煮沸 1 小时以上。

（2）消毒对象　被、服、毛毯、器具、布制饲料袋、肉、骨、饲料等。

（3）注意事项　易着染其他物品的东西，必须单独消毒。

3. 药物消毒

（1）熟石灰消毒

消毒方法：生石灰加入少量水，生成熟石灰的粉末，立即充分撒在消毒物上。

消毒对象：粪尿、厩肥、粪尿池、污水沟以及明显产生氨气的地方和潮湿的土地。

注意事项：生石灰加入少量的水后即产热，崩解后即为合格。

（2）漂白粉消毒

消毒方法：充分撒布于被消毒的物品上。

消毒对象：粪池、污水池以及其他明显产生氨气的地方和井水、饮用水等。

注意事项：漂白粉应避光、防潮保存。

（3）漂白粉液（漂白粉5份、水95份）消毒

消毒方法：把定量的漂白粉慢慢加入定量的水中，充分搅拌后，立即洒布或涂抹在消毒物上。

消毒对象：鸡舍的隔壁、隔木、土地等。

注意事项：做漂白粉液的漂白粉，需避光、防潮保存。

（4）福尔马林液（福尔马林1份、水34份）消毒

消毒方法：定量的福尔马林加入定量的水，充分撒布或涂布于消毒物上，或用它浸泡消毒物。

消毒对象：鸡舍、尸体、器具、机械。

（5）来苏儿（来苏儿3份、水97份）消毒

消毒方法：用定量的来苏儿加入定量的水，混合充分，洒布或涂布于消毒物上，或用它浸泡消毒物。

消毒对象：手脚、被服、器具、机械等。

（6）苛性钠及其他碱性液（碱浓度为1%～2%）消毒

消毒方法：用它充分洒布于消毒物及浸泡消毒物。

消毒对象：鸡舍、器具。

注意事项：洒布或浸泡后，用刷子等刷洗。

（7）酒精（70％以上）消毒

消毒方法：用这种浓度的酒精浸泡的脱脂棉等充分擦洗。

消毒对象：被污染的双手、体表和衣物表面。

（二）鸡舍消毒

每栋鸡舍均要执行全进、全出的原则。当舍内鸡全部淘汰之后，首先应清除粪便、杂物，然后水洗和消毒，其消毒方法：鸡舍内可以挪动的设备、物资搬出舍外，利用太阳光的紫外线照射消毒，或喷洒消毒药物，或火焰消毒；喷雾消毒整个鸡舍，包括顶棚、四壁和地面、排水沟，以喷湿为准（每平方米约2升消毒液）；然后彻底清扫，尤其顶棚上和窗台上的沉积物要扫净，清除干净地面上残存的粪便、饲料和泥土杂物；彻底水洗地面，特别注意舍内器皿和笼具支架处，如污染严重，可用2％热碱水冲洗，然后用3％～5％的克辽林或20％的漂白粉等喷洒消毒；搬入舍外消毒过的用具，封闭门窗，用福尔马林熏蒸消毒（按每立方米福尔马林40毫升、高锰酸钾20克、水10毫升计），熏蒸消毒时，室温越高、湿度越大，消毒效果越好，操作时应予以注意。

（三）鸡体消毒

鸡舍内鸡体喷雾消毒，一则可杀灭鸡体表附着的微生物，减少污染鸡蛋的机会；二则可消灭鸡舍内漂浮的微生物，减少空气中的灰尘，抑制鸡舍内的积累污染，如在夏天施行喷雾消毒，还有降温防暑的功效，在鸡舍内笼养条件下，随着时间的延长，舍内环境卫生越来越差，一些常在菌如葡萄球菌、绿脓杆菌等病原微生物污染越来越严重，施行鸡体消毒可大大改善环境卫生条件，增进鸡只健康。鸡体消毒时，可用百毒杀、威岛、过氧乙酸等消毒效果好、无毒副作用的消毒药液，采用高压喷雾的方法，使鸡体表湿润为度，对由呼吸道感染的疾病如支原体病等有很好的预防性效果。

（四）种蛋的消毒

选择好的种蛋，在入孵之前，以 70％的酒精棉球逐个擦拭，以杀灭种蛋表面的污染菌。如果污染严重，也可按孵化器的消毒方法处理 30 分钟。

（五）孵化车间的消毒

1. 孵化室的消毒 机械清除，打扫干净，然后以 2 000 毫升/米² 常水喷湿顶棚、四边墙壁、地面及室内所有用具，室温不低于 18℃，门窗紧闭、密封，以福尔马林熏蒸消毒。其操作：丈量孵化室的体积，按每立方米福尔马林 40 毫升、高锰酸钾 20 克、水 10 毫升计算，依孵化室的大小，设几个瓦盆，把药物总量分装于这几个瓦盆内，让其氧化挥发，密闭 12～24 小时。操作时注意事项：保证室内的温度和湿度，温度越高、湿度越大，消毒效果越好；按每个瓦盆中的量，先加入福尔马林和水，最后加入高锰酸钾（瓶装、袋装的高锰酸钾，事先倒在一块纸板上，便于很快加完），操作人员迅速退出室外，把门封闭好。

12～24 小时后，室内以每 100 米³ 用氯化铵 500 克、生石灰 1 000克和热水 750 毫升产生氨气，以中和剩下的福尔马林蒸气（除臭）。

2. 孵化器和出雏器的消毒 先把蛋盘清扫干净，用湿布擦净，丈量空间体积，然后按每立方米福尔马林 28 毫升、高锰酸钾 14 克、水 7 毫升计算；具体操作同上，密闭 30 分钟。

3. 出雏 60％时带鸡消毒 按每立方米福尔马林 7 毫升、高锰酸钾 3.5 克、水 2 毫升计算，消毒 30 分钟。这样处理的雏鸡健壮，抗病力强，生长发育快。

（六）其他注意事项

1. 污染场地消毒时，若是水泥地面，可用 5％烧碱溶液喷洒；如为泥土场地，则先撒布熟石灰或漂白粉，再挖起表土 0.3 米厚，把土搬出后，用熟石灰或漂白粉撒布，运入新鲜土，搬出的土要焚烧或掩埋。

2. 搬运病鸡或疑似病鸡尸体及污染物品消毒 要用浸有福尔马林、来苏儿等的布块，把有可能流出病原体的鼻孔、口腔等天然孔和其他部位堵好，防止污物漏出，并用这些消毒药浸泡过的布袋或油纸袋把整个尸体包裹起来。

3. 病鸡或疑似病鸡的粪便、遗留污物的消毒 在移动病鸡或疑似病鸡以及这些病鸡的尸体时，如有排出的粪尿和残留的其他污物，除认定不含病原体的污物外，都需在适当的地方把污染物焚烧或消毒，残留有污物的地方要充分撒布来苏儿消毒。

4. 粪坑、污水沟消毒 用漂白粉等药物消毒粪坑、污水沟时，需先撒粗制盐酸等把粪坑、污水沟变成弱酸性，其用量为污物量的 1/10 以上；使用来苏儿时，用量要超过污物量，加入被消毒物中搅拌，然后把污物掏出来，在另外的地方深埋，粪坑、污水沟等还需要充分撒布来苏儿等消毒，如不能把污物掏出来时，要盖好，密封，放置 5 天以上。

5. 粪便处理 使用堆积生物热消毒法消毒处理，如用 5％氨水溶液喷湿粪便，搅匀，堆放 2～6 小时以上，不影响肥效，且有增效作用。

6. 运输工具消毒 如装运健康鸡及其产品的车船，一般机械清扫，然后用 60～70℃热水喷洒即可；如装运一般病原菌所污染的鸡及其产品的车船，则机械清除后，用热水或含有 5％有效氯的漂白粉或 4％苛性钠的消毒液洗涤，粪便用生物热消毒。

7. 工具和其他物品的消毒 日常消毒，每天工作完毕，均须予以洗刷清理，按常规消毒，如有污染，则按有关疾病消毒处理。

8. 生产车间的消毒 这种消毒应按车间生产的性质进行，可分为经常性消毒、定期消毒和临时消毒，所用的消毒药液，依要求选择。

9. 屠宰场病鸡附属产品的消毒 凡做无害化处理的肉尸和内脏，其附属产品，也须经过消毒，才能保证安全。有利用价值的可高压蒸汽消毒或煮沸消毒；无利用价值的可焚烧销毁。

10. 药物消毒 通常必须在 20℃左右的环境下进行，当环境条件达不到时，也可以在不超过药物浓度 2 倍的范围内，或在不引起药物变质的范围内，将药物浓度和室温适当加以调整。

参 考 文 献

孔繁瑶 . 1962. 家畜寄生虫与侵袭病学实验指导 [M]. 北京：农业出版社 .

北京农业大学 . 1981. 家畜寄生虫学 [M]. 北京：农业出版社 .

南京农业大学 . 1990. 家畜传染病学 [M]. 北京：农业出版社 .

张中直，等 . 1984. 鸡群发病诊断与防治 [M]. 北京：北京农业大学出版社 .

王志君 . 1995. 动物卫生监督与检疫 [M]. 北京：中国农业出版社 .

闫继生 . 1995. 畜禽药物手册 [M]. 北京：金盾出版社 .

全国畜牧兽医总站 . 1995. 畜牧兽医基础 [M]. 北京：中国农业出版社 .

葛友人 . 1993. 实用养鸡 100 题 [M]. 杭州：浙江科学技术出版社 .

李子文 . 1990. 实用家禽疾病防治手册 [M]. 北京：中国农业出版社 .

图书在版编目（CIP）数据

鸡场兽医 /王志君，孙继国主编 . —3 版 . —北京
：中国农业出版社，2013.8
（最受养殖户欢迎的精品图书）
ISBN 978 - 7 - 109 - 18189 - 2

Ⅰ. ①鸡⋯　Ⅱ. ①王⋯ ②孙⋯　Ⅲ. ①鸡病-防治
Ⅳ. ①S858. 31

中国版本图书馆 CIP 数据核字（2013）第 181078 号

中国农业出版社出版
（北京市朝阳区农展馆北路 2 号）
（邮政编码 100125）
责任编辑　颜景辰

中国农业出版社印刷厂印刷　　新华书店北京发行所发行
2014 年 1 月第 3 版　　2014 年 1 月第 3 版北京第 1 次印刷

开本：850mm×1168mm　1/32　印张：11. 1
字数：266 千字
定价：30. 00 元
（凡本版图书出现印刷、装订错误，请向出版社发行部调换）